经济数学基础

概率统计（第4版）

隋亚莉 曲子芳 编著

清华大学出版社
北 京

内 容 简 介

全书共分为 8 章：第 1 章为事件及其概率的概念与计算；第 2,3 章为随机变量及其分布；第 4 章为随机变量的数字特征；第 5 章为极限定理；第 6 章为数理统计的基本概念；第 7,8 章为统计推断的基本方法。每章后附有习题，书末附有习题答案．阅读本书只需具备微积分的数学基础．

本书可作为高等学校经济学、管理学等各专业"概率论与数理统计"课程教材．

图书在版编目（CIP）数据

概率统计/隋亚莉，曲子芳编著．—4 版．—北京：清华大学出版社，2014（2023.1 重印）
（经济数学基础）
ISBN 978-7-302-36621-8

Ⅰ．①概… Ⅱ．①隋… ②曲… Ⅲ．①概率统计－高等学校－教材 Ⅳ．①O211

中国版本图书馆 CIP 数据核字（2014）第 113414 号

责任编辑：刘 颖
封面设计：傅瑞学
责任校对：王淑云
责任印制：宋 林

出版发行：清华大学出版社
　　网　　址：http://www.tup.com.cn，http://www.wqbook.com
　　地　　址：北京清华大学学研大厦 A 座　　　　邮　　编：100084
　　社 总 机：010-83470000　　　　　　　　　　邮　　购：010-62786544
　　投稿与读者服务：010-62776969，c-service@tup.tsinghua.edu.cn
　　质量反馈：010-62772015，zhiliang@tup.tsinghua.edu.cn
印 装 者：北京嘉实印刷有限公司
经　销：全国新华书店
开　本：185mm×230mm　　印　张：12.25　　　　　字　数：252 千字
版　次：2007 年 1 月第 1 版　2014 年 7 月第 4 版　　印　次：2023 年 1 月第 17 次印刷
定　价：35.00 元

产品编号：058626-04

序

　　"经济数学基础"是高等学校经济类和管理类专业的核心课程之一.该课程不仅为后继课程提供必备的数学工具,而且是培养经济管理类大学生数学素养和理性思维能力的最重要途径.作为山东省高等学校面向 21 世纪教学内容和课程体系改革计划的项目,中国煤炭经济学院和烟台大学的部分教师组成课题组,详细研究了国内外一些有关的资料,根据经济管理专业的特点和教学大纲的要求,并结合自己的教学经验,编写了这套"经济数学基础"教材,包括《微积分》、《线性代数》、《概率统计》和《数学实验》.经过一年多的试用,在充分听取校内外专家意见的基础上,课题组对教材进行了全面的修改和完善,使之达到较高的水平.这套教材有以下特点:

　　第一,在加强基础知识的同时,注意把数学知识与解决经济问题结合起来.在教材各部分都安排了经济应用的内容,同时在例题、习题中增加了相当数量的经济应用问题,这有助于培养学生应用数学知识解决实际问题,特别是经济问题的能力.

　　第二,增加了数学实验的内容.其中一部分是与教学内容相关的演示与实验,借助于这些演示和实验,可以帮助学生更直观地理解和掌握所学的知识;另一部分是提供一些研究型问题(其中有相当一部分是经济方面的),让学生参与运用所学的数学知识建立模型,再通过上机实验来解决实际问题.应该说,这是对传统教学方法和教学过程较大的改革.

　　第三,为了解决低年级大学生普遍感到高等数学课抽象难学,不易掌握的问题,对一些重要的概念和定理尽可能从实际问题出发,从几何、物理或经济的直观背景提出问题,然后再进行分析和论证,最后得到结论.对一些比较难的定理,则注重运用从特殊到一般的归纳推理方式. 这样由浅入深使学生易于接受和掌握, 同时在学习中领略了数学概念、数学理论的发现和发展过程, 这对培养学生创造性思维能力是有帮助的.

相信这套教材的出版, 对经济和管理类专业大学生的学习及综合素质的提高, 定会起到积极的作用.

郭大钧

于山东大学南院

2000 年 6 月 16 日

随着以计算机为代表的现代技术的发展及市场经济对多元化人才的需求,我国人才培养的策略和规模都发生了巨大的变化,相应的教学理念和教学模式也都在不断的调整之中,作为传统教育科目的大学数学受到了很大的冲击,改革与探索势在必行. 在此背景下,1998 年我们承担了山东省高等学校面向 21 世纪教学内容和课程体系改革计划的一个项目,编写了一套适合财经类专业使用的"经济数学基础"系列教材. 这套系列教材包括《微积分》、《微积分学习指导》、《线性代数》、《线性代数学习指导》、《概率统计》、《概率统计学习指导》、《数学实验》7 本书,于 2000 年 8 月出版. 这套系列教材 2001 年获得山东省优秀教学成果奖. 结合教学实际,2004 年、2007 年教材分别出版了第 2 版和第 3 版.

随着我国高等教育改革的深入进行,大多数普通本科院校将培养适应社会需要的应用型人才作为主要的人才培养模式,因此基础课的课时被大量压缩. 这对经济管理类专业大学数学基础课的教学提出了新的更高的要求:在大幅度减少课时的同时,一方面要满足为后继课程提供数学基础知识与基本技能的需要,另一方面还要兼顾研究生入学考试大纲中对于数学知识与技能的要求,同时还要保证课程的教学质量. 正是在这一背景下我们对《经济数学基础》系列教材进行了新的修订.

本次修订基于以下原则:一是覆盖研究生入学考试大纲中数学 3 的全部内容;二是保证知识的系统性、连贯性. 在上述原则的基础上,主要在以下几个方面作了调整和修改:

(1) 对全书的语言叙述——进行了斟酌和推敲,特别增加了某些概念引入的语言叙述,使数学语言在表达上更加严谨并能通俗易懂,并将数学符号进行了规范.

（2）对一些不是必要的内容进行了适当的精简，使得重点突出并且内容前后衔接更连贯. 对一些比较重要但可以精简的内容加了 * 号，供教师在教学中根据课时及学生学习情况进行适当的取舍.

（3）对第 7 章参数估计的前两节内容作了调整，先介绍求点估计的方法，再介绍估计量的评选标准，这样的安排基本符合读者的学习和理解习惯.

（4）调整了部分例题和习题，使选配的例题和习题更加侧重基础，突出重点、难点.

高等教育的发展使得教学环境和教学对象都发生了非常大的变化，为了适应学生个性化发展的需求，很多学校都实行了分层次教学. 本套教材通过辅助图书——学习指导的配合，可以灵活地实现这一教学实践的实施.

本书第 1、2 章由隋亚莉编写；第 3、4、5 章由隋亚莉、曲子芳编写；第 6、7、8 章由曲子芳、隋亚莉编写.

在本书的修订过程中，许多使用本教材的老师提出了宝贵的建议，我们在此致谢. 同时我们诚恳希望广大师生在今后的使用过程中能继续提出宝贵意见，以便将来作进一步修改. 最后感谢清华大学出版社对本系列教材的再版给予的大力支持.

编　者

2014 年 5 月

第 1 章
随机事件与概率

客观世界发生的现象一般可以分成两大类:一类是**确定性现象**,另一类是**随机现象**.

确定性现象是指在相同的条件下重复试验,总是出现某一个确定结果的现象;只要试验条件不变,试验结果在试验之前是可以预言的.例如,上抛的均匀硬币必然下落;作匀速直线运动的物体,如无外力作用,必然保持其匀速直线运动状态;在标准大气压下,加热到 100℃ 的水必然沸腾等,这些现象都是确定性现象.

随机现象是指在相同条件下重复试验,可能发生多种不确定结果的现象;在每次试验之前,哪一个结果发生是无法预言的.例如,抛一枚均匀硬币,可能正面朝上,也可能反面朝上;向一目标射击,可能击中,也可能没击中;测量某个物理量,由于许多偶然因素的影响,各次测量结果不一定相同等,这些现象都是随机现象.

表面看来,随机现象似乎无规律可循,就个别试验而言,到底产生哪一种结果是不确定的,但就大量重复试验而言,随机现象必然呈现出一种规律性.例如,抛一枚均匀硬币,当投掷次数很多时,出现正面和反面的次数几乎各占一半;测量一个长度 a,测量几次可能结果各不相同,看不出什么规律性,但测量次数很多时,就会发现各次测量值的大小呈现一种规律性:测量值分布在 a 左右基本呈现对称性,且越靠近 a,数值越密集,越远离 a,数值越稀少.像这种通过大量重复试验或观察呈现出来的规律性,称为随机现象的**统计规律性.概率论与数理统计就是从数量角度研究随机现象统计规律的一门数学学科**.

概率论与数理统计的历史已有 300 多年,最早由法国数学家帕斯卡和费马等就机会游戏中的一些问题的研究建立了概率论的一些基本概念,如事件、概率、数学期望等.在其后 200 年间,极限定理成了概率论研究的中心课题,这个时期先后作出重要贡献的数学家有伯努利、拉普拉斯、泊松和高斯等.直到 20 世纪初,由于新的更有力的数学方法的引入,一些古典问题得到较好解决,建立在公理、定义和定理基础上的严格的数学理论才建立起来,使概率论成为一个严谨独立的数学分支.

数理统计以概率论为理论基础,又为概率论应用提供了有力工具.近几十年来,概率论与数理统计已广泛应用于物理学、生物学、工程技术、保险业、农业、医学、经济学及军事科学等诸多领域,有些还形成了交叉学科.概率论与数理统计的理论和方法渗入各基础学科、工程技术学科和社会学科已成为近代科学发展的明显特征之一.

1.1　随机事件

为了研究随机现象的内在规律性,必然要对客观事物进行观察、测定和实验,统称之为**随机试验**,简称**试验**,并规定概率论里所研究的试验具有下列特点:

(1) 试验可以在相同的条件下重复进行;

(2) 每次试验的结果具多种可能性,而且在试验之前可以明确试验的全部可能结果;

(3) 试验之前不能准确预言该次试验将出现哪一种结果.

1. 样本空间

对于一个随机试验,首先关心的是试验全部可能出现的结果,虽然每次试验出现哪一个结果预先不知道.随机试验的一个可能出现的结果(不能再分解),称为一个**样本点**,一般用字母 ω 表示.可能出现的结果的全体,称为**样本空间**,用 Ω 表示.显然,样本空间 Ω 是全体样本点 ω 的集合.在具体问题中,给定样本空间是对随机现象进行数学描述的第一步.

例 1.1　投掷一枚硬币,可能出现正面或反面.记 ω_1 为"出现正面"、ω_2 为"出现反面",则样本空间 $\Omega = \{\omega_1, \omega_2\}$.

例 1.2　从甲、乙、丙、丁四人中选出组长和副组长各一名.以"甲乙"表示"甲被选为组长,乙被选为副组长",则选举的全部可能结果共有 12 种:$\Omega = \{$甲乙,甲丙,甲丁,乙甲,乙丙,乙丁,丙甲,丙乙,丙丁,丁甲,丁乙,丁丙$\}$.

例 1.3　记录某个电话交换台在一段时间内接收到的呼叫次数.每天这段时间接到的呼叫次数是随机的,如果次数很大,为数学上的方便起见,可以认为呼叫次数没有上限,则样本空间 $\Omega = \{0, 1, 2, \cdots\}$ 是一个无穷集合.

例 1.4　考察某人在公共汽车站等候每隔 5min 经过一辆的公共汽车的候车时间,可取 $\Omega = [0, 5]$.这个样本空间是实数轴上的一个区间,其中任意一点都是一个样本点.

2. 事件

随机试验中,可能发生也可能不发生的随机试验的结果,称为**随机事件**,简称**事件**.一般用大写拉丁字母 A, B, C 等表示.

为了说明事件的数学表示方法,再看例 1.2.

从甲、乙、丙、丁四人中选出组长和副组长各一名,则可能出现的结果是:

甲乙,　甲丙,　甲丁,　乙甲,　乙丙,　乙丁

丙甲,　丙乙,　丙丁,　丁甲,　丁乙,　丁丙

在这个问题中,这 12 个样本点是我们关心的事件;但还可以研究另外一些事件,如:$A=\{$甲当选$\}$;$B=\{$甲、乙都当选$\}$;$C=\{$丙当选组长$\}$等.

事件 A,B,C 与前面几个事件的不同之处在于前面 12 个事件由单个样本点构成;而事件 A,B,C 都是由若干个样本点构成的.例如,事件 A 发生必须且只须下列样本点之一出现:甲乙,甲丙,甲丁,乙甲,丙甲,丁甲.但它们都是样本空间的某个子集.

我们将**样本空间的某个子集**,称为事件;称某事件发生当且仅当它所包含的某一个样本点出现.由一个样本点构成的子集,称为**基本事件**;由多个样本点构成的子集,称为**复合事件**.

样本空间 Ω 和空集 $\varnothing$ 作为 Ω 的子集也看作事件.由于 Ω 包含所有样本点,而在每次试验中必有 Ω 中的一个样本点出现,即事件 Ω 必然发生,所以称 Ω 为**必然事件**;又因在 $\varnothing$ 中不含任何一个样本点,故在每一次试验中 $\varnothing$ 都不会发生,所以称 $\varnothing$ 为**不可能事件**.

必然事件和不可能事件应该说不是随机事件,但为研究方便,将它们作为随机事件的两个极端来处理.

3. 事件间的关系及运算

在同一问题中,我们常常需要考察多个事件及其之间的联系.将事件表示成样本空间的子集,就可方便地运用集合间的关系及运算来讨论事件间的关系及运算.下面讨论的事件均属于同一个样本空间 Ω.

1) 事件的包含与相等

若**事件 A 发生必然导致事件 B 发生**,即属于 A 的样本点都属于 B,则称事件 B **包含**事件 A.记作 $A\subset B$ 或 $B\supset A$.

若 $A\subset B$ 且 $B\subset A$,则称事件 A 与 B **相等**,记作 $A=B$.

2) 事件的和

事件 A 与 B 至少有一个发生,即"A 或 B",这一事件,称为事件 A 与 B 的和(并).它是由属于 A 或 B 的所有样本点构成的集合,记作 $A+B$ 或 $A\cup B$.

3) 事件的积

事件 A 与 B 同时发生,即"A 且 B",这一事件,称为事件 A 与 B 的积(交).它由既属于 A 又属于 B 的所有公共样本点构成,记作 AB 或 $A\cap B$.

事件的和与积可以推广到有限个事件 $A_1,A_2,\cdots,A_n$ 及可列个事件 $A_1,A_2,\cdots$ 的情形.n 个事件的和 $A_1+A_2+\cdots+A_n$ 表示事件 $A_1,A_2,\cdots,A_n$ 至少发生一个,n 个事件的积 $A_1A_2\cdots A_n$ 表示 n 个事件 $A_1,A_2,\cdots,A_n$ 同时发生;可列个事件的和 $A_1+A_2+\cdots$ 与积 $A_1A_2\cdots$ 分别表示一列事件 $A_1,A_2,\cdots$ 至少有一个发生和同时发生.

4）事件的差

事件 A 发生而事件 B 不发生这个事件,称为事件 A 与 B 的差.它是由属于 A 但不属于 B 的样本点构成的集合,记作 $A-B$.

5）互不相容事件

如果事件 **A 与 B 不能同时发生**,即 $AB=\varnothing$,则称事件 A 与 B **互不相容**(也称互斥). 互不相容事件 A 与 B 没有公共样本点.

如果 n 个事件 $A_1,A_2,\cdots,A_n$ 两两互不相容,则称这 n 个事件互不相容.

6）对立事件

事件 A 不发生这一事件称为事件 A 的对立事件,它由样本空间中所有不属于 A 的样本点构成,记作 $\overline{A}$.

7）完备事件组

若事件 $A_1,A_2,\cdots,A_n$ 满足:

(1) $A_1,A_2,\cdots,A_n$ 两两互不相容,即 $A_iA_j=\varnothing(1\leqslant i,j\leqslant n\ i\neq j)$;

(2) $A_1+A_2+\cdots+A_n=\Omega$.

则称 $A_1,A_2,\cdots,A_n$ 构成一个**完备事件组**.显然,全部的基本事件构成一个完备事件组;任何事件 A 与 $\overline{A}$ 也构成一个完备事件组.

事件间的关系和运算可用,如图 1.1 所示的图形表示,此图称为**文氏图**.

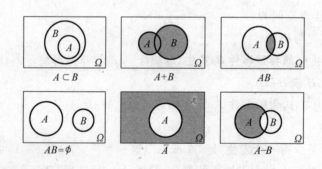

图   1.1

例1.5 一名射手连续向一目标射击 3 次,用事件 A_i 表示该射手第 $i(i=1,2,3)$ 次击中目标.试用 A_i 表示下列事件:

(1) 第 1 次击中而第 2 次未击中目标;

(2) 三次都击中目标;

(3) 前两次击中目标,第 3 次未击中目标;

(4) 后两次射击至少有一次击中目标;

(5) 三次射击中至少有一次击中目标；

(6) 三次射击中恰有两次击中目标；

(7) 三次射击中至少两次击中目标；

(8) 三次射击中至多有一次击中目标；

(9) 三次射击中至多两次击中目标；

(10) 前两次射击至少有一次未击中目标；

(11) 前两次射击都未击中目标.

解　(1) $A_1 - A_2 = A_1 \overline{A}_2 = A_1 - A_1 A_2$；

(2) $A_1 A_2 A_3$；

(3) $A_1 A_2 \overline{A}_3$；

(4) $A_2 + A_3$；

(5) $A_1 + A_2 + A_3$；

(6) $A_1 A_2 \overline{A}_3 + A_1 \overline{A}_2 A_3 + \overline{A}_1 A_2 A_3$；

(7) $A_1 A_2 + A_1 A_3 + A_2 A_3 = A_1 A_2 \overline{A}_3 + A_1 \overline{A}_2 A_3 + \overline{A}_1 A_2 A_3 + A_1 A_2 A_3$；

(8) $\overline{A}_1 \overline{A}_2 + \overline{A}_1 \overline{A}_3 + \overline{A}_2 \overline{A}_3$ 或 $\overline{A_1 A_2 + A_1 A_3 + A_2 A_3}$ 或 $A_1 \overline{A}_2 \overline{A}_3 + \overline{A}_1 A_2 \overline{A}_3 + \overline{A}_1 \overline{A}_2 A_3 + \overline{A}_1 \overline{A}_2 \overline{A}_3$；

(9) $\overline{A}_1 + \overline{A}_2 + \overline{A}_3$ 或 $\overline{A_1 A_2 A_3}$；

(10) $\overline{A}_1 + \overline{A}_2 = \overline{A_1 A_2}$；

(11) $\overline{A}_1 \overline{A}_2 = \overline{A_1 + A_2}$.

关于事件的运算，有下列基本关系式：

(1) $A + B = B + A, AB = BA$；　　　　　（交换律）

(2) $(A + B) + C = A + (B + C)$；　　　　（结合律）

　　　$(AB)C = A(BC)$；

(3) $(A + B)C = AC + BC$；　　　　　　（分配律）

(4) $\overline{A + B} = \overline{A}\,\overline{B}, \overline{AB} = \overline{A} + \overline{B}$，　　　（对偶律）

　　　$\overline{\bigcup_i A_i} = \bigcap_i \overline{A}_i, \overline{\bigcap_i A_i} = \bigcup_i \overline{A}_i$；

(5) $\varnothing \subset A \subset \Omega$；

(6) 若 $A \subset B$，则 $A + B = B, AB = A$；

(7) $A + \varnothing = A, A + \Omega = \Omega, A\varnothing = \varnothing, A\Omega = A$；

(8) $A + B = A + \overline{A}B = B + A\overline{B} = A\overline{B} + \overline{A}B + AB$；

(9) $\overline{A} = \Omega - A, \overline{\overline{A}} = A, A - B = A\overline{B}$.

例 1.6　化简下列各式：

(1) $(A + B)(A + \overline{B})$；

(2) $\overline{\overline{A_1}\,\overline{A_2} + \overline{A_1}\,\overline{A_3} + \overline{A_2}\,\overline{A_3}}$.

解　(1) $(A+B)(A+\overline{B}) = AA + A\overline{B} + BA + B\overline{B} = A + A(\overline{B}+B) + \varnothing = A.$

(2) $\overline{\overline{A_1}\,\overline{A_2} + \overline{A_1}\,\overline{A_3} + \overline{A_2}\,\overline{A_3}} = \overline{\overline{A_1}\,\overline{A_2}}\;\overline{\overline{A_1}\,\overline{A_3}}\;\overline{\overline{A_2}\,\overline{A_3}} = (\overline{\overline{A_1}} + \overline{\overline{A_2}})(\overline{\overline{A_1}} + \overline{\overline{A_3}})(\overline{\overline{A_2}} + \overline{\overline{A_3}})$

$$= (A_1 + A_2)(A_1 + A_3)(A_2 + A_3)$$
$$= (A_1 + A_1 A_3 + A_2 A_1 + A_2 A_3)(A_2 + A_3)$$
$$= (A_1 + A_2 A_3)(A_2 + A_3) = A_1 A_2 + A_1 A_3 + A_2 A_3.$$

1.2　随机事件的概率

一个随机事件在一次试验中可能发生也可能不发生,但通过长期的观察及对问题性质的分析发现,随机事件在一次试验中发生的可能性是有大小之分的,这是一种内在的客观规律性.随机事件的概率就是用来从数量上描述随机事件出现的可能性大小的一个数量指标.它是概率论中最基本的概念之一.

1. 概率的统计定义

人们对概率的认识可以从直观的大量重复试验中获得.

设随机事件 A 在 n 次重复试验中出现了 r 次,称比值 r/n 为这 n 次试验中事件 A 出现的**频率**.记作 $f_n(A) = r/n$.

显然,频率具有下列性质:

(1) 对任意事件 A, $0 \leqslant f_n(A) \leqslant 1$;

(2) $f_n(\Omega) = 1$;

(3) 对任意有限个互不相容事件 $A_1, A_2, \cdots, A_k$,有

$$f_n(A_1 + A_2 + \cdots + A_k) = f_n(A_1) + f_n(A_2) + \cdots + f_n(A_k).$$

历史上,曾有不少人做过大量投掷硬币的试验,观察"正面向上"这一事件出现的规律.从表 1.1 的试验记录中可以发现:试验次数较少时频率是不稳定的,当试验次数不断增大时,频率稳定地在数值 0.5 附近摆动.

表 1.1　投掷硬币的试验结果及频率

实 验 者	掷硬币次数/次	出现正面次数/次	频　率
德摩根	2048	1061	0.518
蒲丰	4040	2048	0.5069
皮尔逊	12000	6019	0.5016
皮尔逊	24000	12012	0.5005
维尼	30000	14994	0.4998

类似的试验还有：人们发现英语中各个字母被使用的频率相对稳定，表 1.2 就是一份统计表.其他各种文字也都有类似的规律.在生产生活中也经常遇到同样的例子.如：下雨时地面各处总是差不多同时淋湿,质量检验中某种产品出现次品的频率及寿命在 60～70 岁的人占总人口的比例等,在观察次数增多时,都可发现对应的频率具有某种稳定性.

表 1.2　英文中各个字母的使用频率

字母	空格	E	T	O	A	N	I	R	S
频率	0.2	0.105	0.072	0.0654	0.063	0.059	0.055	0.054	0.052
字母	H	D	L	C	F	U	M	P	Y
频率	0.047	0.035	0.029	0.023	0.0225	0.0225	0.021	0.0175	0.012
字母	W	G	B	V	K	X	J	Q	Z
频率	0.012	0.011	0.0105	0.008	0.003	0.002	0.001	0.001	0.001

试验表明：在相同条件下重复进行某种试验,当试验次数不多时,同一事件出现的频率表现出较大的波动性,但当试验次数增大时,频率在某一确定的数值 p 附近摆动,并逐渐稳定于这个值.这个频率的稳定值在相同的试验条件下完全由事件自身决定,与试验无关,即它表明了随机事件本身固有的一种客观属性.可以看出：频率稳定值 p 越大,在一次试验中该事件发生的可能性越大；反之亦然.我们把这个频率的稳定值作为对事件出现可能性大小的客观度量,称为该事件的**概率**.

定义 1.1　在相同条件下重复进行 n 次试验,如果当 n 增大时,事件 A 出现的频率 $f_n(A)$ 稳定地在某一常数 p 附近摆动；且一般说来,n 越大,摆动幅度越小,则称常数 p 为事件 A 的**概率**,记作 $P(A)$.

这一定义称为**概率的统计定义**.它指出了事件的概率是客观存在的,但并不能用这个定义直接计算概率.实际中,当概率不易求出时,可以取大量试验的频率作为概率的近似值.

由概率的统计定义,可以推出概率的以下性质：

(1) 对任一事件 A,有 $0 \leqslant P(A) \leqslant 1$；

(2) $P(\Omega) = 1$；

(3) 对任意有限个互不相容事件 $A_1, A_2, \cdots, A_n$ 有

$$P(A_1 + A_2 + \cdots + A_n) = P(A_1) + P(A_2) + \cdots + P(A_n).$$

2. 概率的古典定义

在数学上,我们用样本空间、事件和概率来描述一个随机试验.对一个随机事件,如何

寻求它的概率是概率论的一个基本课题.我们先讨论一类最简单的随机试验.

定义 1.2 具有下列两个特点的随机试验称为**等可能概型**:

(1) 基本事件总数为有限个;

(2) 每个基本事件出现的可能性相同.

等可能概型曾是概率论发展早期的主要研究对象,所以也称**古典概型**.古典概型是最简单的概率模型,它在实际应用中会涉及许多有趣的问题,而解决这些问题需要很强的技巧性.古典概型在产品质量抽样检验等方面有广泛的应用.

对于古典概型,有下述概率的古典定义.

定义 1.3 设在古典概型中共有 n 个基本事件,A 为包含其中 m 个基本事件的随机事件,则 A 的概率为

$$P(A) = \frac{A\ 包含的基本事件数}{基本事件总数} = \frac{m}{n}. \tag{1.1}$$

计算古典概型中事件 A 的概率时,必须计算样本空间中的基本事件总数及事件 A 包含的基本事件的个数.对较简单的情况可以把样本空间中的基本事件一一列出,当 n 较大时,不可能一一列出,需具有分析和想象能力,熟练地运用排列、组合知识.

例 1.7 袋中装有 5 个白球,3 个黑球,分别按下述方式抽取两个:(1)无放回依次抽取;(2)有放回抽取;(3)一次任取两个.设 $A=\{$所取两个球均为白球$\}$,$B=\{$两个球一白一黑$\}$.求 $P(A)$,$P(B)$.

解 因为无论哪一种方式抽取,其基本事件总数都是有限的,并且每一个基本事件出现的可能性相同,所以这是一个古典概型问题.

(1) 无放回抽取

第一次从 8 个球中抽取一个,不再放回,故第二次从 7 只球中抽取一个,因此基本事件总数为 $P_8^2 = 8 \times 7 = 56$.对于事件 A,因为第一次有 5 个白球供抽取,第二次有 4 个白球供抽取,所以两个球都是白球的事件 A 包含的基本事件数为 $P_5^2 = 5 \times 4 = 20$,所以

$$P(A) = \frac{P_5^2}{P_8^2} = \frac{20}{56} = \frac{5}{14}.$$

从 5 个白球中任取一个共有 5 种方法,从 3 个黑球中任取一个共有 3 种方法,第一次取得白球第二次取得黑球及第一次取得黑球第二次取得白球构成事件 B,共 $P_5^1 P_3^1 + P_3^1 P_5^1 = 15 + 15 = 30$ 种方法,故

$$P(B) = \frac{P_5^1 P_3^1 + P_3^1 P_5^1}{P_8^2} = \frac{30}{56} = \frac{15}{28}.$$

(2) 有放回抽取

由于每次都是从 8 个球中抽取,故基本事件总数为 $8^2 = 64$.对于事件 A,因为两次都是从 5 个白球中抽取,故构成 A 的基本事件数为 $5^2 = 25$,因此

$$P(A) = \frac{5^2}{8^2} = \frac{25}{64}.$$

事件 B 包含的基本事件数：第一次取得白球第二次取得黑球有 5×3 个基本事件，第一次取得黑球第二次取得白球有 3×5 个基本事件，共 30 个基本事件，故

$$P(B) = \frac{5 \times 3 + 3 \times 5}{64} = \frac{30}{64} = \frac{15}{32}.$$

(3) 一次任取两个

因为不考虑次序，将从 8 个球中抽取两个的可能组合作为基本事件，总数为 $C_8^2 = 28$. 导致事件 A 发生的基本事件为从 5 个白球中任取两个的组合，有 $C_5^2 = 10$ 个，故

$$P(A) = \frac{C_5^2}{C_8^2} = \frac{10}{28} = \frac{5}{14}.$$

导致事件 B 发生的基本事件为从 5 个白球中任取一个，从 3 个黑球中任取一个构成的那些组合，共 $C_5^1 C_3^1 = 5 \times 3 = 15$ 个，故

$$P(B) = \frac{C_5^1 C_3^1}{C_8^2} = \frac{15}{28}.$$

比较 (1)、(3) 结果可以看到，"两个同时取出"与"无放回地抽取两次，每次一个"，两种抽样方法是等效的.

例 1.8　袋中有 a 个黑球及 b 个白球，若随机地把球一个接一个地摸出来，求第 k 次摸出的球是黑球（事件 A）的概率 $(1 \leqslant k \leqslant a+b)$.

解　把 a 个黑球及 b 个白球都看作是不同的（比如设想把它们进行编号），若把摸出的球依次放在排列成一直线的 $a+b$ 个位置上，则可能的排列法相当于把 $a+b$ 个元素进行全排列，将每一种排列作为基本事件，于是基本事件的总数为 $(a+b)!$

由于第 k 次摸得黑球有 a 种取法，而另外 $(a+b-1)$ 次摸球相当于 $a+b-1$ 只球进行全排列，所以事件 A 包含的基本事件数为 $a \times (a+b-1)!$，因此

$$P(A) = \frac{a \times (a+b-1)!}{(a+b)!} = \frac{a}{a+b}.$$

这个结果与 k 无关，这与我们的生活经验是一致的. 通常进行的抽签，机会均等，与抽签的先后次序无关.

例 1.9　将 3 个小球随机地放入 5 个盒子中去，设每个球落入各个盒子是等可能的. 求下列事件的概率：

(1) 前 3 个盒子中各有 1 个球（事件 A）；

(2) 恰有 3 个盒子中各有 1 个球（事件 B）；

(3) 第一个盒子中恰有两个球（事件 C）.

解　由于每个小球都等可能性地落入 5 个盒子中的每一个，所以每个小球有 5 种不

同的落法,3 个小球落入 5 个盒子共有 5^3 种不同的落法,且各种落法是等可能的.

(1) 3 个小球落入前 3 个盒子中且每个盒子中各有 1 个球相当于把 3 个元素进行全排列,所以事件 A 包含的基本事件数为 3!,故

$$P(A) = \frac{3!}{5^3} = \frac{6}{125}.$$

(2) 3 个盒子中各有 1 个球,这里没有指定哪 3 个盒子,从 5 个盒子中任选 3 个盒子的方法共有 C_5^3 种.指定了 3 个盒子后的情况就是(1).因此 B 包含的基本事件数为 $C_5^3 3!$.

$$P(B) = \frac{C_5^3 3!}{5^3} = \frac{12}{25}.$$

(3) 从 3 个球中任取两个球共有 C_3^2 种方法,指定了的两个球落入一个指定的盒子中只有一种方法,余下的 1 个球可以随机地落入其余 4 个盒子中有 4 种方法,所以事件 C 包含的基本事件数为 $C_3^2 \times 4$,故

$$P(C) = \frac{C_3^2 \times 4}{5^3} = \frac{12}{125}.$$

有许多问题和本例具有相同的数学模型.例如,设有 n 个人,每个人都等可能地被分配到 N 个房间中的任意一间去住($n \leqslant N$),则指定的 n 个房间各有一人住的概率为 $\frac{n!}{N^n}$;而恰好有 n 个房间,其中各住一人的概率为 $\frac{C_N^n n!}{N^n}$.这个例子常被称为"分房问题".处理这类问题时,要分清什么是"人",什么是"房子",一般不可颠倒.

例 1.10 把 $1,2,3,4,5$ 诸数各写在一张纸片上,任取其中 3 个排成自左向右的次序.问:

(1) 所得的三位数是偶数的概率;

(2) 所得的三位数不小于 200 的概率.

解 5 个数中任取 3 个,不管怎样排都是三位数.因为 123 不同于 231,故基本事件取作 5 个元素中任取 3 个的无重复排列,基本事件总数为 $P_5^3 = 5 \times 4 \times 3 = 60$.

(1) 设 A 表示"所得的三位数是偶数",要求个位数在 $2,4$ 里取,其余两位数在剩下的 4 个数里取,搭配开来共 $C_2^1 P_4^2 = 24$ 种取法.故

$$P(A) = \frac{24}{60} = \frac{2}{5}.$$

(2) 设 B 表示"所得的三位数不小于 200",在这种情况下,百位数取 $2,3,4,5$ 均可,其余两位数在余下的 4 位数中取,所以 B 包含的基本事件数为 $C_4^1 P_4^2 = 48$,故

$$P(B) = \frac{48}{60} = \frac{4}{5}.$$

3. 概率的公理化定义

概率的古典定义仅局限于等可能概型,概率的统计定义不是严格的数学概念,其中"n 很大"时,频率"稳定地"在某一常数 p"附近摆动"都不是确切的数学语言.

通过概率的统计定义可以看到,概率具有性质:

(1) 对任一事件 A,有 $0 \leqslant P(A) \leqslant 1$;

(2) $P(\Omega) = 1$;

(3) 对任意有限个互不相容事件 $A_1, A_2, \cdots, A_n$,有 $P(A_1 + A_2 + \cdots + A_n) = P(A_1) + P(A_2) + \cdots + P(A_n)$.

可以证明,古典定义中的概率也存在这 3 条性质.

在概率论的公理化结构中,把一个随机事件的概率所应具备的 3 个基本属性作为建立概率的数学理论的出发点,直接规定 3 条公理:

公理 1　对任何事件 A,$P(A) \geqslant 0$;

公理 2　$P(\Omega) = 1$;

公理 3　若可列个事件 $A_1, A_2, \cdots$ 两两互不相容,则
$$P(A_1 + A_2 + \cdots) = P(A_1) + P(A_2) + \cdots.$$

满足上述 3 个条件的事件的函数 $P(A)$ 称为**概率**.由公理 1、公理 2、公理 3 可推出 $P(A) \leqslant 1, P(\varnothing) = 0$.公理 3 称为可列可加性或完全可加性,它包含着有限可加性,考虑了样本空间为无限的情况下可列个事件和的概率运算问题.概率论的全部结论都可由这 3 条公理演绎导出.

1.3　概率的运算法则

1. 概率的加法法则

定理 1.1　设事件 A 与事件 B 互不相容,则
$$P(A + B) = P(A) + P(B). \tag{1.2}$$

在公理 3 中取 $A_1 = A, A_2 = B, A_i = \varnothing (i = 3, 4, \cdots)$,利用 $P(\varnothing) = 0$ 即得.

推论 1　若事件 $A_1, A_2, \cdots, A_n$ 两两互不相容,则
$$P(A_1 + A_2 + \cdots + A_n) = P(A_1) + P(A_2) + \cdots + P(A_n). \tag{1.3}$$

推论 2　设 A 为任一事件,则
$$P(\overline{A}) = 1 - P(A). \tag{1.4}$$

推论 3　设 A, B 为任意二事件,则
$$P(B - A) = P(B) - P(AB). \tag{1.5}$$

特别地,若 $A \subset B$,则

$$P(B-A) = P(B) - P(A).$$

证 因为 $B=AB+\bar{A}B=AB+(B-A)$,其中 AB 与 $B-A$ 互不相容,由定理 1.1 得

$$P(B) = P(AB) + P(B-A),$$

故式(1.5)成立.

例 1.11 袋中有红、黄、白色球各一个,每次任取一个,有放回地抽取 3 次,求 3 次抽取"颜色全同"、"至少一个红球"的概率.

解 $P(颜色全同)=P(全红+全黄+全白)$

$$=P(全红)+P(全黄)+P(全白)$$

$$=\frac{1}{3^3}+\frac{1}{3^3}+\frac{1}{3^3}=\frac{1}{9}.$$

$$P(至少一只红球)=P(\overline{无红球})=1-P(无红球)=1-\frac{2^3}{3^3}=\frac{19}{27}.$$

定理 1.2 对于任意两个事件 A,B,有

$$P(A+B) = P(A) + P(B) - P(AB). \tag{1.6}$$

证 由于 $A+B=A\bar{B}+B$,$A\bar{B},B$ 互不相容,又 $A\bar{B}=A-AB$ 且 $AB \subset A$,故

$$P(A+B) = P(A\bar{B}) + P(B) = [P(A)-P(AB)] + P(B)$$

$$= P(A) + P(B) - P(AB).$$

推论 设 A,B,C 为任意 3 个事件,则有

$$P(A+B+C)$$

$$=P(A)+P(B)+P(C)-P(AB)-P(AC)-P(BC)+P(ABC). \tag{1.7}$$

例 1.12 在例 1.11 中,求"取到的 3 个球里没有红球或没有黄球"的概率.

解 $P(无红或无黄)=P(无红+无黄)$

$$=P(无红)+P(无黄)-P(无红且无黄)$$

$$=\frac{8}{27}+\frac{8}{27}-\frac{1}{27}=\frac{5}{9}.$$

2. 概率的乘法法则

1)条件概率

到现在为止,我们对 $P(A)$ 的讨论都是在一组固定的条件限制下进行的. 但有时,除了这组固定条件之外,还要考虑事件 A 在"事件 B 已经发生"这一附加条件下发生的概率,这个概率称为**条件概率**,记作 $P(A|B)$. 相应地,把 $P(A)$ 称为**无条件概率**或**原概率**.

例 1.13　新进一批产品 100 件,记录如表 1.3 所示.

表 1.3　产品信息　　　　　　　　　　单位:件

品质　　　厂家	一级品数	二级品数	总　　计
甲厂生产	40	20	60
乙厂生产	30	10	40
总　　计	70	30	100

现从中任取一件,设 $A=\{$取得一级品$\}$,$B=\{$取得甲厂产品$\}$.试求 $P(A)$,$P(B)$,$P(B|A)$,$P(A|B)$,$P(AB)$;并写出各概率表示的意义.

解　$P(A)=\dfrac{70}{100}$,表示从 100 件产品中任取一件,它是一级品的概率,即表示这批产品的一级品率;

$P(B)=\dfrac{60}{100}$,表示从 100 件产品中任取一件,它是甲厂产品的概率,即表示这批产品中甲厂产品的占有率;

$P(B|A)=\dfrac{40}{70}$,表示已知取到的一件是一级品,即知是从 70 件一级品中取到的一件,它是由甲厂生产的概率,即一级品中甲厂产品的占有率;

$P(A|B)=\dfrac{40}{60}$,表示已知取得一件甲厂产品,它是一级品的概率,即甲厂产品的一级品率;

$P(AB)=\dfrac{40}{100}$,表示从 100 件产品中取到一件既是甲厂生产的又是一级品的概率.

从例 1.13 的计算结果可以看出:

$$P(B\mid A)=\frac{P(AB)}{P(A)}\quad(P(A)>0);\tag{1.8}$$

$$P(A\mid B)=\frac{P(AB)}{P(B)}\quad(P(B)>0).\tag{1.9}$$

这两个等式的成立不是偶然的,具有普遍规律.由此我们来定义条件概率.

定义 1.4　设 A,B 为两事件,且 $P(B)>0$,称比值 $\dfrac{P(AB)}{P(B)}$ 为事件 A 在事件 B 发生的条件下的**条件概率**,记作 $P(A|B)$.

条件概率也是概率,容易验证它满足概率的 3 个基本条件:

(1) $P(A|B)\geqslant 0$;

(2) $P(\Omega|B)=1$;

(3) 若可列个事件 $A_1, A_2, \cdots$ 两两互不相容,则 $P\left(\sum_{i=1}^{\infty} A_i \mid B\right) = \sum_{i=1}^{\infty} P(A_i \mid B).$

由此可知,前面推出的概率的性质对条件概率同样适用,例如:

$$P(\varnothing \mid B) = 0;$$
$$P(A \mid B) = 1 - P(\overline{A} \mid B);$$
$$P(A_1 + A_2 \mid B) = P(A_1 \mid B) + P(A_2 \mid B) - P(A_1 A_2 \mid B).$$

例 1.14   假设一批产品中一、二、三等品各占 $60\%, 30\%, 10\%$,从中任意取出一件,结果不是三等品,则取到的是一等品的概率是多少?

解   设 $A_i = \{$取到 i 等品$\}$ $(i=1,2,3)$,则根据题意知

$$P(A_1) = 0.6, \quad P(A_2) = 0.3, \quad P(A_3) = 0.1.$$

由条件概率公式知

$$P(A_1 \mid \overline{A_3}) = \frac{P(A_1 \overline{A_3})}{P(\overline{A_3})} = \frac{P(A_1)}{1 - P(A_3)} = \frac{0.6}{0.9} = \frac{2}{3}.$$

2) 乘法法则

由条件概率的定义立刻得到以下定理.

定理 1.3   两个事件乘积的概率等于其中一个事件的概率与另一事件在已知前一事件发生条件下的条件概率的乘积,即

$$P(AB) = P(A)P(B \mid A) = P(B)P(A \mid B). \tag{1.10}$$

把这个乘法法则推广到 n 个事件乘积的情形,有

$$P(A_1 A_2 \cdots A_n) = P(A_1)P(A_2 \mid A_1)P(A_3 \mid A_1 A_2) \cdots P(A_n \mid A_1 A_2 \cdots A_{n-1}). \tag{1.11}$$

例 1.15   关于某产品的检验方案为从 100 件中任取一件,取后不放回,如为次品,认为不合格;如为正品,再抽一件;如此继续至多 4 次,如连续抽得 4 件正品,则认为这批产品合格. 现假定产品中 5% 是次品,问产品被拒收的概率.

解   设 $B = \{$产品被拒收$\}$,$A_i = \{$第 i 次抽得次品$\}$ $(i=1,2,3,4)$,则

$$\overline{B} = \overline{A}_1 \overline{A}_2 \overline{A}_3 \overline{A}_4,$$
$$P(B) = 1 - P(\overline{A}_1 \overline{A}_2 \overline{A}_3 \overline{A}_4)$$
$$= 1 - P(\overline{A}_1)P(\overline{A}_2 \mid \overline{A}_1)P(\overline{A}_3 \mid \overline{A}_1 \overline{A}_2)P(\overline{A}_4 \mid \overline{A}_1 \overline{A}_2 \overline{A}_3)$$
$$= 1 - \frac{95}{100} \times \frac{94}{99} \times \frac{93}{98} \times \frac{92}{97} = 0.188.$$

另一个解法是:$B = A_1 + \overline{A}_1 A_2 + \overline{A}_1 \overline{A}_2 A_3 + \overline{A}_1 \overline{A}_2 \overline{A}_3 A_4.$

显然,上式右端相加的各项事件互不相容,利用加法公式计算可以得到同样的结果.

例 1.16   在一次对一年级学生上、下两学期数学成绩的统计调查中发现,上、下两学期成绩均优的占被调查学生的 5%,仅上学期得优的占 7.9%,仅下学期得优的占 8.9%.

(1) 已知某学生上学期得优,估计其下学期得优的概率;

（2）已知某学生上学期没得优，估计其下学期得优的概率；

（3）求上、下两学期均未能得优的概率.

解 设 $A=\{$上学期数学成绩为优$\}$，$B=\{$下学期数学成绩为优$\}$.

由已知，$P(AB)=0.05$，$P(A\overline{B})=0.079$，$P(\overline{A}B)=0.089$. 由 $A=A\overline{B}+AB$ 得

$$P(A) = P(A\overline{B}) + P(AB) = 0.079 + 0.05 = 0.129.$$

同理

$$P(B) = P(\overline{A}B) + P(AB) = 0.089 + 0.05 = 0.139.$$

（1）$P(B|A)=\dfrac{P(AB)}{P(A)}=\dfrac{0.05}{0.129}=0.388.$

（2）$P(B|\overline{A})=\dfrac{P(\overline{A}B)}{P(\overline{A})}=\dfrac{0.089}{1-0.129}=0.102.$

（3）$P(\overline{A}\,\overline{B})=P(\overline{A})P(\overline{B}|\overline{A})=(1-0.129)(1-0.102)=0.782.$

1.4 全概率公式与贝叶斯公式

1. 全概率公式

概率的加法法则和乘法法则联合运用对求解某些复杂事件的概率很有帮助. 把一个复杂事件分解为一组简单事件之和，再通过加法法则、乘法法则去求概率，将这种解题思路一般化就得到全概率公式.

定理 1.4 如果事件 $A_1,A_2,\cdots$ 构成一个完备事件组，且 $P(A_i)>0$ $(i=1,2,\cdots)$，则对任何一个事件 B，有

$$P(B) = \sum_i P(A_i)P(B \mid A_i). \tag{1.12}$$

证 $B=B\Omega=B(A_1+A_2+\cdots)=BA_1+BA_2+\cdots$，由于 $A_1,A_2,\cdots$ 两两互不相容，因此 $BA_1,BA_2,\cdots$ 也两两互不相容. 由加法法则和乘法法则得

$$\begin{aligned}
P(B) &= P(BA_1) + P(BA_2) + \cdots \\
&= P(A_1)P(B \mid A_1) + P(A_2)P(B \mid A_2) + \cdots \\
&= \sum_i P(A_i)P(B \mid A_i).
\end{aligned}$$

公式（1.12）称为**全概率公式**. 从推导中可以看出，事件组 $A_1,A_2,\cdots$ 只要满足两两互不相容且 $A_1+A_2+\cdots \supset B$，公式就成立；后面的逆概率公式也是如此.

例 1.17 一个工厂有 Ⅰ，Ⅱ，Ⅲ 三个车间，生产同一种产品，每个车间的产量分别占总产量的 $40\%,35\%,25\%$，而各车间产品的次品率分别是 $2\%,4\%,5\%$. 今将三车间产品混在一起，并随机抽取一件，问它是次品的概率是多少？

解 设事件 $A_i=\{$抽到的产品是第 i 车间的产品$\}$ $(i=1,2,3)$；事件 $B=\{$抽到的产

品是次品$\}$. 显然 A_1, A_2, A_3 构成完备事件组. 依题意, 有

$$P(A_1) = \frac{40}{100}, \qquad P(A_2) = \frac{35}{100}, \qquad P(A_3) = \frac{25}{100};$$

$$P(B|A_1) = \frac{2}{100}, \quad P(B|A_2) = \frac{4}{100}, \quad P(B|A_3) = \frac{5}{100}.$$

由全概率公式, 有

$$P(B) = \sum_{i=1}^{3} P(A_i) P(B \mid A_i) = \frac{40}{100} \times \frac{2}{100} + \frac{35}{100} \times \frac{4}{100} + \frac{25}{100} \times \frac{5}{100} = 0.0345.$$

例 1.18　某工厂生产的产品以 100 件为一批, 假定每一批产品中的次品最多不超过 4 件, 并具有如下的概率:

次品数 k	0	1	2	3	4
P(次品数$=k$)	0.1	0.2	0.4	0.2	0.1

现进行抽样检查, 从每批中抽取 10 件检验, 如发现其中有次品, 则认为产品不合格. 求一批产品通过检查的概率.

解　设事件 B 表示"产品通过检查", 即 $B = \{$取 10 件中无次品$\}$; 事件 $A_k = \{$一批产品中含 k 件次品$\}(k = 0, 1, 2, 3, 4)$. 显然, $A_0, A_1, \cdots, A_4$ 构成完备事件组. 由题意知, $P(A_0) = P(A_4) = 0.1, P(A_1) = P(A_3) = 0.2, P(A_2) = 0.4,$ 且

$$P(B \mid A_k) = \frac{C_{100-k}^{10}}{C_{100}^{10}} \quad (k = 0, 1, 2, 3, 4).$$

故

$$P(B) = \sum_{k=0}^{4} P(A_k) P(B \mid A_k)$$

$$= 0.1 \times 1 + 0.2 \times 0.900 + 0.4 \times 0.809 + 0.2 \times 0.727 + 0.1 \times 0.652$$

$$= 0.8142.$$

2. 贝叶斯(Bayes)公式

定理 1.5　若 $A_1, A_2, \cdots$ 构成一个完备事件组, 且 $P(A_i) > 0 (i = 1, 2, \cdots)$, 则对任一事件 B, 且 $P(B) > 0$, 有

$$P(A_j \mid B) = \frac{P(A_j) P(B \mid A_j)}{\sum_i P(A_i) P(B \mid A_i)} \quad (j = 1, 2, \cdots). \tag{1.13}$$

证　由条件概率的定义、式(1.10)及式(1.12)有

$$P(A_j \mid B) = \frac{P(A_j B)}{P(B)} = \frac{P(A_j) P(B \mid A_j)}{\sum_i P(A_i) P(B \mid A_i)} \quad (j = 1, 2, \cdots).$$

式(1.13)称为**贝叶斯公式**,也称**逆概率公式**.式中 $P(A_i)$ 一般在试验前就是已知的,它常常是以往经验的总结,可称之为先验概率.如果经过试验,结果 B 发生了,可用贝叶斯公式反过来求得引起事件 B 发生的各种原因的概率 $P(A_i|B)$,从而提供了对各种原因的新认识,所以也称 $P(A_i|B)$ 为后验概率.

例 1.19 开机前由机师调整好机器,根据机师平时的技术水平,可以认为机器调整良好的概率为 75%.由机器的性能知,机器调整良好时产品合格率为 90%,调整得不好时,产品合格率为 30%.若生产第一件产品合格,求此时机器调整良好的概率;若生产第一件产品不合格,求此时机器调整得不够好的概率.

解 设 $B=\{$第一件产品合格$\},A=\{$机器调整良好$\}$.由题意知,$P(A)=75\%$,$P(\overline{A})=25\%$,$P(B|A)=90\%$,$P(B|\overline{A})=30\%$.

由逆概率公式,有

$$P(A\mid B)=\frac{P(AB)}{P(B)}=\frac{P(A)P(B\mid A)}{P(A)P(B\mid A)+P(\overline{A})P(B\mid \overline{A})}$$

$$=\frac{0.75\times 0.9}{0.75\times 0.9+0.25\times 0.3}=0.9;$$

$$P(\overline{A}\mid \overline{B})=\frac{P(\overline{A}\,\overline{B})}{P(\overline{B})}=\frac{P(\overline{A})P(\overline{B}\mid \overline{A})}{P(\overline{A})P(\overline{B}\mid \overline{A})+P(A)P(\overline{B}\mid A)}$$

$$=\frac{0.25\times 0.7}{0.25\times 0.7+0.75\times 0.1}=0.7.$$

在上例中,根据以往数据分析得到机器调整良好的概率为 0.75,这是先验概率;在得到第一件产品合格的信息后,可以判断机器当前调整良好的概率为 0.9,说明后验概率把新得到的信息反映出来了,使我们对机器的状态有了新的认识.

例 1.20 继续讨论例 1.17,若已知抽出的一件产品为次品,求它由 Ⅰ,Ⅱ,Ⅲ 车间生产的概率各为多少?该次品是哪个车间生产的可能性最大?

解 由于例 1.17 已求出 $P(B)=0.0345$,故直接求得

$$P(A_1\mid B)=\frac{P(A_1 B)}{P(B)}=\frac{P(A_1)P(B\mid A_1)}{P(B)}=\frac{40\%\times 2\%}{3.45\%}=0.232.$$

同理求得 $P(A_2|B)=0.406$;$P(A_3|B)=0.362$.

由于 $P(A_1|B)<P(A_3|B)<P(A_2|B)$,所以认为这件次品由 Ⅱ 车间生产的可能性最大.

应该注意的是,表面上看,Ⅰ 车间产品最多,Ⅲ 车间产品次品率最高,似乎次品出自这两个车间的可能性较大.但计算结果对此给出了更符合客观实际的综合评价,为统计判断提供了科学依据.

1.5　独立性

1. 事件的独立性

一般说来，$P(B|A) \neq P(B)$，这表明 A 的发生影响了 B 发生的概率. 但在特殊情况下，A 发生与否并不影响 B 发生的概率，即有 $P(B|A) = P(B)$，这时我们说，事件 A 与事件 B 的出现具有某种"独立性". 在 $P(A) > 0$ 时，由概率的乘法法则及 $P(B|A) = P(B)$ 可推出 $P(AB) = P(A)P(B)$. 由此，引进下面的定义.

定义 1.5　对于事件 A 与 B，若

$$P(AB) = P(A)P(B), \tag{1.14}$$

则称事件 A 与 B 是**相互独立**的.

在这个定义里，A, B 可以是任意事件，没有概率非零的限制，并且 A 与 B 的位置是对称的. 容易判断，必然事件 Ω 及不可能事件 $\varnothing$ 与任何事件独立.

当 $P(A) > 0, P(B) > 0$ 时，下面 4 个结论是等价的：

(1) 事件 A 与 B 相互独立；

(2) $P(AB) = P(A)P(B)$；

(3) $P(A) = P(A|B)$；

(4) $P(B) = P(B|A)$.

定理 1.6　若事件 A 与 B 相互独立，则 A 与 $\bar{B}$，$\bar{A}$ 与 B，$\bar{A}$ 与 $\bar{B}$ 中的各对事件也相互独立.

证　先证 A 与 $\bar{B}$ 相互独立. 由

$$P(A) = P(AB + A\bar{B}) = P(AB) + P(A\bar{B}),$$

得

$$P(A\bar{B}) = P(A) - P(AB) = P(A) - P(A)P(B)$$
$$= P(A)[1 - P(B)] = P(A)P(\bar{B}),$$

即 A 与 $\bar{B}$ 相互独立. 再由事件独立定义中 A 与 B 的对称性，可知 $\bar{A}$ 与 B 相互独立. 最后由 $\bar{A}$ 与 B 相互独立的条件，利用上面证明的结果，可得 $\bar{A}$ 与 $\bar{B}$ 也相互独立.

在实际问题中，对于两个事件 A, B，常常根据它们的实际意义来看相互是否有影响，从而判断它们是否独立，而不是利用定义去判断. 例如在随机抽取试验中，有放回抽取事件是独立的，无放回抽取事件一般不是独立的.

例 1.21　甲、乙同时向一敌机炮击，已知甲击中的概率为 0.6，乙击中的概率为 0.5，求敌机被击中的概率.

解　记 $A = \{$甲击中$\}$，$B = \{$乙击中$\}$，$C = \{$敌机被击中$\}$. 显然，$C = A + B$. 根据题意，

可以认为 A 与 B 相互独立. 因此有

$$P(C) = P(A+B) = P(A) + P(B) - P(AB) = P(A) + P(B) - P(A)P(B)$$
$$= 0.6 + 0.5 - 0.6 \times 0.5 = 0.8.$$

关于 3 个事件的独立性, 有下面定义.

定义 1.6 若事件 A, B, C 满足

$$\begin{cases} P(AB) = P(A)P(B), \\ P(AC) = P(A)P(C), \\ P(BC) = P(B)P(C), \\ P(ABC) = P(A)P(B)P(C), \end{cases} \tag{1.15}$$

则称事件 A, B, C 相互独立.

应注意的是: 3 个事件相互独立, 则它们一定两两独立, 但两两独立不一定是相互独立.

一般地, n 个事件相互独立的定义如下.

定义 1.7 设 $A_1, A_2, \cdots, A_n$ 是 n 个事件, 若对其中任意 $k(1 < k \leqslant n)$ 个事件 A_{i_1}, $A_{i_2}, \cdots, A_{i_k}$, 有

$$P(A_{i_1} A_{i_2} \cdots A_{i_k}) = P(A_{i_1})P(A_{i_2}) \cdots P(A_{i_k}) \quad (1 \leqslant i_1 < i_2 < \cdots < i_k \leqslant n)$$

$$\tag{1.16}$$

成立, 则称事件 $A_1, A_2, \cdots, A_n$ 相互独立.

显然, 若 n 个事件相互独立, 则它们中的任意 $k(2 \leqslant k < n)$ 个事件也相互独立. 在实际应用中, 如果 n 个事件中任意一个事件发生的可能性都不受其他一个或任意 $k(2 \leqslant k \leqslant n)$ 个事件发生与否的影响, 则可判断 n 个事件相互独立, 计算中可直接运用式(1.16).

例 1.22 有两个裁判组, 其中一组由 3 个人组成, 组内两个人独立地以概率 p 作出正确的裁定, 而第 3 个人以掷硬币决定, 最后结果根据多数人意见决定; 另一组由一个人组成, 他以概率 p 作出正确的裁定. 试问这两个裁判组哪一组作出正确裁定的概率大?

解 把三人小组的正确裁定概率算出来, 再与 p 比较即可.

设 A, B, C 分别表示"第一组的 3 个人分别作出正确裁定"的 3 个事件, R 表示"3 个人裁判组正确裁定"的事件, 则由题意, 有 $P(A) = P(B) = p, P(C) = \dfrac{1}{2}$. 而

$$R = ABC + AB\bar{C} + A\bar{B}C + \bar{A}BC.$$

由上式右端和中各事件互不相容及 A, B, C 相互独立, 有

$$P(R) = P(ABC) + P(AB\bar{C}) + P(A\bar{B}C) + P(\bar{A}BC)$$
$$= P(A)P(B)P(C) + P(A)P(B)P(\bar{C}) + P(A)P(\bar{B})P(C) + P(\bar{A})P(B)P(C)$$
$$= p \cdot p \cdot \frac{1}{2} + p \cdot p \cdot \frac{1}{2} + p(1-p) \cdot \frac{1}{2} + (1-p)p \cdot \frac{1}{2} = p.$$

由此可知,两裁判组作出正确裁定的概率一样大.

例 1.23　某种自动报警器采用若干个开关并联以增强其可靠性. 当险情发生时,并联电路中任何一个开关闭合就能发出警报. 已知每个开关在险情发生时自动闭合的概率为 0.9,且各开关闭合与否相互独立. 问至少应并联多少个开关,才能使报警器的可靠性不低于 0.9999?

解　设至少需要并联 n 个开关,$A_i=\{$第 i 个开关在险情发生时闭合$\}(i=1,2,\cdots,n)$. 依题意,确定 n 使 $P(A_1+A_2+\cdots+A_n)\geqslant 0.9999$. 因为

$$P(A_1+A_2+\cdots+A_n)=1-P(\overline{A_1}\overline{A_2}\cdots\overline{A_n})=1-P(\overline{A_1})P(\overline{A_2})\cdots P(\overline{A_n})$$
$$=1-(1-0.9)^n.$$

所以,由 $1-(1-0.9)^n\geqslant 0.9999$,即 $0.1^n\leqslant 0.0001$,得

$$n\geqslant\frac{\lg 0.0001}{\lg 0.1}=\frac{-4}{-1}=4,$$

即至少需并联 4 个开关,才能使可靠性不低于 0.9999.

2. 伯努利(Bernoulli)概型

在概率论中,只考虑两个可能结果的随机试验,称为**伯努利试验**,为叙述方便,有时将两个可能结果分别称为"成功"与"失败";将伯努利试验独立地重复 n 次的随机试验,称为 **n 重伯努利试验**;描述 n 重伯努利试验结果的数学模型,称为 **n 重伯努利概型**(也称**独立试验模型**).

例如,在同样的条件下重复试验 n 次,每次试验观察事件 A 是否发生,则这个试验是 n 重伯努利试验.

对于伯努利概型,主要研究 n 次试验中成功 $k(0\leqslant k\leqslant n)$ 次的概率 $P_n(k)$.

定理 1.7(伯努利定理)　如果在 n 重伯努利试验中,成功的概率为 $p(0<p<1)$,则成功恰好发生 $k(0\leqslant k\leqslant n)$ 次的概率 $P_n(k)$ 为

$$P_n(k)=C_n^k p^k q^{n-k}\quad(k=0,1,\cdots,n),\tag{1.17}$$

其中 $q=1-p$.

证　在 n 次重复试验中,记 $B_k=\{n$ 次试验中成功恰好发生 k 次$\}$. 由试验的独立性知,B_k 发生的概率为 $p^k q^{n-k}$. 因为只考虑在 n 次试验中成功 k 次,而不论是哪 k 次成功,因此这样的 B_k 共有 C_n^k 个,且两两互不相容. 由概率的加法公式,便得

$$P_n(k)=C_n^k p^k q^{n-k}\quad(k=0,1,\cdots,n).$$

例 1.24　一条自动生产线上产品的一级品率为 0.6,现从中随机抽取 10 件检查. 求(1)恰有两件一级品的概率;(2)至少有两件一级品的概率.

解　题中的抽样方法是不放回抽样,但由题意知产品数量很大,而抽取数量相对较小,因而可作为有放回抽样来近似处理. 所以可将检查 10 件样品是否为一级品看成是 10

重伯努利试验.

设 $A_i = \{$恰有 i 件一级品$\}(i=0,1,\cdots,10)$；$B=\{$至少有 2 件一级品$\}$，则
$$P(A_i) = P_{10}(i) = C_{10}^i \times 0.6^i \times 0.4^{10-i} \quad (i=0,1,\cdots,10).$$

(1) $P(A_2) = P_{10}(2) = C_{10}^2 \times 0.6^2 \times 0.4^{10-2} = 0.0106$；

(2) $P(B) = P(A_2 + A_3 + \cdots + A_{10}) = \sum\limits_{i=2}^{10} P_{10}(i)$
$$= 1 - P_{10}(0) - P_{10}(1) = 1 - 0.4^{10} - C_{10}^1 \times 0.6 \times 0.4^9 \approx 0.9983.$$

例 1.25　回到例 1.22 中，若三人小组中每个人作出正确裁决的概率均为 p，则该小组作出正确裁决的概率是多少？何时三人小组比一人组作出正确裁决的概率大？

解　三人小组中至少两人作出正确裁决时，小组作出正确裁决，其概率为
$$P(R) = P_3(2) + P_3(3) = C_3^2 p^2(1-p) + p^3 = 3p^2 - 2p^3.$$

当 $3p^2 - 2p^3 > p$，即 $\dfrac{1}{2} < p < 1$ 时，三人小组比一人组作出正确裁决的概率大.

伯努利概型是在同样条件下进行重复试验的概率模型，是概率论最早研究的模型之一. 前面提到过的随机现象的统计规律性只有在这种重复试验中才会显示出来，概率论中的一些重要结论起初主要是通过对伯努利概型进行研究得到的. 另一方面，伯努利概型在产品质量检验及群体遗传学等方面有着广泛的应用. 我们在第 2 章将继续讨论这个模型.

习题 1

1.1　设 $\Omega = \{1,2,\cdots,10\}, A=\{2,3,4\}, B=\{3,4,5\}, C=\{5,6,7\}$. 写出下列算式表示的集合：$\overline{AB}$；$\overline{A+B}$；$\overline{\overline{A}\,\overline{B}}$；$\overline{A}\,\overline{B}C$；$\overline{A(B+C)}$.

1.2　设袋中有大小相同的 10 个球：3 个红球，2 个黑球，5 个白球. 从中无放回地任取两次，每次取一个. 如以 A_k, B_k, C_k 分别表示第 k 次取得红，黑，白球($k=1,2$)，试用 A_k, B_k, C_k 分别表示下列事件：

(1) 所取的两球中有黑球；

(2) 仅取得一个黑球；

(3) 第二次取得黑球；

(4) 没取得黑球；

(5) 最多一个黑球；

(6) 有黑球而没有红球；

(7) 取得的两个球颜色相同；

(8) 取得的两个球为一红一黑.

1.3　(1) 若 $P(A)=0.5, P(B)=0.4$，$P(A-B)=0.3$，求 $P(A+B)$ 和 $P(\overline{A}+\overline{B})$.

(2) 设 A, B, C 是 3 个事件，且

$$P(A) = P(B) = P(C) = \frac{1}{4}, \quad P(AB) = P(BC) = 0, P(AC) = \frac{1}{8},$$

求 A, B, C 至少有一个发生的概率.

1.4　在图书馆中随意抽取一本书，事件 A 表示"数学书"，B 表示"中文图书"，C 表示"平装书".

(1) 说明事件 $AB\overline{C}$ 的实际意义；

(2) 说明 $\overline{C} \subset B$ 的含义；

(3) $\overline{A} = B$ 是否意味着馆中所有数学书都不是中文版的？

1.5　已知 $(A+B)(\overline{A}+B) + \overline{A+B} + \overline{\overline{A}+B} = C$，求 B.

1.6　袋中有 5 个红球，2 个白球，有放回地任取两次，每次取一个. 求：

(1) 第一次、第二次都取到红球的概率；

(2) 第一次取到红球，第二次取到白球的概率；

(3) 两次中，一次取到红球、一次取到白球的概率；

(4) 第二次取到红球的概率.

1.7　从拿走王牌的 52 张扑克牌中任意取 13 张，求有 5 张黑桃、3 张红心、3 张方块、2 张梅花的概率.

1.8　5 个人排队抓 5 个阄，其中两个为有物之阄. 求：(1) 第三人抓到有物之阄的概率；(2) 后两人都抓不到有物之阄的概率.

1.9　将两封信向标号为 $1, 2, 3, 4$ 的 4 个邮筒随机投放. 求：第二个邮筒恰好被投入一封信的概率 p_1；前两个邮筒各被投入一封信的概率 p_2.

1.10　盒中有 6 只灯泡，4 只正品，2 只次品. 无放回地从中任取 2 次，每次 1 只. 求：(1) 所取两只均为正品的概率；(2) 所取两只至少一只为正品的概率.

1.11　一部五卷文集，按任意次序放到书架上，试求下列事件概率：

(1) 第一卷及第五卷出现在旁边；

(2) 第一卷及第五卷都不出现在旁边；

(3) 第三卷正好在正中；

(4) 各卷恰好自左向右或自右向左按卷号次序排放.

1.12　100 件产品中含 5 件次品，从中分别按有放回、无放回方式任取 20 只，求在所取的 20 只产品中恰有 2 件次品的概率.

1.13　将 3 个小球放入 4 个盒子中，求盒子中球的最多个数分别为 1, 2, 3 的概率.

1.14　9 个人随意排成一排照相，求其中指定的 3 个人排在一起的概率.

1.15　设 $P(A)=\dfrac{1}{3}$，$P(B)=\dfrac{1}{2}$．

(1) 若 $AB=\varnothing$，求 $P(B\bar{A})$；

(2) 若 $A\subset B$，求 $P(B\bar{A})$；

(3) 若 $P(AB)=\dfrac{1}{8}$，求 $P(B\bar{A})$．

1.16　在不超过 2000 的自然数里任取一数，求它能被 8 或被 6 整除的概率．

1.17　在某城市中，共发行 A,B,C 三种报纸．居民中，订阅 A 的占 45%，订阅 B 的占 35%，订阅 C 的占 30%，同时订阅 A 及 B 的占 10%，同时订阅 A 及 C 的占 8%，同时订阅 B 及 C 的占 5%，同时订阅 A,B,C 的占 3%．现从居民中随机抽查一人，问该人至少订阅一种报纸的概率是多少？只订阅 A 的概率是多少？不订阅任何报纸的概率是多少？

1.18　从 $0,1,2,\cdots,9$ 等 10 个数字中任选出 3 个不同的数字，试求下列事件的概率：

$A_1=\{3$ 个数字中不含 0 和 5$\}$；

$A_2=\{3$ 个数字中不含 0 或 5$\}$；

$A_3=\{3$ 个数字中含 0 但不含 5$\}$．

1.19　一男生能连续跑完 1500m 的概率为 0.8，能连续跑完 3000m 的概率为 0.4，求已跑到 1500m 时还能继续再跑 1500m 的概率．

1.20　盒中有 10 只灯泡，其中 6 只正品，4 只次品，随机抽取一只，若为正品放回，若为次品，就换一件正品放回去．求直到抽取 3 次才取到一只正品的概率；抽取 3 次恰有一只正品的概率．

1.21　甲、乙两城市都位于长江下游，根据 100 余年来的气象记录，知道甲、乙两城市一年中雨天占的比例分别为 20% 和 18%，两地同时下雨占的比例为 12%．问：

(1) 乙市为雨天时，甲市也为雨天的概率是多少？

(2) 甲市为雨天时，乙市也为雨天的概率是多少？

(3) 两城市至少有一个为雨天的概率是多少？

1.22　已知在 10 件产品中有 2 件次品，在其中取两次，每次任取一件，作不放回抽样．求下列事件的概率：

(1) 两件都是正品；

(2) 两件都是次品；

(3) 一件是正品，一件是次品；

(4) 第二次取出的是次品．

1.23　为了防止意外，在矿内同时设有两种报警系统 A 与 B，每种系统单独使用时，系统 A 的有效概率为 0.92，系统 B 的有效概率为 0.93，在系统 A 失灵的条件下，系统 B 有效的概率为 0.85．求：

(1) 发生意外时,两种报警系统至少有一个有效的概率;

(2) 系统 B 失灵的条件下,系统 A 有效的概率.

1.24　用 3 台机床加工同一种零件,零件由各机床加工的概率分别为 0.5,0.3,0.2,各机床加工的零件为合格品的概率分别为 0.94,0.9,0.95,求全部产品中的合格品率.

1.25　假设同一年级有 3 个班,分别有学生 50 名、30 名和 40 名,而其中女生分别有 20 名、12 名及 24 名.现在任选一班从中随机选出两名学生.试求选出的两名都是女生的概率.

1.26　某商店购进甲厂生产的产品 30 箱,乙厂生产的同种产品 20 箱,甲厂每箱装 100 个,废品率为 0.06,乙厂每箱装 120 个,废品率为 0.05,求:

(1) 任取一箱,从中任取一个为废品的概率;

(2) 若将所有产品开箱混放,求任取一个为废品的概率.

1.27　12 个乒乓球都是新球,每次比赛时取出 3 个用完后放回去,求第 3 次比赛时取到的 3 个球都是新球的概率.

1.28　玻璃杯成箱出售,每箱 20 只,假设各箱含 0,1,2 只次品的概率分别为 0.8,0.1,0.1.一顾客欲买一箱,在购买时,售货员随意取一箱,而顾客开箱随意地查看 4 只,若无次品则买下,否则退回. 求:

(1) 顾客买下该箱的概率;

(2) 在顾客买下的该箱中确无次品的概率.

1.29　有甲、乙两个口袋,甲袋中装有两个白球,一个黑球,乙袋中装有一个白球,两个黑球.从甲袋中任取一个球放入乙袋,再从乙袋中取出一球,求从乙袋中取到白球的概率;若发现从乙袋中取出的是白球,问从甲袋中取出的球黑白哪种颜色的可能性大?

1.30　一学生接连参加同一课程的两次考试.第一次及格的概率为 p,若第一次考试及格则第二次考试及格的概率也为 p;若第一次考试不及格则第二次考试及格的概率为 $\dfrac{p}{2}$.

(1) 若至少有一次考试及格则他能取得某种资格,求他取得该资格的概率.

(2) 若已知他第二次考试已经及格,求他第一次考试及格的概率.

1.31　一道选择题有 4 个答案,其中只一个正确.假设一个学生知道正确答案与不知道正确答案而任选一个答案的概率均为 0.5.如果已知该学生答对了,问他确实知道正确答案的概率是多少?

1.32　假设有两箱同种零件:第一箱内装 50 件,其中 10 件为一等品;第二箱内装 30 件,其中 18 件为一等品.现从两箱中任意取出一箱,然后从该箱先后随机取两个零件(取出的零件不放回). 求:

(1) 先取到的零件是一等品的概率;

（2）第二次取到的零件是一等品的概率；

（3）在第二次取到一等品的条件下，第一次取到的零件是一等品的概率.

1.33   盒中有编号为 $1,2,3,4$ 的 4 个球，随机地自盒中取一个球，事件 A 为"取得的是 1 号球或 2 号球"，事件 B 为"取得的是 1 号球或 3 号球"，事件 C 为"取得的是 1 号球或 4 号球". 验证：

$$P(AB)=P(A)P(B), \quad P(AC)=P(A)P(C), \quad P(BC)=P(B)P(C),$$

但 $P(ABC)\neq P(A)P(B)P(C)$，即事件 A,B,C 两两独立，但 A,B,C 不是相互独立的.

1.34   设 $P(A)>0,P(B)>0$. 证明：

（1）若 A,B 互不相容，则 A,B 不独立；

（2）若 A,B 相互独立，则 A,B 必相容.

1.35   若事件 A,B,C 相互独立，证明 A 与 $B+C,BC,B-C$ 也相互独立.

1.36   用步枪射击飞机，每支步枪的命中率为 0.003，问至少需多少支步枪同时各发射一弹，才能保证以 90% 的概率击中飞机？

1.37   设每个元件的可靠性（正常工作的概率）均为 $r(0<r<1)$，且各元件能否正常工作是相互独立的. 求下列两个系统 R_1,R_2 的可靠性.

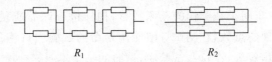

$$R_1 \qquad\qquad R_2$$

1.38   某类灯泡使用时数在 1000h 以上的概率为 0.2，求 3 个灯泡在使用 1000h 以后最多只有一个坏了的概率.

1.39   当掷 5 枚硬币时，已知至少出现两个正面，问正面数恰是 3 个的概率是多少？

1.40   设 3 次独立试验中事件 A 出现的概率相等. 若已知 A 至少出现一次的概率等于 $19/27$，求事件 A 在一次试验中出现的概率.

1.41   某射手的命中率为 $p(0<p<1)$，直到击中两次为止，求射击次数恰为 4 次的概率. 若直到击中 r 次为止，求射击次数恰为 $n(1\leqslant r\leqslant n)$ 次的概率.

1.42   高射炮向敌机发射 3 发炮弹，各次发射击中与否相互独立. 已知每发炮弹击中的概率均为 0.3，又知若敌机中一弹，坠毁的概率为 0.2，若中两弹，坠毁的概率为 0.6，若 3 弹全中，飞机必坠毁. 求敌机坠毁的概率.

第 2 章
随机变量及其概率分布

第 1 章我们用样本空间表示随机试验的全部可能结果,将我们关心的事件用样本点的集合表示出来,并运用初等数学的方法求出一些事件的概率.本章将进一步将随机试验的结果用一个特殊变量——随机变量来表示,从而将对随机事件的研究转化为对随机变量的研究,在此基础上,借助于微积分等高等数学工具对随机现象进行更深入全面的研究.

2.1 随机变量的概念

在随机试验中,我们观察的对象一般都可以用一个随机取值的变量来描述.

例如,某段时间内车间正在工作的车床数目,抽样检查产品质量时出现的废品个数,投一枚均匀的骰子出现的点数,在测试灯泡使用寿命的试验中灯泡的使用寿命及观察某地区的降雨量、洪峰值,等等,在这些试验中,试验的结果本身是一个数量;在另一些随机试验中,试验结果并不直接表现为数量,但我们可以使其数量化.例如,投掷一枚硬币,观察出现正面还是反面,我们将"出现正面"记为 1,"出现反面"记为 0.这样一来,对于随机试验的每一个结果都可以给予数量的描述,而且这些数量具有共同的特点:随着试验的重复它可以取不同的值,因而是一个变量;每次试验中究竟取什么值事先无法确切预言,带有随机性.我们称这个变量为随机变量.下面给出随机变量的定义.

定义 2.1 如果对于样本空间 Ω 中的每个点 ω,都对应着一个确切的实数 $X(\omega)$,则称 $X(\omega)$ 为**随机变量**,简记为 X.随机变量一般用大写拉丁字母 X,Y,Z 或希腊字母 ξ,η,ζ 等表示.

引入随机变量以后,随机试验中各种随机事件就可以通过随机变量的取值表达出来.例如,在测试灯泡使用寿命的试验中,若用 X 表示其寿命,则 X 可为区间 $[0,+\infty)$ 上的任意一个数,事件{被测试的灯泡使用寿命在 1000h 以上}可以表示为{$X \geqslant 1000$}.又如,将一枚硬币连续投掷两次,考察出现的正面数.若用 X 表示出现正面的次数,则事件{一次正面朝上}对应{$X=1$},{两次均正面朝上}对应{$X=2$}.一般地,对任意事件 A,可在样本空间 Ω 上定义函数

$$\chi_A(\omega) = \begin{cases} 1, & \text{当 } \omega \in A, \\ 0, & \text{当 } \omega \notin A. \end{cases}$$

我们称 $\chi_A(\omega)$ 为 A 的示性函数,显然 χ_A 是一个随机变量,事件 A 可表示为 $\{\chi_A = 1\}$.

用随机变量描述随机现象是近代概率论中最重要的方法,以后我们所讨论的随机事件几乎都用随机变量来描述.随机变量是取数值的,可以进行各种数学运算,因此引入随机变量为进一步研究随机现象提供了方便.

在随机变量中,我们主要研究离散型随机变量和连续型随机变量,其他类型的随机变量我们就不讨论了.

2.2　离散型随机变量

1. 概率分布律

如果随机变量所取的值是有限个或可列无穷多个,这种类型的随机变量称为**离散型随机变量**.前面例子中提到的"正在工作的车床数目","抽样检查时出现的废品数","投掷一枚质量均匀的骰子出现的点数",等等,都是离散型随机变量.

对于离散型随机变量 X,若将 X 取的全部可能值及取每个可能值的概率一一列出,那么就很完整地描述了随机变量 X 取值的统计规律.

设 $x_k(k=1,2,\cdots)$ 为离散型随机变量 X 的所有可能值,而 X 取值 x_k 的概率为 p_k,即

$$P(X = x_k) = p_k \quad (k = 1, 2, \cdots), \tag{2.1}$$

则称式(2.1)为离散型随机变量 X 的**概率分布律**,简称概率分布、分布律等.

式(2.1)也可用表格形式(称为概率分布表)表示如下:

X	x_1	x_2	$\cdots$	x_k	$\cdots$
P	p_1	p_2	$\cdots$	p_k	$\cdots$

令横轴表示随机变量 X 的取值,纵轴表示取值概率 P,用直角坐标上的图来表示概率分布表所得到的图称为概率分布图.

由概率的基本性质可知,概率分布律具有下面两个性质:

(1) $p_k \geqslant 0 \quad (k = 1, 2, \cdots)$;

(2) $\sum\limits_k p_k = 1$.

反之,满足上述两条性质的数列 $\{p_k\}$ 也可作为某一离散型随机变量的概率分布律.

例 2.1　产品中有一、二、三等品及废品 4 种,其中一、二、三等品率及废品率分别为 $60\%, 10\%, 20\%, 10\%$,任取一个产品检验其质量,用随机变量 X 描述检验结果并画出概

率分布图.

解 令 $\{X=k\}$ 表示"取到的产品为 k 等品" $(k=1,2,3)$,$\{X=0\}$ 表示"取到废品",则 X 是一个随机变量,它可以取 $0,1,2,3$ 这 4 个可能值,且 $P(X=0)=0.1,P(X=1)=0.6,P(X=2)=0.1,P(X=3)=0.2$.

列成概率分布表如下:

X	0	1	2	3
P	0.1	0.6	0.1	0.2

其概率分布图如图 2.1.

例 2.2 10 件产品中有 7 件正品,3 件次品,每次从中任取一件,试在下列 3 种情况下分别求出直到取得正品为止所需抽取次数 X 的分布律.

(1) 每次取出的产品不再放回;

(2) 每次取出的产品仍然放回;

(3) 每次取出一件产品后总放回一件正品.

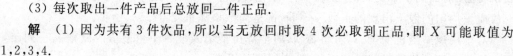

图 2.1

解 (1) 因为共有 3 件次品,所以当无放回时取 4 次必取到正品,即 X 可能取值为 $1,2,3,4$.

$\{X=1\}$ 表示第一次就取得正品,$P(X=1)=\dfrac{7}{10}$,$\{X=2\}$ 表示第一次取得次品第二次取得正品,$P(X=2)=\dfrac{3}{10}\times\dfrac{7}{9}=\dfrac{7}{30}$,$\{X=3\}$ 表示前两次取得次品第三次取得正品,$P(X=3)=\dfrac{3}{10}\times\dfrac{2}{9}\times\dfrac{7}{8}=\dfrac{7}{120}$,同理,$P(X=4)=\dfrac{3}{10}\times\dfrac{2}{9}\times\dfrac{1}{8}\times\dfrac{7}{7}=\dfrac{1}{120}$.

分布律如下表:

X	1	2	3	4
P	$\dfrac{7}{10}$	$\dfrac{7}{30}$	$\dfrac{7}{120}$	$\dfrac{1}{120}$

(2) 取出再放回时,有一直取不到正品的可能,所以 X 可能取值为 $1,2,\cdots$.$\{X=k\}$ 表示前 $k-1$ 次均取得次品,第 k 次取得正品.

$$P(X=k)=\left(\frac{3}{10}\right)^{k-1}\frac{7}{10}\quad(k=1,2,\cdots).$$

可以验证:$\displaystyle\sum_{k=1}^{\infty}P(X=k)=\sum_{k=1}^{\infty}\left(\frac{3}{10}\right)^{k-1}\frac{7}{10}=1.$

(3) 与(1)的情形相仿,X 可能取值为 $1,2,3,4$.

$$P(X = 1) = \frac{7}{10}, \quad P(X = 2) = \frac{3}{10} \times \frac{8}{10} = \frac{6}{25},$$

$$P(X = 3) = \frac{3}{10} \times \frac{2}{10} \times \frac{9}{10} = \frac{27}{500}, \quad P(X = 4) = \frac{3}{10} \times \frac{2}{10} \times \frac{1}{10} \times \frac{10}{10} = \frac{3}{500}.$$

分布律列成下表:

X	1	2	3	4
P	$\frac{7}{10}$	$\frac{6}{25}$	$\frac{27}{500}$	$\frac{3}{500}$

2. 几种常见的离散型随机变量的分布

1) 两点分布
若随机变量 X 的分布如下:
$$P(X = 1) = p, \quad P(X = 0) = 1 - p = q \quad (0 < p < 1), \tag{2.2}$$
即
$$P(X = k) = p^k q^{1-k} \quad (k = 0, 1),$$
则称 X 服从**两点分布**.两点分布也称为**伯努利分布**或 **0-1 分布**,记为 $X \sim B(1, p)$.

两点分布虽很简单,但很常用.当试验只有两个结果且都有正概率时,就确定一个服从两点分布的随机变量.

2) 二项分布
如果随机变量 X 的分布律为
$$P(X = k) = C_n^k p^k q^{n-k} \quad (k = 0, 1, 2, \cdots, n, 0 < p < 1, q = 1 - p), \tag{2.3}$$
则称 X 服从**二项分布**(参数为 n, p),又称伯努利分布,记为 $X \sim B(n, p)$.

显然,$P(X = k) \geqslant 0$ 且由二项式公式易知
$$\sum_{k=0}^{n} P(X = k) = \sum_{k=0}^{n} C_n^k p^k q^{n-k} = (p + q)^n = 1.$$

二项分布的实际背景是第 1 章介绍的 n 重伯努利概型.由定理 1.6 可知,在 n 重伯努利试验中,成功的次数 X 是服从二项分布的随机变量.

例 2.3　从一批次品率为 0.2 的产品中重复抽取 20 件产品进行检验,求 20 件产品中恰好有 k 件次品的概率.

解　将检验一件产品是否为次品看成是一次试验,检验 20 件产品相当于做 20 重伯努利试验.设 X 表示 20 件产品中次品的个数,则 $X \sim B(20, 0.2)$.所求概率为
$$P(X = k) = C_{20}^k 0.2^k 0.8^{20-k}, \quad k = 0, 1, \cdots, 20.$$
将计算结果列表如下:

k	$P(X=k)$	k	$P(X=k)$
0	0.012	6	0.109
1	0.058	7	0.055
2	0.137	8	0.022
3	0.205	9	0.007
4	0.218	10	0.002
5	0.175	$\geqslant 11$	<0.001

作出上表的图形,如图 2.2 所示.

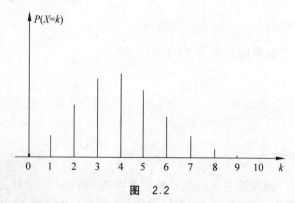

图 2.2

从图 2.2 中可以看出,当 k 增加时,概率 $P(X=k)$ 先是随之增加,直至达到最大值($k=4$),随后单调减少.一般地,对于固定的 n 及 p,二项分布 $B(n,p)$ 都有类似的结果.

二项分布中 X 可以取值 $0,1,\cdots,n$,使概率 $P(X=k)$ 取最大值的 k_0 称为二项分布的**最可能值**.

设 $k=k_0$ 时,$P(X=k)$ 为最大,则 k_0 必满足

$$\begin{cases} P(X=k_0) \geqslant P(X=k_0-1), \\ P(X=k_0) \geqslant P(X=k_0+1). \end{cases}$$

由第 1 式有

$$\frac{n!}{k_0!(n-k_0)!} p^{k_0} q^{n-k_0} \geqslant \frac{n!}{(k_0-1)!(n-k_0+1)!} p^{k_0-1} q^{n-k_0+1},$$

$$(n-k_0+1)p \geqslant k_0 q,$$

即

$$k_0 \leqslant np+p.$$

同理,由第 2 式有

$$k_0 \geqslant np+p-1.$$

所以 $np+p-1 \leqslant k_0 \leqslant np+p$,即

$$k_0 = \begin{cases} np+p \text{ 和 } np+p-1, & \text{当 } np+p \text{ 是整数时,} \\ [np+p], & \text{其他,} \end{cases} \tag{2.4}$$

其中$[np+p]$表示不超过$np+p$的最大整数.

例如,一射手的命中率为0.8,射击10次最可能中的次数为$[np+p]=[10\times0.8+0.8]=8$次;射击$9$次最可能中$np+p=9\times0.8+0.8=8$次和$np+p-1=7$次.

3) 超几何分布

设 N 个元素分成两类,第一类元素 M 个,第二类元素 $N-M$ 个. 从中不放回抽取 n 个,则在这 n 个元素中出现的第一类元素的个数 X 的分布称为**超几何分布**,其概率分布为

$$P(X=m)=\frac{C_M^m C_{N-M}^{n-m}}{C_N^n} \quad (m=0,1,\cdots,l;\ l=\min\{n,M\}). \tag{2.5}$$

超几何分布对应着不放回抽取,当 N 很大而 n 相对于 N 比较小时,可用二项分布来近似,其中 $p=M/N$;即当 $N\to\infty$ 时,$\dfrac{M}{N}\to p$,则

$$P(X=m)=\frac{C_M^m C_{N-M}^{n-m}}{C_N^n}\to C_n^m p^m q^{n-m} \quad (N\to\infty).$$

例 2.4   一批产品 1000 件,其中 100 件废品. 现从中任取 3 件,求废品数为 1 的概率.

解   设取出的 3 件产品中废品的数目为 X,则 X 服从超几何分布.

$$P(X=1)=\frac{C_{100}^1 C_{900}^2}{C_{1000}^3}=0.2435.$$

因为 $N=1000$ 很大,$n=3$ 相对于 N 较小,故 X 近似服从参数 $p=0.1$ 的二项分布.

$$P(X=1)\approx C_3^1\times0.1\times0.9^2=0.243.$$

4) 泊松(Poisson)分布

如果随机变量 X 的概率分布为

$$P(X=k)=\frac{\lambda^k}{k!}e^{-\lambda} \quad (k=0,1,2,\cdots), \tag{2.6}$$

其中 $\lambda>0$,则称 X 服从参数为 λ 的**泊松分布**,记为 $X\sim P(\lambda)$.

利用级数 $\displaystyle\sum_{k=0}^{\infty}\frac{x^k}{k!}=e^x$ 易知,$\displaystyle\sum_{k=0}^{\infty}\frac{\lambda^k}{k!}e^{-\lambda}=1$.

泊松分布是概率论中非常重要的一个分布,常见于所谓稠密性的问题中. 例如,在一段时间内电话台接收到的呼叫次数,放射性物质放射的粒子数,铸件的疵点数,到商店去的顾客数,等等,都服从泊松分布.

为便于泊松分布的概率计算,有现成的分布表(见附表 1①)可供查阅.

---

①   利用 Microsoft Excel 中的函数命令可以求得泊松分布的概率值. 求 $P(X=k)$ 的命令为 POISSON$(k,\lambda,0)$;求 $P(X\leqslant k)$ 的命令为 POISSON$(k,\lambda,1)$.

例如 $X \sim P(5)$，查表知 $P(X=2)=0.084224, P(X=5)=0.175467, P(X=20)=0.$

对于二项分布 $B(n,p)$，当试验次数 n 很大时，计算其概率很麻烦，故需寻求某种近似的计算方法. 下面的泊松定理就给出了二项分布的泊松近似. 在 5.3 节中还将介绍二项分布的正态近似.

定理 2.1（泊松定理） 在 n 重伯努利试验中，假设每次试验成功的概率为 p_n（设它与试验的次数 n 有关），如果 $np_n=\lambda$（正常数），则有

$$\lim_{n \to \infty} P_n(X=k) = \lim_{n \to \infty} C_n^k p_n^k q_n^{n-k} = \frac{\lambda^k}{k!} \mathrm{e}^{-\lambda} \quad (k=0,1,\cdots). \tag{2.7}$$

证 因为 $p_n=\dfrac{\lambda}{n}$，故

$$P_n(X=k) = C_n^k p_n^k q_n^{n-k} = \frac{n!}{k!(n-k)!} \left(\frac{\lambda}{n}\right)^k \left(1-\frac{\lambda}{n}\right)^{n-k}$$

$$= \frac{\lambda^k}{k!} \cdot \frac{n(n-1)\cdots(n-k+1)}{n^k} \left(1-\frac{\lambda}{n}\right)^n \left(1-\frac{\lambda}{n}\right)^{-k},$$

对于固定的 k，当 $n \to \infty$ 时，因为

$$\frac{n(n-1)\cdots(n-k+1)}{n^k} = \frac{n}{n} \frac{n-1}{n} \cdots \frac{n-k+1}{n} \to 1,$$

$$\left(1-\frac{\lambda}{n}\right)^{-k} \to 1, \quad \left(1-\frac{\lambda}{n}\right)^n \to \mathrm{e}^{-\lambda},$$

故

$$P_n(X=k) = \lim_{n \to \infty} C_n^k p_n^k q_n^{n-k} = \frac{\lambda^k}{k!} \mathrm{e}^{-\lambda} \quad (k=0,1,2,\cdots). \qquad 证毕$$

定理中的条件 $np_n=\lambda$ 说明，当 n 很大时，p_n 必定很小. 在实践中，对确定的 n 和 p，当 n 很大而 p 很小（即 np 不大）时，二项分布可以用泊松分布近似，即

$$P(X=k) = C_n^k p^k q^{n-k} \approx \frac{\lambda^k}{k!} \mathrm{e}^{-\lambda} \quad (\lambda=np; \ k=0,1,\cdots,n).$$

历史上，泊松分布是作为二项分布的近似于 1837 年由法国数学家泊松引入的. 近数十年来，随着物理科学的发展及社会生活的需要，已发现许多随机现象服从泊松分布.

例 2.5 在保险公司里有 2500 个条件相同的人参加了人寿保险. 每个参加保险的人一年交付保险费 12 元，一年内死亡时，保险公司支付赔偿金 2000 元，设一年内每人死亡的概率为 0.002，求保险公司亏本的概率.

解 设一年内死亡的人数为 X，则 $X \sim B(2500, 0.002)$. 保险公司亏本意味着保险公司支付的赔偿金多于所收取的全部保险费，这等价于 $2000X > 2500 \times 12$，即 $X > 15$.

$$P(X > 15) = 1 - P(X \leqslant 15) = 1 - \sum_{k=0}^{15} C_{2500}^k \times 0.002^k \times 0.998^{2500-k}.$$

由于 n 很大，p 很小，故可用泊松分布近似计算，$np=\lambda=2500 \times 0.002=5$，查表算得

$$P(X > 15) = \sum_{k=16}^{2500} \frac{5^k}{k!} e^{-5} = 0.000068.$$

2.3 连续型随机变量

前面研究的离散型随机变量的取值只限于有限个或可列无穷多个. 在许多随机试验中, 如测量误差、分子运动速度、候车时的等待时间、产品的使用寿命等, 它们可以取某一区间或整个实数轴上所有的值, 这类随机变量我们称之为**连续型随机变量**.

想用描述离散型随机变量的方法(列出所取的值及相应的概率)来描述连续型随机变量是不可能的. 一是它所取的值不能一一列出; 二是它取任何固定值的概率为零. 例如, 从一大群成年男子中随机抽取一人, 此人身高 X 恰好是 175cm(即 175.000cm)的概率将会等于零. 但身高 X 在 174.000cm~176.000cm 的概率比零大得多.

身高 X 在我们研究的群体中是按一定规律分布的, 即该群体中, 身高在各种不同范围的人所占的比例是确定的. 任意抽取一人, 其身高究竟在哪一范围是有一定的概率的. 将身高 X 分成若干个范围, 将 X 分布在各范围的概率一一列出, 这样我们就得到一种粗略地描述身高 X 概率分布的方法——直方图法.

1. 直方图法

假设我们有如表 2.1 所示的有关成年男子身高分布情况的数据.

表 2.1   成年男子身高的分布情况

身高段/cm	概率(占总数的百分数)/%	身高段/cm	概率(占总数的百分数)/%
[150,160)	4	[180,190)	17
[160,170)	31	[190,200)	1
[170,180)	47		

假设没有不足 150cm 及超过 200cm 的人存在(实际上是很少很少, 概率接近零). 我们采用直方图来表示上表中的数据. 以横轴表示身高(cm), 从 150cm~200cm 按身高段分成 5 组, 组距为 10cm. 在每一身高段上方画一矩形, 使得每个矩形的面积表示身高 X 落在这一身高段的概率, 这样, 第 i 个矩形的高度为 X 落在第 i 个身高段的概率 p_i/组距, 单位为 cm^{-1}. 所有矩形面积总和为 1(见图 2.3).

根据直方图提供的信息, 可以求出在成年男子中身高在[160cm,180cm)内的概率 $p_1 = 31\% + 47\% = 78\%$; 如果假设在各身高段内身高分布是均匀的, 则可分别估算出身高在[188cm,190cm)的概率 $p_2 = 17\%/5 = 3.4\%$, 因为身高段[188cm,190cm)间的长度 2cm 为 17% 所对应的身高段[180cm,190cm)间的长度的 $\frac{1}{5}$. 同理可得身高在[190cm,

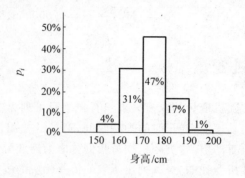

图　2.3

192cm)的概率 $p_3 = 1\% / 5 = 0.2\%$.

　　从上面的结果看,p_1 的结果由概率的运算法则直接得到;p_2,p_3 的结果从分析来看,因为其中作了一个重要的假设——在同一身高段内身高分布均匀的假设,显然这不是一个合理的假设,直观上看,在[180cm,190cm)的身高段内,身高在 180cm～182cm 的概率肯定要比身高在 188cm～190cm 的概率大,因此 $p_2 = 3.4\%$ 就大了些,同样,身高在 190cm～192cm 的概率肯定要比身高在 198cm～200cm 的概率大,因此 $p_3 = 0.2\%$ 就小了些,因而出现了 p_2 比 p_3 大的不合理(17 倍)现象.原因是我们画的直方图组距太大,从一个身高段到另一个身高段的过渡不够平稳.下面我们将组距缩小一半,使直方图变得光滑些.

　　假设我们有如表 2.2 所给出的更加详细的数据,根据这些数据可画出图 2.4 所示的光滑了一些的直方图.

表 2.2　成年男子身高的分布情况

身高段/cm	概率(占总数的百分数)/%	身高段/cm	概率(占总数的百分数)/%
[150,155)	1	[175,180)	18
[155,160)	3	[180,185)	12
[160,165)	11	[185,190)	5
[165,170)	20	[190,195)	1
[170,175)	29		

　　如果我们继续缩小组距,取组距为 1,0.1,0.001…,直方图的轮廓将越来越光滑,可以想像,在组距 $\Delta x \rightarrow 0$ 的情况下,直方图上方的轮廓将变成一条平滑的曲线,且位于整条曲线下方的总面积等于 1(见图 2.4),这条曲线就是我们下面要研究的概率密度函数曲线.

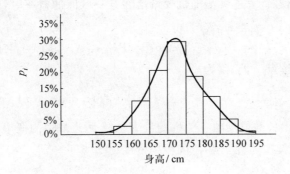

图 2.4

从上面的分析知,对身高 X,存在一函数 $p(x) \geqslant 0$,使得对于任意的 $150 \leqslant a < b \leqslant 200$,有 $P(a < X < b) = \int_a^b p(x)\mathrm{d}x$ 且 $\int_{150}^{200} p(x)\mathrm{d}x = 1$. 我们称 $p(x)$ 为身高 X 的概率密度函数.

将这个思想一般化,我们引进下面的定义.

定义 2.2 对于随机变量 X,如果存在非负可积函数 $p(x)(-\infty < x < +\infty)$,使对任意 $a, b(a < b)$ 都有

$$P(a < X < b) = \int_a^b p(x)\mathrm{d}x, \tag{2.8}$$

则称 X 为**连续型随机变量**;称 $p(x)$ 为 X 的**概率密度函数**,简称概率密度、密度函数等. 常记为 $X \sim p(x)$.

概率密度 $p(x)$ 具有下列两个基本性质:

(1) $p(x) \geqslant 0$;

(2) $\displaystyle\int_{-\infty}^{+\infty} p(x)\mathrm{d}x = 1$.

可以证明满足性质 (1),(2) 的函数 $p(x)$ 可作为某一随机变量的概率密度.

下面计算 $P(X = c)$,因为

$$0 \leqslant P(X = c) \leqslant P\left(c - \frac{1}{n} < X < c + \frac{1}{n}\right) = \int_{c-\frac{1}{n}}^{c+\frac{1}{n}} p(x)\mathrm{d}x,$$

而

$$\lim_{n \to \infty} \int_{c-\frac{1}{n}}^{c+\frac{1}{n}} p(x)\mathrm{d}x = 0,$$

所以

$$P(X = c) = 0. \tag{2.9}$$

由式(2.9)知,在计算连续型随机变量落在某一区间的概率时,区间是否包含端点是无需考虑的,即

$$P(a < X < b) = P(a \leqslant X < b) = P(a < X \leqslant b) = P(a \leqslant X \leqslant b).$$

在 $p(x)$ 的连续点 x 处,因为

$$P(x \leqslant X < x + \Delta x) = \int_x^{x+\Delta x} p(t)\mathrm{d}t \approx p(x)\Delta x,$$

因此概率密度 $p(x)$ 的数值反映了随机变量 X 在 x 附近取值的概率的大小.

例 2.6   设连续型随机变量 X 的概率密度为

$$p(x) = \begin{cases} \dfrac{A}{\sqrt{1-x^2}}, & |x| < 1, \\ 0, & |x| \geqslant 1. \end{cases}$$

求:(1)常数 A;(2)$P\left(-\dfrac{1}{2} < X \leqslant \dfrac{1}{2}\right)$.

解   (1) 由式(2.8)知

$$\int_{-\infty}^{+\infty} p(x)\mathrm{d}x = \int_{-1}^{1} \frac{A}{\sqrt{1-x^2}}\mathrm{d}x = A \lim_{\varepsilon \to 0^+} [\arcsin x]_{-1+\varepsilon}^{1-\varepsilon} = A\pi = 1,$$

故

$$A = \frac{1}{\pi}.$$

(2) $P\left(-\dfrac{1}{2} < X \leqslant \dfrac{1}{2}\right) = \displaystyle\int_{-\frac{1}{2}}^{\frac{1}{2}} \frac{1}{\pi} \frac{1}{\sqrt{1-x^2}}\mathrm{d}x$

$$= \frac{1}{\pi} [\arcsin x]_{-\frac{1}{2}}^{\frac{1}{2}} = \frac{1}{\pi}\left(\frac{\pi}{6} + \frac{\pi}{6}\right) = \frac{1}{3}.$$

2. 几种重要的连续型随机变量

1) 均匀分布

设连续型随机变量 X 在有限区间 $[a,b]$ 内取值,且其概率密度为

$$p(x) = \begin{cases} \dfrac{1}{b-a}, & a \leqslant x \leqslant b, \\ 0, & \text{其他}, \end{cases} \tag{2.10}$$

则称 X 在 $[a,b]$ 上服从**均匀分布**(见图 2.5),记为 $X \sim U[a,b]$.

直观地讲,均匀分布反映了 X 在 $[a,b]$ 中各点取值的等可能性.严格地说,X 落在 $[a,b]$ 中任一子区间上的概率与子区间长度成正比,而与子区间的位置无关.事实上,对于任意的 $[c,c+l] \subset [a,b]$,

图 2.5

$$P(c \leqslant X \leqslant c+l) = \int_c^{c+l} \frac{1}{b-a} \mathrm{d}x = \frac{l}{b-a},$$

此值与 c 无关.

实际问题中,服从均匀分布的例子很多,如计算机中的舍入误差服从 $[-0.5, 0.5]$ 上的均匀分布;任一时刻来到汽车站,等候每 5min 通过一辆的汽车的候车时间服从 $[0,5]$ 上的均匀分布;等等.

2) 指数分布

若连续型随机变量 X 的概率密度为

$$p(x) = \begin{cases} \lambda \mathrm{e}^{-\lambda x}, & x > 0, \\ 0, & x \leqslant 0, \end{cases} \tag{2.11}$$

其中 $\lambda > 0$,则称 X 服从参数为 λ 的**指数分布**,常记为 $X \sim e(\lambda)$.

指数分布常用来作为各种"寿命"分布的近似.如某种消耗性产品的使用寿命,随机服务时间等.因而,它在可靠性理论与排队论中有广泛的应用.

例 2.7 某电子元件使用寿命 X(单位:h)服从参数为 $\lambda = 1/1000$ 的指数分布.求:(1)该电子元件使用 1000h 而不坏的概率.(2)使用 500h 没坏的条件下,再使用 1000h 而不坏的概率.

解 由题意,知

$$X \sim p(x) = \begin{cases} \dfrac{1}{1000} \mathrm{e}^{-\frac{1}{1000}x}, & x > 0, \\ 0, & x \leqslant 0. \end{cases}$$

(1) $P(X > 1000) = \displaystyle\int_{1000}^{+\infty} \frac{1}{1000} \mathrm{e}^{-\frac{x}{1000}} \mathrm{d}x = \mathrm{e}^{-1}.$

(2) $P(X > 1500 \mid X > 500) = \dfrac{P(X > 1500 \text{ 且 } X > 500)}{P(X > 500)}$

$$= \frac{P(X > 1500)}{P(X > 500)} = \frac{\mathrm{e}^{-1.5}}{\mathrm{e}^{-0.5}} = \mathrm{e}^{-1}.$$

由例 2.7 看出,服从指数分布的电子元件在已使用了 500h 后再用 1000h 而不坏的概率与已使用 500h 无关,这是指数分布所具有的"无记忆性".即:若 X 服从指数分布,则对于任意的 $s > 0, t > 0$,有

$$P(X \geqslant s+t \mid X \geqslant s) = P(X \geqslant t).$$

指数分布是唯一具有这个性质的连续型随机变量.具有这一性质是指数分布有广泛应用的重要原因.

连续型随机变量中,正态分布是最常见最重要的分布,我们将在 2.5 节介绍.

2.4　随机变量的分布函数

对离散型随机变量和连续型随机变量,我们可以分别用分布律和概率密度描述其概率分布情况.而下面介绍的随机变量的分布函数可用于描述任一类型的随机变量的概率分布.

1. 分布函数的定义和性质

定义 2.3　设 X 为一随机变量,称

$$F(x) = P(X \leqslant x) \quad (-\infty < x < +\infty) \tag{2.12}$$

为 X 的**分布函数**.

由定义可以看出,$F(x)$ 是定义域为整个数轴,值域为 $[0,1]$ 的普通函数,它的引入使许多概率问题转化为函数问题来研究.

$F(x)$ 的值表示随机变量 X 在 $(-\infty, x]$ 上取值的“累积概率”.由于对任意实数 $a < b$,有

$$P(a < X \leqslant b) = F(b) - F(a). \tag{2.13}$$

即,由 $F(x)$ 可求出 X 在任一区间内取值的概率,因此从这个意义上说,$F(x)$ 能完整地刻画出随机变量 X 的概率分布.

分布函数具有如下性质:

(1) $0 \leqslant F(x) \leqslant 1, -\infty < x < +\infty$;

(2) $F(x)$ 是 x 的单调不减函数;

(3) $F(-\infty) = \lim\limits_{x \to -\infty} F(x) = 0, F(+\infty) = \lim\limits_{x \to +\infty} F(x) = 1$;

(4) $F(x)$ 是右连续的,即 $\lim\limits_{u \to x^+} F(u) = F(x)$.

性质 (1),(2) 容易证明,要证明 (3),(4) 需较多的数学知识,这里从略.另外可以证明,若某一函数 $F(x)$ 满足上面的性质,则必为某随机变量的分布函数.

2. 离散型随机变量的分布函数

例 2.8　设 X 的分布律为

X	-1	1	2
P	0.3	0.2	0.5

求:(1) X 的分布函数 $F(x)$;(2) 画出 $F(x)$ 的图形.

解　(1) 由分布律可知:

当 $x < -1$ 时,$P(X \leqslant x) = P(\varnothing) = 0$,

当 $-1 \leqslant x < 1$ 时,$P(X \leqslant x) = P(X = -1) = 0.3$,

当 $1 \leqslant x < 2$ 时,$P(X \leqslant x) = P(X = -1) + P(X = 1) = 0.3 + 0.2 = 0.5$,

当 $x \geqslant 2$ 时,$P(X \leqslant x) = P(\Omega) = 1$.

故 X 的分布函数为

$$F(x) = \begin{cases} 0, & x < -1, \\ 0.3, & -1 \leqslant x < 1, \\ 0.5, & 1 \leqslant x < 2, \\ 1, & x \geqslant 2, \end{cases}$$

$F(x)$ 的图形如图 2.6 所示,它是一条阶梯曲线,在
$x = -1, 1, 2$ 处有跳跃,跃度分别为 $0.3, 0.2, 0.5$.

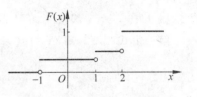

一般地,设离散型随机变量的分布律为

$$P(X = x_k) = p_k, \quad k = 1, 2, \cdots,$$

则 X 的分布函数为

$$F(x) = \sum_{k: x_k \leqslant x} p_k, \qquad (2.14)$$

图 2.6

分布函数的图形为在 x_k 处有跃度为 p_k 的右连续的阶梯曲线.

例 2.9 若 X 的分布函数为

$$F(X) = \begin{cases} 0, & x < 1, \\ \dfrac{k}{6}, & k \leqslant x < k+1 \quad (k = 1, 2, 3, 4, 5), \\ 1, & x \geqslant 6, \end{cases}$$

求 X 的分布律.

解 画出 $F(x)$ 的图形如图 2.7 所示. 由 $F(x)$ (或其
图形)可知,X 分别在 $1, 2, 3, 4, 5, 6$ 点处取值,且在这些
点处,$F(x)$ 的值增加(阶梯曲线的跃度)$1/6$,故 X 的概率
分布律为

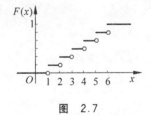

图 2.7

$$P(X = k) = \frac{1}{6} \quad (k = 1, 2, 3, 4, 5, 6).$$

3. 连续型随机变量的分布函数

若连续型随机变量 X 的概率密度为 $p(x)$,由式(2.8)及式(2.12)知,X 的分布函数

$$F(x) = \int_{-\infty}^{x} p(t) \mathrm{d}t, \qquad (2.15)$$

即 $F(x)$ 是 $p(x)$ 的可变上限的定积分.

事实上,有了式(2.12),式(2.8)与式(2.15)是等价的,因此通过它们都可以定义连续型随机变量及其概率密度.

由微积分知识可得到以下结论:

(1) 连续型随机变量的分布函数 $F(x)$ 处处连续;

(2) 在 $p(x)$ 的连续点处,有

$$F'(x) = p(x). \tag{2.16}$$

式(2.15)与式(2.16)表明了连续型随机变量 X 的概率密度与分布函数之间的关系,它们之间可以相互求解,这是非常自然的,因为二者都是刻画随机变量 X 概率分布的工具.

例 2.10   设 X 服从$[a,b]$上的均匀分布,求 $F(x)$ 并画出其图形.

解   由式(2.10)知,X 的概率密度

$$p(x) = \begin{cases} \dfrac{1}{b-a}, & a \leqslant x \leqslant b, \\ 0, & \text{其他.} \end{cases}$$

当 $x < a$ 时, $F(x) = \displaystyle\int_{-\infty}^{x} p(t)\mathrm{d}t = \int_{-\infty}^{x} 0\mathrm{d}t = 0;$

当 $a \leqslant x < b$ 时,$F(x) = \displaystyle\int_{-\infty}^{x} p(t)\mathrm{d}t = \int_{-\infty}^{a} 0\mathrm{d}t + \int_{a}^{x} \dfrac{1}{b-a}\mathrm{d}t = \dfrac{x-a}{b-a};$

当 $x \geqslant b$ 时,$F(x) = \displaystyle\int_{-\infty}^{x} p(t)\mathrm{d}t = \int_{-\infty}^{a} 0\mathrm{d}t + \int_{a}^{b} \dfrac{1}{b-a}\mathrm{d}t + \int_{b}^{x} 0\mathrm{d}t = 1.$

所以

$$F(x) = \begin{cases} 0, & x < a, \\ \dfrac{x-a}{b-a}, & a \leqslant x < b, \\ 1, & x \geqslant b. \end{cases} \tag{2.17}$$

$F(x)$ 的图形如图 2.8,它是一条连续曲线.

例 2.11   设随机变量 X 具有概率密度

$$p(x) = \begin{cases} kx, & 0 \leqslant x < 3, \\ 2 - \dfrac{x}{2}, & 3 \leqslant x < 4, \\ 0, & \text{其他.} \end{cases}$$

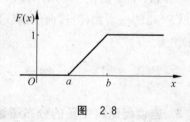

图   2.8

(1) 确定常数 k;(2) 求 X 的分布函数 $F(x)$;

(3) 求 $P\left(1 < X \leqslant \dfrac{7}{2}\right)$.

解 (1) 由 $\int_{-\infty}^{+\infty} p(x)\mathrm{d}x = 1$，得

$$\int_0^3 kx\,\mathrm{d}x + \int_3^4 \left(2 - \frac{x}{2}\right)\mathrm{d}x = 1,$$

解得 $k = \frac{1}{6}$，于是 X 的概率密度为

$$p(x) = \begin{cases} \dfrac{1}{6}x, & 0 \leqslant x < 3, \\ 2 - \dfrac{x}{2}, & 3 \leqslant x < 4, \\ 0, & \text{其他}. \end{cases}$$

(2) X 的分布函数为

$$F(x) = \begin{cases} 0, & x < 0, \\ \displaystyle\int_0^x \frac{1}{6}t\,\mathrm{d}t, & 0 \leqslant x < 3, \\ \displaystyle\int_0^3 \frac{1}{6}t\,\mathrm{d}t + \int_3^x \left(2 - \frac{t}{2}\right)\mathrm{d}t, & 3 \leqslant x < 4, \\ 1, & x \geqslant 4. \end{cases}$$

即

$$F(x) = \begin{cases} 0, & x < 0, \\ \dfrac{x^2}{12}, & 0 \leqslant x < 3, \\ -3 + 2x - \dfrac{x^2}{4}, & 3 \leqslant x < 4, \\ 1, & x \geqslant 4. \end{cases}$$

(3) $P\left(1 < X \leqslant \dfrac{7}{2}\right) = F\left(\dfrac{7}{2}\right) - F(1) = -3 + 2 \times \dfrac{7}{2} - \dfrac{1}{4} \times \left(\dfrac{7}{2}\right)^2 - \dfrac{1}{12} \times 1^2 = \dfrac{41}{48}.$

例 2.12 设连续型随机变量 X 的分布函数为

$$F(x) = a + b\arctan x \quad (-\infty < x < +\infty).$$

(1) 确定常数 a, b；

(2) 求 X 的概率密度函数；

(3) 求 $P(-1 \leqslant X \leqslant 1), P(X^2 > 1)$.

解 (1) 根据分布函数的性质，有

$$F(+\infty) = \lim_{x \to +\infty}(a + b\arctan x) = a + b \cdot \frac{\pi}{2} = 1,$$

$$F(-\infty) = \lim_{x \to -\infty}(a + b\arctan x) = a - b \cdot \frac{\pi}{2} = 0,$$

联立解出 $a = \dfrac{1}{2}, b = \dfrac{1}{\pi}$.

（2）由（1）知

$$F(x) = \frac{1}{2} + \frac{1}{\pi}\arctan x \quad (-\infty < x < +\infty).$$

由 $p(x) = F'(x)$ 得

$$p(x) = \frac{1}{\pi(1 + x^2)} \quad (-\infty < x < +\infty).$$

这个分布称为**柯西分布**.

（3）$P(-1 \leqslant X \leqslant 1) = F(1) - F(-1) = \dfrac{1}{2} + \dfrac{1}{\pi}\arctan 1 - \left[\dfrac{1}{2} + \dfrac{1}{\pi}\arctan(-1)\right]$

$$= \frac{1}{4} + \frac{1}{4} = \frac{1}{2}.$$

$$P(X^2 > 1) = 1 - P(X^2 \leqslant 1) = 1 - P(-1 \leqslant X \leqslant 1) = 1 - \frac{1}{2} = \frac{1}{2}.$$

最后，我们以指数分布的一个实际背景为例，来看一下分布函数的直接应用.

*例 2.13　若已使用了 t(h) 的电子管在以后的 Δt(h) 内损坏的概率为 $\lambda\Delta t + o(\Delta t)$，其中 λ 是不依赖于 t 的正常数；假定电子管寿命为 0 的概率为 0. 求电子管在 T(h) 内损坏的概率.

解　设电子管的使用寿命为 X. 按题意，要求 $P(X \leqslant T)$，即要求 X 的分布函数 $F(T)$.

题设中的"已使用了 t(h) 的电子管在以后的 Δt(h) 内损坏的概率"是一个条件概率，可表示为 $P(t < X \leqslant t + \Delta t \mid X > t)$，于是，由条件概率公式及题设，有

$$P(t < X \leqslant t + \Delta t \mid X > t) = \frac{P(t < X \leqslant t + \Delta t, X > t)}{P(X > t)}$$

$$= \frac{P(t < X \leqslant t + \Delta t)}{P(X > t)} = \frac{F(t + \Delta t) - F(t)}{1 - F(t)}$$

$$= \lambda\Delta t + o(\Delta t),$$

即

$$\frac{F(t + \Delta t) - F(t)}{\Delta t} = \left[\lambda + \frac{o(\Delta t)}{\Delta t}\right][1 - F(t)].$$

令 $\Delta t \to 0$，得 $F'(t) = \lambda[1 - F(t)]$，这是一个关于 $F(t)$ 的一阶线性微分方程，其通解为

$$F(t) = ce^{-\lambda t} + 1,$$

其中 c 为任意常数. 根据初始条件 $F(0) = 0$ 得，$c = -1$. 于是

$$F(t) = 1 - e^{-\lambda t}, \quad t > 0,$$

故 X 的分布函数为

$$F(t) = \begin{cases} 1 - e^{-\lambda t}, & t > 0, \\ 0, & t \leqslant 0. \end{cases} \tag{2.18}$$

所以电子管在 $T(h)$ 内损坏的概率 $P(X \leqslant T) = F(T) = 1 - e^{-\lambda T}$. 不难看出，$X$ 的概率密度为

$$p(t) = \begin{cases} \lambda e^{-\lambda t}, & t > 0, \\ 0, & t \leqslant 0. \end{cases}$$

这表明 X 服从参数为 λ 的指数分布，式(2.18)为指数分布的分布函数.

2.5 正态分布

在自然现象和社会现象中，大量的随机变量都服从或近似服从正态分布.例如，测量误差，各种产品的质量指标(如零件尺寸、材料强度等)，人的身高或体重，农作物的收获量等，都近似服从正态分布.这些随机变量的分布都具有"中间大两头小"的特点.一般说来，若影响某一数量指标的随机因素很多，而每个因素所起的作用不太大，则这个指标服从正态分布.另外，正态分布是许多分布的近似，通过正态分布还可导出其他一些分布，因此正态分布在应用及理论研究中都占有非常重要的地位.

1. 正态分布的概率密度

如果随机变量 X 的概率密度

$$p(x) = \frac{1}{\sqrt{2\pi}\sigma} e^{-\frac{(x-\mu)^2}{2\sigma^2}} \quad (-\infty < x < +\infty), \tag{2.19}$$

其中 $\sigma > 0$，μ 与 σ 均为常数，则称 X 服从**正态分布**，简记为 $X \sim N(\mu, \sigma^2)$.

利用泊松积分 $\int_{-\infty}^{+\infty} e^{-x^2} dx = \sqrt{\pi}$ 可以验证 $\int_{-\infty}^{+\infty} p(x) dx = 1$.

由微积分的知识，可以画出 $p(x)$ 的图形，形状呈钟形(见图 2.9).它具有以下性质：

(1) 关于直线 $x = \mu$ 对称，最大点在 $x = \mu$，在 $x = \mu \pm \sigma$ 处有拐点.

(2) 当 $x \to \pm\infty$ 时，曲线以 x 轴为渐近线.

(3) 固定 σ 改变 μ 时，曲线沿 x 轴平行移动，形状不变；固定 μ 改变 σ 时，σ 越大，曲线越平坦，σ 越小，曲线越陡峭(如图 2.10).

X 的分布函数

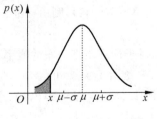

图 2.9

$$F(x) = \int_{-\infty}^{x} \frac{1}{\sqrt{2\pi}\,\sigma} \mathrm{e}^{-\frac{(t-\mu)^2}{2\sigma^2}} \mathrm{d}t. \tag{2.20}$$

在图 2.9 中，$F(x)$ 表示阴影部分的面积. 对任给的 x，计算 $F(x)$ 的值只能采取近似计算.

正态分布中，当 $\mu = 0$，$\sigma = 1$ 时，概率密度变为

$$\varphi(x) = \frac{1}{\sqrt{2\pi}} \mathrm{e}^{-\frac{x^2}{2}} \quad (-\infty < x < +\infty), \tag{2.21}$$

这时分布称为**标准正态分布**，记为 $X \sim N(0,1)$. $\varphi(x)$ 的图形关于 y 轴对称，在 $x = \pm 1$ 处有拐点，在 $\varphi(0) = \dfrac{1}{\sqrt{2\pi}} = 0.3989$ 处达最大值（见图 2.11）.

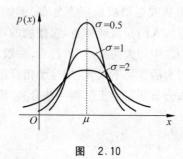

图 2.10

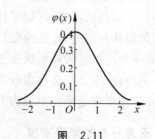

图 2.11

标准正态分布的分布函数

$$\Phi(x) = \int_{-\infty}^{x} \frac{1}{\sqrt{2\pi}} \mathrm{e}^{-\frac{t^2}{2}} \mathrm{d}t. \tag{2.22}$$

2. 正态分布的概率计算

1) 标准正态分布的概率计算

若 $X \sim N(0,1)$，则由标准正态分布曲线关于 y 轴的对称性知

$$\Phi(-x) = 1 - \Phi(x). \tag{2.23}$$

因此，对于标准正态分布的概率计算，只要解决 $x \geqslant 0$ 的计算就可以了. 为计算方便，书后附表 2[①] 给出了 $x \geqslant 0$ 的 $\Phi(x)$ 的数值表.

例 2.14 设 $X \sim N(0,1)$，求 $P(X \leqslant 1)$，$P(X \leqslant -1)$，$P(|X| \leqslant 1)$，$P(-1 < X < 2)$，$P(X \leqslant 5)$.

解 由附表 2 可知

---

① 利用 Microsoft Excel 中的函数命令可以求得与 $\Phi(x)$ 相关的值. 比如，对于实数 y，计算 $\Phi(y)$ 的命令为 NORMSDIST(y)；对于 $0 < p < 1$，命令 NORMSINV(p) 给出 $\Phi^{-1}(p)$ 的值.

$$P(X \leqslant 1) = \Phi(1) = 0.8413;$$

$$P(X \leqslant -1) = \Phi(-1) = 1 - \Phi(1) = 1 - 0.8413 = 0.1587;$$

$$P(|X| \leqslant 1) = P(-1 \leqslant X \leqslant 1) = \Phi(1) - \Phi(-1) = 2\Phi(1) - 1$$
$$= 2 \times 0.8413 - 1 = 0.6826;$$

$$P(-1 < X < 2) = \Phi(2) - \Phi(-1) = \Phi(2) - [1 - \Phi(1)]$$
$$= 0.97725 - 1 + 0.8413 = 0.81855;$$

$$P(X \leqslant 5) = \Phi(5) = 1.$$

概括起来,设 $X \sim N(0,1)$,则有

$$P(X \leqslant x) = \begin{cases} \Phi(x), & x > 0, \\ 0.5, & x = 0, \\ 1 - \Phi(-x), & x < 0, \end{cases}$$

$$P(|X| < x) = 2\Phi(x) - 1,$$

$$P(a < X < b) = \Phi(b) - \Phi(a).$$

2) 一般正态分布与标准正态分布的关系

定理 2.2 若 $X \sim N(\mu, \sigma^2)$,$Y \sim N(0,1)$ 的分布函数分别为 $F(x)$ 及 $\Phi(x)$,则

$$F(x) = \Phi\left(\frac{x - \mu}{\sigma}\right). \tag{2.24}$$

证 由分布函数定义知

$$F(x) = \int_{-\infty}^{x} \frac{1}{\sqrt{2\pi}\sigma} e^{-\frac{(t-\mu)^2}{2\sigma^2}} dt \xrightarrow{\ \text{令} u = \frac{t-\mu}{\sigma}\ } \int_{-\infty}^{\frac{x-\mu}{\sigma}} \frac{1}{\sqrt{2\pi}} e^{-\frac{u^2}{2}} du = \Phi\left(\frac{x-\mu}{\sigma}\right).$$

定理 2.3 如果 $X \sim N(\mu, \sigma^2)$,而 $Y = \dfrac{X - \mu}{\sigma}$,则 $Y \sim N(0,1)$.

证 为证明 $Y \sim N(0,1)$,只要证明 Y 的分布函数 $F_Y(x)$ 为 $\Phi(x)$ 即可.

$$F_Y(x) = P(Y \leqslant x) = P((X - \mu)/\sigma \leqslant x)$$
$$= P(X \leqslant \sigma x + \mu) = F_X(\sigma x + \mu) = \Phi(x).$$

由上述两定理知,一般正态分布的概率计算可转化为标准正态分布的概率计算.

例 2.15 若 $X \sim N(8, 0.5^2)$,求 $P(X > 10)$,$P(|X - 8| < 1)$.

解 由式(2.24)知

$$P(X > 10) = 1 - P(X \leqslant 10) = 1 - F(10)$$

$$= 1 - \Phi\left(\frac{10 - 8}{0.5}\right) = 1 - \Phi(4) = 1 - 0.99996833 \approx 0.$$

因为 $X \sim N(8, 0.5^2)$,所以 $\dfrac{X - 8}{0.5} \sim N(0,1)$,

$$P(|X - 8| < 1) = P\left(\left|\frac{X - 8}{0.5}\right| < 2\right) = 2\Phi(2) - 1 = 0.9545.$$

3. 正态分布应用举例

例 2.16 设测量误差 $X \sim N(0, 10^2)$，现进行 100 次独立测量，求误差的绝对值超过 19.6 的次数不小于 3 的概率.

解 设任一次测量中误差绝对值超过 19.6 的概率为 p，则

$$p = P(|X| > 19.6) = 1 - P(|X| \leqslant 19.6) = 1 - P\left(\frac{|X|}{10} < 1.96\right)$$

$$= 1 - [2\Phi(1.96) - 1] = 1 - (2 \times 0.975 - 1) = 0.05.$$

设 Y 表示 100 次测量中事件"$|X| > 19.6$"出现的次数，显然 $Y \sim B(100, 0.05)$，故

$$P(Y \geqslant 3) = 1 - P(Y < 3) = 1 - P(Y = 0) - P(Y = 1) - P(Y = 2)$$

$$= 1 - 0.95^{100} - 100 \times 0.05 \times 0.95^{99} - C_{100}^2 \times 0.05^2 \times 0.95^{98}.$$

由于上式不好计算，且这里 $n = 100$ 较大，$p = 0.05$ 较小，所以

$$P(Y \geqslant 3) \approx 1 - e^{-5} - \frac{5}{1!}e^{-5} - \frac{5^2}{2!}e^{-5} = 1 - 18.5e^{-5} \approx 0.87.$$

例 2.17 设电源电压 $V \sim N(220, 25^2)$（单位：V）通常有三种状态：不超过 200V；在 200V～240V 之间；超过 240V. 在上述 3 种状态下，某电子元件损坏的概率分别为 0.1，0.001，0.2.

(1) 求电子元件损坏的概率 α.

(2) 求在电子元件已损坏的情况下，电源电压在 200V～240V 的概率 β.

解 (1) 设 $A_1 = \{V \leqslant 200\}$，$A_2 = \{200 < V \leqslant 240\}$，$A_3 = \{V > 240\}$；$B$ 表示电子元件损坏. 由已知有

$$P(B \mid A_1) = 0.1, \quad P(B \mid A_2) = 0.001, \quad P(B \mid A_3) = 0.2;$$

$$P(A_1) = P(V \leqslant 200) = \Phi\left(\frac{200 - 220}{25}\right)$$

$$= \Phi(-0.8) = 1 - \Phi(0.8) = 1 - 0.7881 = 0.2119.$$

由正态分布的对称性知

$$P(A_3) = P(V > 240) = 1 - P(V \leqslant 240) = 1 - \Phi\left(\frac{240 - 200}{25}\right) = 1 - \Phi(0.8) = 0.2119,$$

$$P(A_2) = P(200 < V \leqslant 240) = 1 - 2 \times 0.2119 = 0.5762,$$

由全概率公式知

$$\alpha = \sum_{i=1}^{3} P(A_i) P(B \mid A_i)$$

$$= 0.2119 \times 0.1 + 0.5762 \times 0.001 + 0.2119 \times 0.2 \approx 0.0642.$$

(2) 由逆概率公式知

$$\beta = P(A_2 \mid B) = \frac{P(A_2)P(B \mid A_2)}{P(B)} = \frac{0.5762 \times 0.001}{0.0642} \approx 0.009.$$

由此可以看出,当电器损坏时,电压处于 200V~240V 的概率很小,几乎不会发生,这与实际相符.

例 2.18 某单位招聘 155 人,按考试成绩录用,共有 526 人报名.假设报名者的考试成绩 $X \sim N(\mu, \sigma^2)$(百分制).已知 90 分以上的有 12 人,60 分以下的有 83 人,从高到低依次录取.试估计最低录取分数是多少?

解 由题设 $X \sim N(\mu, \sigma^2)$,但 μ, σ^2 未知.由已知 $P(X > 90) = \frac{12}{526} \approx 0.0228$,即

$$P(X \leqslant 90) = \Phi\left(\frac{90 - \mu}{\sigma}\right) \approx 1 - 0.0228 = 0.9772.$$

反查标准正态分布表得

$$\frac{90 - \mu}{\sigma} = 2.0. \qquad\qquad ①$$

又因为

$$P(X < 60) = \Phi\left(\frac{60 - \mu}{\sigma}\right) = \frac{83}{526} \approx 0.1588,$$

即

$$\Phi\left(\frac{\mu - 60}{\sigma}\right) = 1 - 0.1588 = 0.8412,$$

反查标准正态分布表得

$$\frac{\mu - 60}{\sigma} = 1.0. \qquad\qquad ②$$

联立方程①,②解得 $\mu = 70, \sigma = 10$.所以 $X \sim N(70, 10^2)$.

设最低录取分数为 x_0,则 $P(X \geqslant x_0) = \frac{155}{526} \approx 0.2947, P(X \leqslant x_0) = \Phi\left(\frac{x_0 - 70}{10}\right) = 0.7053$,反查标准正态分布表得 $\frac{x_0 - 70}{10} \approx 0.54$,解出 $x_0 = 75$,即最低录取分数是 75 分.

2.6 随机变量函数的分布

设 $y = f(x)$ 是一个函数,当随机变量 X 取值 x 时,随机变量 Y 取 $y = f(x)$ 的值,则称随机变量 Y 为随机变量 X 的函数.记作 $Y = f(X)$.

例如,设某圆形物体直径的测量值为随机变量 X,则其面积 $Y = \frac{\pi}{4}X^2$ 是随机变量 X 的函数;设某种商品的需求量为随机变量 X,则在一定的存储量下,利润 Y 是需求量 X

的函数.

我们的问题是：如何根据随机变量 X 的分布确定随机变量的函数 $Y = f(X)$ 的分布.

当 X 为离散型随机变量时，$f(X)$ 的分布可用列举法直接由 X 的分布求得.

例 2.19　已知 X 的分布律为

X	-2	-1	0	1	2	3
P	0.2	0.3	0.1	0.1	0.2	0.1

求 $Y = 2X + 1$ 及 $Z = (X-1)^2$ 的分布律.

解　列表计算

X	-2	-1	0	1	2	3
$Y = 2X + 1$	-3	-1	1	3	5	7
$Z = (X-1)^2$	9	4	1	0	1	4
P	0.2	0.3	0.1	0.1	0.2	0.1

在上面的计算中用到事件

$$\{X = -2\} = \{2X + 1 = -3\} = \{Y = -3\},$$

故

$$P(Y = -3) = P(X = -2) = 0.2；$$

事件

$$\{Z = 1\} = \{X = 0\} + \{X = 2\},$$

故

$$P(Z = 1) = P(X = 0) + P(X = 2) = 0.1 + 0.2 = 0.3.$$

所以 Y, Z 的分布律分别为

Y	-3	-1	1	3	5	7
P	0.2	0.3	0.1	0.1	0.2	0.1

Z	0	1	4	9
P	0.1	0.3	0.4	0.2

一般地，设 X 的概率分布为 $P(X = x_k) = p_k \ (k = 1, 2, \cdots)$，$Y = f(X)$，则 Y 也是离散型随机变量，记 $y_k = f(x_k) \ (k = 1, 2, \cdots)$，如果诸 y_k 的值互不相等，由 $P(Y = y_k) = P(X = x_k)$ 知 Y 的分布律为 $P(Y = y_k) = p_k \ (k = 1, 2, \cdots)$；若 y_k 中有相等的值，则将这些相等的值分别

合并,并根据概率加法公式把相应的 p_k 相加,就得到 Y 的分布律.

下面考虑连续型随机变量函数的分布.

例 2.20 已知 X 的概率密度为 $p_X(x)$,$Y=2X+1$,求 Y 的概率密度 $p_Y(y)$.

解 设 X 和 Y 的分布函数分别为 $F_X(x)$ 和 $F_Y(y)$,由分布函数定义,有

$$F_Y(y) = P(Y \leqslant y) = P(2X+1 \leqslant y) = P\left(X \leqslant \frac{y-1}{2}\right) = F_X\left(\frac{y-1}{2}\right).$$

由概率密度与分布函数的关系,得

$$p_y(y) = F'_Y(y) = \left[F_X\left(\frac{y-1}{2}\right)\right]'_y = \frac{1}{2}p_X\left(\frac{y-1}{2}\right).$$

在例 2.19 中,由已知的 X 的分布律要求出 Y 的分布律,首先求 F_Y,由 X,Y 之间的关系,运用事件 $\{Y \leqslant y\} = \left\{X \leqslant \dfrac{y-1}{2}\right\}$ 将 F_Y 在 y 点取值表示成 F_X 在 $\dfrac{y-1}{2}$ 点取值,从而进一步以分布函数为桥梁,通过 p_Y 与 F_Y,p_X 与 F_X 之间的关系建立起 p_Y 与 p_X 之间的关系.这种方法常称为分布函数法.

例 2.21 设随机变量 $X \sim N(\mu, \sigma^2)$,$Y = aX + b(a \neq 0)$,求 Y 的概率分布.

解 由已知

$$X \sim p_X(x) = \frac{1}{\sqrt{2\pi}\sigma} e^{-\frac{(x-\mu)^2}{2\sigma^2}} \quad (-\infty < x < +\infty),$$

$$F_Y(y) = P(Y \leqslant y) = P(aX + b \leqslant y)$$

$$= \begin{cases} P\left(X \leqslant \dfrac{y-b}{a}\right), & a > 0 \\[2mm] P\left(X \geqslant \dfrac{y-b}{a}\right), & a < 0 \end{cases}$$

$$= \begin{cases} F_X\left(\dfrac{y-b}{a}\right), & a > 0, \\[2mm] 1 - F_X\left(\dfrac{y-b}{a}\right), & a < 0, \end{cases}$$

故

$$p_Y(y) = \begin{cases} p_X\left(\dfrac{y-b}{a}\right) \cdot \dfrac{1}{a}, & a > 0 \\[2mm] -p_X\left(\dfrac{y-b}{a}\right) \cdot \dfrac{1}{a}, & a < 0 \end{cases}$$

$$= \frac{1}{|a|} p_X\left(\frac{y-b}{a}\right) = \frac{1}{\sqrt{2\pi}|a|\sigma} e^{-\frac{\left(\frac{y-b}{a}-\mu\right)^2}{2\sigma^2}} = \frac{1}{\sqrt{2\pi}|a|\sigma} e^{-\frac{[y-(a\mu+b)]^2}{2a^2\sigma^2}},$$

即 $Y \sim N(a\mu+b, a^2\sigma^2)$.

这表明,服从正态分布的随机变量经线性变换后仍服从正态分布.

例 2.22　若 X 服从 $[0,2\pi]$ 上的均匀分布,求 $Y=\sin X$ 的分布.

解　$X \sim p_X(x) = \begin{cases} \dfrac{1}{2\pi}, & 0 \leqslant x \leqslant 2\pi, \\ 0, & 其他. \end{cases}$

当 $y \leqslant -1$ 时,$F_Y(y)=0$;

当 $y \geqslant 1$ 时,$F_Y(y)=1$;

当 $0 < y < 1$ 时(如图 2.12),

$$\begin{aligned} F_Y(y) &= P(\sin X \leqslant y) = 1 - P(\sin X > y) \\ &= 1 - P(\arcsin y < X < \pi - \arcsin y) \\ &= 1 - \int_{\arcsin y}^{\pi - \arcsin y} \frac{1}{2\pi} \mathrm{d}x = 1 - \frac{1}{2\pi}(\pi - 2\arcsin y); \end{aligned}$$

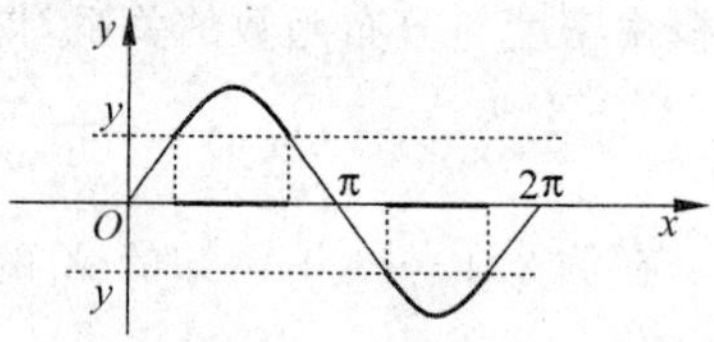

当 $-1 < y \leqslant 0$ 时,

$$\begin{aligned} F_Y(y) &= P(\sin X \leqslant y) = P(\pi - \arcsin y \leqslant X \leqslant 2\pi + \arcsin y) \\ &= \frac{1}{2\pi}(\pi + 2\arcsin y). \end{aligned}$$

图　2.12

故

$$F_Y(y) = \begin{cases} 0, & y \leqslant -1, \\ \dfrac{1}{2\pi}(\pi + 2\arcsin y), & -1 < y \leqslant 0, \\ 1 - \dfrac{1}{2\pi}(\pi - 2\arcsin y), & 0 < y < 1, \\ 1, & y \geqslant 1. \end{cases}$$

$$p_Y(y) = \begin{cases} \dfrac{1}{\pi \sqrt{1-y^2}}, & -1 < y < 1, \\ 0, & 其他. \end{cases}$$

将分布函数法的基本思想归纳起来,可以得到以下两个定理.

定理 2.4　已知 X 的概率密度为 $p_X(x),x \in (a,b),Y=f(X)$. 若 $y=f(x)$ 为 (a,b) 上严格单调的连续函数,且反函数 $x=f^{-1}(y)$ 有连续导数,则 Y 的密度函数为

$$p_Y(y) = \begin{cases} p_X[f^{-1}(y)]\,|[f^{-1}(y)]'|, & y \in (A,B), \\ 0, & 其他, \end{cases} \tag{2.25}$$

其中 $A = \min\{f(a),f(b)\}$, $B = \max\{f(a),f(b)\}$.

证　对于 $y=f(x)$ 单调增加的情形,因为 $y=f(x)$ 在 (a,b) 上严格单调增加,即 $f'(x)>0$,所以在 $(A,B)(A=f(a),B=f(b))$ 上确定一个反函数 $x=f^{-1}(y)$ 且也是严格单调增加的连续函数,即 $[f^{-1}(y)]'>0$.

当 $y \leqslant A$ 时,$F_Y(y)=0$;

当 $y \geqslant B$ 时,$F_Y(y)=1$;

当 $y \in (A,B)$ 时,

$$F_Y(y) = P(Y \leqslant y) = P(f(X) \leqslant y) = P(X \leqslant f^{-1}(y)) = F_X[f^{-1}(y)].$$

故

$$F_Y(y) = \begin{cases} 0, & y \leqslant A, \\ F_X[f^{-1}(y)], & y \in (A,B), \\ 1, & y \geqslant B, \end{cases}$$

所以

$$p_Y(y) = \begin{cases} p_X[f^{-1}(y)][f^{-1}(y)]', & y \in (A,B), \\ 0, & \text{其他}, \end{cases}$$

$$= \begin{cases} p_X[f^{-1}(y)]\,|\,[f^{-1}(y)]'\,|, & y \in (A,B), \\ 0, & \text{其他}. \end{cases}$$

对于 $y = f(x)$ 单调递减的情形,上面的过程稍作改动即可.

利用定理 2.4 直接计算例 2.20 中的概率密度.

由于 $y = 2x+1$ 在 $(-\infty, +\infty)$ 上严格单调增加,反函数 $x = \dfrac{y-1}{2}, x' = \dfrac{1}{2}$ 在 $y \in (-\infty, +\infty)$ 上连续,于是

$$p_Y(y) = p_X\left(\frac{y-1}{2}\right)\left|\left(\frac{y-1}{2}\right)'\right| = \frac{1}{2}p_X\left(\frac{y-1}{2}\right) \quad (-\infty < y < +\infty).$$

*定理 2.5 已知 X 的概率密度为 $p_X(x)$,$Y = f(X)$. 若 $y = f(x)$ 在不相重叠的区间 $I_1, I_2, \cdots$ 上逐段严格单调(图 2.13),对应的反函数分别为 $f_1^{-1}(y), f_2^{-1}(y), \cdots$,且 $[f_1^{-1}(y)]', [f_2^{-1}(y)]', \cdots$ 均连续,则 Y 的密度函数为

$$p_Y(y) = \sum_i p_X[f_i^{-1}(y)]\,|\,[f_i^{-1}(y)]'\,|. \tag{2.26}$$

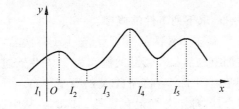

图 2.13

只要注意到

$$F_Y(y) = P(f(X) \leqslant y)$$
$$= P(f(X) \leqslant y, X \in I_1) + P(f(X) \leqslant y, X \in I_2) + \cdots,$$

并利用定理 2.4 很容易证明定理 2.5.

*例 2.23 设随机变量 X 的密度函数为

$$p(x) = \begin{cases} 2x^3 e^{-x^2}, & x \geqslant 0, \\ 0, & x < 0, \end{cases}$$

求 $Y = X^2$ 的概率密度.

解 因 $y = x^2$ 在 $(-\infty, 0)$ 和 $(0, +\infty)$ 上分别为严格单调的连续函数,对应的反函数分别为 $x_1 = -\sqrt{y}$ 和 $x_2 = \sqrt{y}$,$0 < y < +\infty$. $x_1' = -\dfrac{1}{2\sqrt{y}}$,$x_2' = \dfrac{1}{2\sqrt{y}}$. 由式(2.26)得,$y > 0$ 时,

$$p_Y(y) = p_X(-\sqrt{y}) \, | \, (-\sqrt{y})' | + p_X(\sqrt{y}) \, | \, (\sqrt{y})' |$$

$$= 0 \cdot \frac{1}{2\sqrt{y}} + \frac{1}{2\sqrt{y}} \cdot 2(\sqrt{y})^3 \cdot e^{-(\sqrt{y})^2} = y e^{-y}.$$

于是

$$p_Y(y) = \begin{cases} y e^{-y}, & y > 0, \\ 0, & y \leqslant 0. \end{cases}$$

习题 2

2.1 将一颗骰子抛掷两次,以 X 表示两次中得到的小的点数,试求 X 的分布律.

2.2 a 应为何值时,下列函数成为概率分布:

(1) $P(X = k) = a e^{-k+2}$ $(k = 0, 1, 2, \cdots)$;   (2) $P(X = k) = \dfrac{a}{3^k k!}$ $(k = 0, 1, 2, \cdots)$.

2.3 设有 10 件产品,其中 6 件正品,4 件次品. 从中任取 3 件,记 X 为其中次品的件数.

(1) 求 X 的分布律;

(2) 用随机变量的分布,求下列事件的概率:

$A = \{$没有次品$\}$;$B = \{$最多 1 件次品$\}$;$C = \{$至少 1 件次品$\}$.

2.4 自动生产线在调整之后出现废品的概率为 p,在生产过程中出现废品时立即重新进行调整,求在两次调整之间生产合格品数 X 的概率分布.

2.5 一袋中装有 4 个球,球上分别记有号码 1,2,3,4. 从中任取 2 球,以 X 表示取出球中号码较小的号码,求 X 的分布律.

2.6 一实习生用一设备独立地制造 3 个同种零件,设第 i 个零件不合格的概率为

$$p_i = \frac{1}{i+1} \quad (i = 1, 2, 3).$$

试求:(1)3 个零件中合格品数 X 的分布;(2)$P\left(\dfrac{1}{2} < X < \dfrac{5}{4}\right)$,$P(X \geqslant 2)$,$P(X < 1)$.

2.7　两名射手轮流射击一个目标.第一位射手命中目标的概率为 1/2,第二位射手命中目标的概率为 1/3.为击中目标共射击了 X 次,求 X 的分布律.

2.8　在伯努利试验中,设成功的概率为 p,以 X 表示首次成功所需试验次数,求 X 的分布律(该分布称为**几何分布**);设 $p=3/4$,求 X 取偶数的概率.

2.9　若随机变量 $X \sim B(2,p)$,已知 $P(X \geqslant 1)=5/9$,那么成功率为 p 的 4 重伯努利试验中至少有一次成功的概率是多少?

2.10　某种产品的废品率为 0.1,抽取 20 件产品,初步检查已发现有两件废品,问这 20 件中,废品不少于 3 件的概率.

2.11　一大楼装有 5 台同类型的供水设备.设每台设备是否被使用相互独立.调查表明在任一时刻 t 每台设备被使用的概率为 0.1.问在同一时刻:

(1) 恰有 2 台设备被使用的概率是多少?

(2) 至多有 3 台设备被使用的概率是多少?

2.12　某批发部向 10 家商店供货,每天各家订货的概率均为 0.45,且互不影响.问一天中最可能有几家商店订货? 相应的概率是多少?

2.13　甲、乙两人投篮,投中的概率分别为 0.6,0.7.今各投 3 次.求两人投中次数相等的概率.

2.14　一个合订本共 100 页,每页上印刷错误的数目服从参数为 2 的泊松分布,计算该合订本中各页的印刷错误都不超过 4 个的概率.

2.15　为保证机器的正常工作,需配备维修工人.现有同类型的机器 300 台,各台工作相互独立,且发生故障的概率都为 0.01.通常一台机器的故障可由一个人来处理,为保证当机器发生故障而不能及时维修的概率小于 0.01,问至少需配备多少维修工人?

2.16　设随机变量 X 的概率密度为

(1) $p(x)=A\mathrm{e}^{-|x|}$;　　　　　(2) $p(x)=\begin{cases} Ax^2, & x \in [1,2], \\ Ax, & x \in (2,3], \\ 0, & 其他. \end{cases}$

求:A;$P(X>2)$;$P(0.5<X<2.5)$.

2.17　验证下列各函数是否是某随机变量的概率密度:

(1) $p(x)=\begin{cases} \dfrac{1}{2}\cos x, & 0<x<\pi, \\ 0, & 其他; \end{cases}$　　　　(2) $p(x)=\begin{cases} \cos x, & -\dfrac{\pi}{2}<x<\dfrac{\pi}{2}, \\ 0, & 其他; \end{cases}$

(3) $p(x)=\begin{cases} \sin x, & 0<x<\dfrac{\pi}{2}, \\ 0, & 其他. \end{cases}$

2.18　若随机变量 ξ 在区间 $[1,6]$ 上服从均匀分布,则方程 $x^2+\xi x+1=0$ 有实根的概率是多少?

2.19   某型号电子管的寿命 X 的概率密度为

$$p(x) = \begin{cases} \dfrac{100}{x^2}, & x \geqslant 100, \\ 0, & x < 100. \end{cases}$$

若一架收音机上装有 3 个这种电子管,求(1)使用的最初 150h 内 3 个电子管都不需要更换的概率;(2)使用的最初 150h 内烧坏的电子管的分布律.

2.20   在某公共汽车站,甲、乙、丙分别独立地等 1,2,3 路车,设每人等车时间均服从区间[0,5]上的均匀分布,求 3 人中至少有两个人等车时间不超过 2min 的概率.

2.21   在下述函数中,哪些可以作为某个随机变量的分布函数:

(1) $F(x) = \dfrac{1}{1+x^2}$;   (2) $F(x) = \dfrac{1}{\pi}\arctan x + \dfrac{1}{2}$;

(3) $F(x) = \begin{cases} \dfrac{1}{2}(1-\mathrm{e}^{-x}), & x > 0, \\ 0, & x \leqslant 0; \end{cases}$ (4) $F(x) = \displaystyle\int_{-\infty}^{x} p(t)\mathrm{d}t$,其中$\displaystyle\int_{-\infty}^{+\infty} p(t)\mathrm{d}t = 1$.

2.22   设 X 的分布函数为

$$F(x) = \begin{cases} 0, & x < 0, \\ \dfrac{x}{2}, & 0 \leqslant x < 1, \\ x - \dfrac{1}{2}, & 1 \leqslant x < 1.5, \\ 1, & x \geqslant 1.5. \end{cases}$$

求 $P(0.4 < X \leqslant 1.3)$,$P(X > 0.5)$,$P(1.7 < X \leqslant 2)$.

2.23   设 X 的概率密度为

(1) $p(x) = \begin{cases} 2x, & 0 < x < 1, \\ 0, & \text{其他}; \end{cases}$ (2) $p(x) = \begin{cases} x, & 0 \leqslant x < 1, \\ 2-x, & 1 \leqslant x < 2, \\ 0, & \text{其他}. \end{cases}$

求:X 的分布函数,并画出分布函数图形.

2.24   设连续型随机变量 X 的分布函数为

$$F(x) = \begin{cases} A + B\mathrm{e}^{-\lambda x}, & x > 0, \\ 0, & x \leqslant 0, \end{cases} \quad \lambda > 0.$$

求:(1)常数 A,B 的值;(2)$P(-1 < X < 1)$,$P(X \geqslant 3)$;(3)随机变量 X 的概率密度.

*2.25   假设一大型设备在任何长为 t 的时间内发生故障的次数 $N(t)$ 服从参数为 λt 的泊松分布.

(1) 求相继两次故障之间时间间隔 T 的概率分布;

(2) 求在设备已经无故障工作 8h 的情形下,再无故障运行 8h 的概率 Q.

2.26　设 $X \sim N(0,1)$,求 $P(X \geqslant 0)$,$P(|X|<2)$,$P(X>3)$,$P(-1<X<3)$.

2.27　设 $X \sim N(\mu,\sigma^2)$,求 $P(|X-\mu|<\sigma)$,$P(|X-\mu|<2\sigma)$,$P(|X-\mu|<3\sigma)$.

2.28　某人去火车站乘车,有两条路可以走.第一条路程较短,但交通拥挤,所需时间(单位:分钟)服从正态分布 $N(40,10^2)$;第二条路程较长,但意外阻塞较少,所需时间服从正态分布 $N(50,4^2)$.求:

(1) 若动身时离火车开车时间只有 60min,应走哪一条路?

(2) 若动身时离火车开车时间只有 45min,应走哪一条路?

2.29　设 $X \sim N(\mu,\sigma^2)$,$P(X \leqslant -5)=0.045$,$P(X \leqslant 3)=0.618$,求 μ 及 σ.

2.30　设成年男子身高 $X(\mathrm{cm}) \sim N(170,6^2)$,某种公共汽车车门的高度是按成年男子碰头的概率在 1% 以下来设计的,问车门的高度最少应为多少?

2.31　设一批零件的长度 $X(\mathrm{cm})$ 是随机变量,$X \sim N(20,0.2^2)$,求能以 0.95 的概率保证任一被抽查的零件的长度与 20 之差的绝对值不超过多少厘米?

2.32　设随机变量 X 的分布律为

X	-2	-1	0	1	2
P	0.15	0.32	0.24	0.11	0.18

求:$Y_1=2X+1$ 及 $Y_2=|X|-1$ 的概率分布律.

2.33　设随机变量 $X \sim N(0,1)$,$Y=X^2$,求 Y 的概率密度.

2.34　设随机变量 $X \sim U\left(-\dfrac{\pi}{2},\dfrac{\pi}{2}\right)$,$Y=\tan Y$,求 Y 的概率密度.

2.35　设随机变量 X 的概率密度为

$$p(x)=\begin{cases} \dfrac{2}{9}(1-x), & -2<x<1, \\ 0, & \text{其他,} \end{cases}$$

求:$Y=X^2$ 的概率密度.

2.36　设 X 的概率密度为

$$p(x)=\begin{cases} \dfrac{2}{\pi(1+x^2)}, & x>0, \\ 0, & x \leqslant 0, \end{cases}$$

求:$Y=\ln X$,$Z=\mathrm{e}^X$ 的概率密度.

2.37　设随机变量 X 具有连续分布函数 $F(x)$,试求 $Y=F(X)$ 的概率分布,并指出是何分布.

2.38　设随机变量 $X \sim U(0,2\pi)$,求 $Y=\cos X$,$Z=X^2$ 的概率密度.

第 3 章
多维随机变量及其概率分布

3.1 多维随机变量及其分布函数

在第 2 章, 我们讨论了随机变量的分布. 但是, 在实际问题中往往必须同时考虑多个随机变量及它们之间的相互影响. 例如, 在气象中气温、气压、湿度、风力等都是需要考察的气象因素. 这些因素都是随机变量, 可以用第 2 章提供的方法逐个进行研究. 然而这些随机变量之间往往存在着某种联系, 因而需要把这些随机变量作为一个整体来研究, 讨论它们的统计规律性时不能只限于讨论它们各自的分布, 必须讨论它们构成的整体的分布, 还要讨论并利用它们之间的关系.

定义 3.1 设 $X_1, X_2, \cdots, X_n$ 为 n 个随机变量, 则称 $(X_1, X_2, \cdots, X_n)$ 为 **n 维随机变量**或 **n 维随机向量**.

本章重点讨论二维随机变量, 所得出的结论和方法可以推广到 n 维情形.

定义 3.2 设 (X, Y) 为二维随机变量, x, y 为任意实数, 则二元函数

$$F(x, y) = P(X \leqslant x, Y \leqslant y) \tag{3.1}$$

称为 (X, Y) 的**联合分布函数**, 简称**分布函数**.

如果已知分布函数, 则对任意实数 $x_1 < x_2, y_1 < y_2$, 有

$$P(x_1 < X \leqslant x_2, y_1 < Y \leqslant y_2)$$
$$= F(x_2, y_2) - F(x_1, y_2) - F(x_2, y_1) + F(x_1, y_1). \tag{3.2}$$

式 (3.2) 的直观意义可由图 3.1 表示出来.

分布函数具有下列基本性质:

(1) 对任意实数 x, y, 有 $0 \leqslant F(x, y) \leqslant 1$.

(2) $F(x, y)$ 对 x, y 分别是单调不减的, 即对任意的 y, 若 $x_1 < x_2$, 则 $F(x_1, y) \leqslant F(x_2, y)$; 对任意的 x, 若 $y_1 < y_2$, 则 $F(x, y_1) \leqslant F(x, y_2)$.

(3) 对任意的 x, y, 有

$$F(-\infty, y) = \lim_{x \to -\infty} F(x, y) = 0, \quad F(x, -\infty) = \lim_{y \to -\infty} F(x, y) = 0,$$

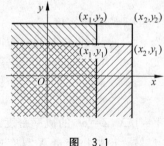

图 3.1

$$F(-\infty, -\infty) = \lim_{\substack{x \to -\infty \\ y \to -\infty}} F(x, y) = 0, \quad F(+\infty, +\infty) = \lim_{\substack{x \to +\infty \\ y \to +\infty}} F(x, y) = 1.$$

(4) $F(x, y)$ 对 x, y 分别是右连续的,即对任意实数 x, y,有

$$\lim_{u \to x^+} F(u, y) = F(x, y), \quad \lim_{v \to y^+} F(x, v) = F(x, y).$$

(5) 对任意 $x_1 < x_2, y_1 < y_2$ 有

$$F(x_2, y_2) - F(x_1, y_2) - F(x_2, y_1) + F(x_1, y_1) \geqslant 0.$$

性质(1),(2)显然.性质(5)可由式(3.2)中的概率意义得到,性质(3),(4)证明略.

可以证明:满足上述 5 个性质的二元函数 $F(x, y)$ 必是某二维随机变量 (X, Y) 的分布函数.

如果已知 (X, Y) 的分布函数为 $F(x, y)$,那么随机变量 X 与 Y 的分布函数 $F_X(x)$ 和 $F_Y(y)$ 分别可由 $F(x, y)$ 求出.

$$F_X(x) = P(X \leqslant x) = P(X \leqslant x, Y \leqslant +\infty) = F(x, +\infty), \tag{3.3}$$

其中 $F(x, +\infty) = \lim_{y \to +\infty} F(x, y)$.同理

$$F_Y(y) = F(+\infty, y), \tag{3.4}$$

其中 $F(+\infty, y) = \lim_{x \to +\infty} F(x, y)$.

称 $F_X(x)$ 和 $F_Y(y)$ 为二维随机变量 (X, Y) 的关于 X 和 Y 的边缘分布函数.

3.2　二维离散型随机变量

如果二维随机变量 (X, Y) 所有可能取的值为有限个或可列无穷多个数对,则称 (X, Y) 为二维离散型随机变量.

1. 联合分布

设 (X, Y) 为二维离散型随机变量,所有可能取的值为 $(x_i, y_j), i, j = 1, 2, \cdots$. 若

$$P(X = x_i, Y = y_j) = p_{ij} \quad (i, j = 1, 2, \cdots), \tag{3.5}$$

则称 $p_{ij}(i, j = 1, 2, \cdots)$ 为 (X, Y) 的**联合分布律**,简称**联合分布**.

二维离散型随机变量的概率分布律具有下列基本性质:

(1) $p_{ij} \geqslant 0 \quad (i, j = 1, 2, \cdots)$;

(2) $\sum_i \sum_j p_{ij} = 1$.

二维离散型随机变量的分布函数可表示为

$$F(x, y) = P(X \leqslant x, Y \leqslant y) = \sum_{x_i \leqslant x} \sum_{y_j \leqslant y} p_{ij}. \tag{3.6}$$

2. 边缘分布

二维随机变量(X,Y)中,分量X与Y的概率分布分别称为(X,Y)的关于X与Y的边缘分布.

如果已知(X,Y)的联合分布律为$P(X=x_i,Y=y_j)=p_{ij}(i,j=1,2,\cdots)$,以$p_i.$, $p_{.j}(i,j=1,2,\cdots)$分别表示X,Y的边缘分布律,则

$$p_i.=P(X=x_i)=P(X=x_i,Y<+\infty)$$

$$=\sum_j P(X=x_i,Y=y_j)=\sum_j p_{ij}\quad(i=1,2,\cdots),\tag{3.7}$$

$$p_{.j}=P(Y=y_j)=\sum_i p_{ij}\quad(j=1,2,\cdots).\tag{3.8}$$

显然,$p_i.(i=1,2,\cdots)$是非负的,且对所有的i,它们的和为1.(X,Y)的联合分布和边缘分布有时用如下的概率分布表来表示

X \\ Y	y_1	y_2	$\cdots$	y_j	$\cdots$	$p_i.$
x_1	p_{11}	p_{12}	$\cdots$	p_{1j}	$\cdots$	$p_1.$
x_2	p_{21}	p_{22}	$\cdots$	p_{2j}	$\cdots$	$p_2.$
$\vdots$	$\vdots$	$\vdots$		$\vdots$		$\vdots$
x_i	p_{i1}	p_{i2}	$\cdots$	p_{ij}	$\cdots$	$p_i.$
$\vdots$	$\vdots$	$\vdots$		$\vdots$		$\vdots$
$p_{.j}$	$p_{.1}$	$p_{.2}$	$\cdots$	$p_{.j}$	$\cdots$	1

$p_i.$恰好是(X,Y)的联合分布表中第i行各概率的和,同理,$p_{.j}$恰好是(X,Y)的联合分布表中第j列各概率的和.

例 3.1　已知10件产品中有5件一等品,3件二等品,两件次品.从中任取3件,设X,Y分别表示抽得的一等品和次品的件数,求(X,Y)的联合分布与两个边缘分布.

解　X可能取值$0,1,2,3$;Y可能取值$0,1,2$.

记$p_{ij}=P(X=i,Y=j)$,则

$$p_{00}=\frac{C_3^3}{C_{10}^3}=\frac{1}{120},\quad p_{01}=\frac{C_3^2C_2^1}{C_{10}^3}=\frac{1}{20},\quad p_{02}=\frac{C_3^1C_2^2}{C_{10}^3}=\frac{1}{40};$$

$$p_{10}=\frac{C_5^1C_3^2}{C_{10}^3}=\frac{1}{8},\quad p_{11}=\frac{C_5^1C_3^1C_2^1}{C_{10}^3}=\frac{1}{4},\quad p_{12}=\frac{C_5^1C_2^2}{C_{10}^3}=\frac{1}{24};$$

$$p_{20}=\frac{C_5^2C_3^1}{C_{10}^3}=\frac{1}{4},\quad p_{21}=\frac{C_5^2C_2^1}{C_{10}^3}=\frac{1}{6},\quad p_{22}=0;$$

$$p_{30}=\frac{C_5^3}{C_{10}^3}=\frac{1}{12},\quad p_{31}=0,\quad p_{32}=0.$$

于是(X,Y)的联合分布和两个边缘分布用下表表示：

X \ Y	0	1	2	$p_i.$
0	1/120	1/20	1/40	1/12
1	1/8	1/4	1/24	5/12
2	1/4	1/6	0	5/12
3	1/12	0	0	1/12
$p._j$	7/15	7/15	1/15	

3.3 二维连续型随机变量

1. 联合概率密度

定义 3.3 设二维随机变量(X,Y)的分布函数为$F(x,y)$,若存在非负函数$p(x,y)$,使对任意实数x,y,有

$$F(x,y) = \int_{-\infty}^{x}\int_{-\infty}^{y} p(u,v)\mathrm{d}v\mathrm{d}u, \tag{3.9}$$

则称(X,Y)为二维连续型随机变量,而$p(x,y)$称为(X,Y)的**联合概率密度**,简称概率密度、联合密度等.

概率密度具有以下基本性质：

(1) $p(x,y)\geqslant 0$;

(2) $\int_{-\infty}^{+\infty}\int_{-\infty}^{+\infty} p(x,y)\mathrm{d}x\mathrm{d}y=1$.

由式(3.9)可以证明,若$p(x,y)$在点(x,y)处连续,则

$$\frac{\partial^2 F(x,y)}{\partial x\partial y} = p(x,y). \tag{3.10}$$

这一性质同一维随机变量的情形类似.

显然,对任意实数$a<b,c<d$,有

$$P(a < X \leqslant b, c < Y \leqslant d) = \int_{a}^{b}\int_{c}^{d} p(x,y)\mathrm{d}y\mathrm{d}x.$$

而且进一步可以证明：若D是平面上的一个区域,则点(X,Y)落在D中的概率为

$$P((X,Y) \in D) = \iint\limits_{D} p(x,y)\mathrm{d}x\mathrm{d}y. \tag{3.11}$$

这是二维连续型随机变量的重要特性之一.其几何意义是,点(X,Y)落在D中的概率数值上等于以曲面$z=p(x,y)$为顶,以平面区域D为底的曲顶柱体的体积.

例 3.2   设 (X,Y) 的概率密度为
$$p(x,y) = \begin{cases} Ae^{-(x+2y)}, & x>0 \ y>0, \\ 0, & \text{其他.} \end{cases}$$

求：(1)常数 A；(2)(X,Y) 的分布函数及两个边缘分布函数；(3)(X,Y) 落在区域 D：$0<X\leqslant 2, 0<Y\leqslant 3$ 内的概率；(4)概率 $P(X+2Y\leqslant 1)$.

解   (1) 由于
$$\int_{-\infty}^{+\infty}\int_{-\infty}^{+\infty} p(x,y)\mathrm{d}x\mathrm{d}y = A\int_{0}^{+\infty}\int_{0}^{+\infty} e^{-(x+2y)}\mathrm{d}x\mathrm{d}y$$
$$= A\int_{0}^{+\infty} e^{-x}\mathrm{d}x\int_{0}^{+\infty} e^{-2y}\mathrm{d}y = \frac{A}{2} = 1,$$

故 $A=2$.

(2) 当 $x>0, y>0$ 时,
$$F(x,y) = \int_{-\infty}^{y}\int_{-\infty}^{x} p(u,v)\mathrm{d}u\mathrm{d}v = 2\int_{0}^{x} e^{-u}\mathrm{d}u\int_{0}^{y} e^{-2v}\mathrm{d}v$$
$$= (1-e^{-x})(1-e^{-2y});$$

当 x,y 为其他情况时, $F(x,y)=0$. 故 (X,Y) 的分布函数为
$$F(x,y) = \begin{cases} (1-e^{-x})(1-e^{-2y}), & x>0, y>0, \\ 0, & \text{其他.} \end{cases}$$

由式(3.3)知,关于 X 的边缘分布函数为
$$F_X(x) = F(x,+\infty) = \begin{cases} 1-e^{-x}, & x>0, \\ 0, & x\leqslant 0. \end{cases}$$

同理,关于 Y 的边缘分布函数为
$$F_Y(y) = F(+\infty,y) = \begin{cases} 1-e^{-2y}, & y>0, \\ 0, & y\leqslant 0. \end{cases}$$

(3) $P(0<X\leqslant 2, 0<Y\leqslant 3) = F(2,3)-F(0,3)-F(2,0)+F(0,0) = (1-e^{-2})(1-e^{-6})$.

(4) $P(X+2Y\leqslant 1) = \iint\limits_{x+2y\leqslant 1} p(x,y)\mathrm{d}x\mathrm{d}y$, 积分区域由满足 $x+2y\leqslant 1$ 又使 $p(x,y)\neq 0$ 的 (x,y) 点组成,见图 3.2.

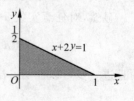

图 3.2

$$P(X+2Y\leqslant 1) = \int_{0}^{1}\mathrm{d}x\int_{0}^{\frac{1-x}{2}} 2e^{-(x+2y)}\mathrm{d}y = 1-2e^{-1}.$$

2. 边缘概率密度

二维连续型随机变量(X,Y)的分量 X 与 Y 的概率密度分别称为(X,Y)关于 X 与关于 Y 的边缘概率密度,分别记为 $p_X(x)$ 与 $p_Y(y)$.

由式(3.3)和(3.11)知

$$F_X(x) = F(x, +\infty) = \int_{-\infty}^{x} \int_{-\infty}^{+\infty} p(u,v) \mathrm{d}v \mathrm{d}u = \int_{-\infty}^{x} \left(\int_{-\infty}^{+\infty} p(u,v) \mathrm{d}v \right) \mathrm{d}u.$$

故 X 为连续型随机变量,其概率密度为

$$p_X(x) = \int_{-\infty}^{+\infty} p(x,y) \mathrm{d}y. \tag{3.12}$$

同理,Y 为连续型随机变量,其概率密度为

$$p_Y(y) = \int_{-\infty}^{+\infty} p(x,y) \mathrm{d}x. \tag{3.13}$$

3. 两个重要的二维分布

1) 二维均匀分布

设 D 是平面上的有界区域,其面积为 A.若(X,Y)的概率密度为

$$p(x,y) = \begin{cases} \dfrac{1}{A}, & (x,y) \in D, \\ 0, & \text{其他}, \end{cases} \tag{3.14}$$

则称(X,Y)在 D 上服从**均匀分布**.

若(X,Y)在有界区域 D 上服从均匀分布,D_1 为 D 中的任一子区域,面积为 A_1,则由式(3.14)知

$$P((X,Y) \in D_1) = \iint\limits_{D_1} p(x,y) \mathrm{d}x\mathrm{d}y = \iint\limits_{D_1} \frac{1}{A} \mathrm{d}x\mathrm{d}y = \frac{A_1}{A}.$$

即(X,Y)落在子区域 D_1 中的概率与 D_1 的面积成正比,而与 D_1 在 D 中的位置和形状无关.

例 3.3 设二维随机变量(X,Y)在区域 D: $0 < x < 1$,$|y| < x$ 内服从均匀分布.求:(1)关于 X,Y 的边缘概率密度;(2)$P(X+Y \leqslant 1)$.

解 区域 D 如图 3.3 所示,D 的面积 $A = 1$.(X,Y)的联合概率密度为

$$p(x,y) = \begin{cases} 1, & 0 < x < 1, |y| < x, \\ 0, & \text{其他}. \end{cases}$$

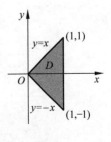

图 3.3

（1）关于 X 的边缘概率密度为

$$p_X(x) = \int_{-\infty}^{+\infty} p(x,y)\mathrm{d}y = \begin{cases} \int_{-x}^{+x} 1\mathrm{d}y = 2x, & 0 < x < 1, \\ 0, & \text{其他}. \end{cases}$$

关于 Y 的边缘概率密度为

$$p_Y(y) = \begin{cases} \int_y^1 1\mathrm{d}x = 1 - y, & 0 < y < 1, \\ \int_{-y}^1 1\mathrm{d}x = 1 + y, & -1 < y < 0, \\ 0, & \text{其他}. \end{cases}$$

（2）记 $D_1 = \{(x,y) \mid x + y \leqslant 1, (x,y) \in D\}$，如图 3.4 所示，$D_1$ 的面积 A_1 等于 D 的面积减去 D_2 的面积，即

$$A_1 = 1 - \frac{1}{4} = \frac{3}{4}.$$

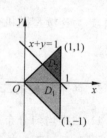

图　3.4

所以 $P(X+Y \leqslant 1) = P((X,Y) \in D_1) = \dfrac{A_1}{A} = \dfrac{\frac{3}{4}}{1} = \dfrac{3}{4}$.

2）二维正态分布

若二维随机变量 (X,Y) 的联合密度为

$$p(x,y) = \frac{1}{2\pi\sigma_1\sigma_2\sqrt{1-\rho^2}} \exp\left\{ -\frac{1}{2(1-\rho^2)}\left[\frac{(x-\mu_1)^2}{\sigma_1^2} \right.\right.$$
$$\left.\left. -2\rho\frac{(x-\mu_1)(y-\mu_2)}{\sigma_1\sigma_2} + \frac{(y-\mu_2)^2}{\sigma_2^2} \right] \right\}, \tag{3.15}$$

其中 $\mu_1, \mu_2, \sigma_1^2, \sigma_2^2, \rho$ 均为常数，且 $\sigma_1 > 0, \sigma_2 > 0, |\rho| < 1$，则称 (X,Y) 服从参数为 μ_1, μ_2, σ_1, σ_2, ρ 的二维正态分布，记为 $N(\mu_1, \mu_2; \sigma_1^2, \sigma_2^2; \rho)$.

下面我们来求二维正态分布的两个边缘概率密度.

令 $\dfrac{x-\mu_1}{\sigma_1} = u, \dfrac{y-\mu_2}{\sigma_2} = v$，则

$$p_X(x) = \int_{-\infty}^{+\infty} p(x,y)\mathrm{d}y$$

$$= \int_{-\infty}^{+\infty} \frac{1}{2\pi\sigma_1\sqrt{1-\rho^2}} \exp\left\{ -\frac{1}{2(1-\rho^2)}\left[u^2 - 2\rho uv + v^2 \right] \right\}\mathrm{d}v$$

$$= \frac{1}{\sqrt{2\pi}\sigma_1} \int_{-\infty}^{+\infty} \frac{1}{\sqrt{2\pi(1-\rho^2)}} \exp\left\{ -\frac{1}{2(1-\rho^2)}\left[(v-\rho u)^2 + (1-\rho^2)u^2 \right] \right\}\mathrm{d}v$$

$$= \frac{1}{\sqrt{2\pi}\sigma_1} \mathrm{e}^{-\frac{u^2}{2}} \int_{-\infty}^{+\infty} \frac{1}{\sqrt{2\pi(1-\rho^2)}} \exp\left[-\frac{(v-\rho u)^2}{2(1-\rho^2)} \right]\mathrm{d}v$$

$$= \frac{1}{\sqrt{2\pi}\sigma_1}\mathrm{e}^{-\frac{u^2}{2}} = \frac{1}{\sqrt{2\pi}\sigma_1}\mathrm{e}^{-\frac{(x-\mu_1)^2}{2\sigma_1^2}} \quad (-\infty < x < +\infty). \tag{3.16}$$

同理可得

$$p_Y(y) = \frac{1}{\sqrt{2\pi}\sigma_2}\mathrm{e}^{-\frac{(y-\mu_2)^2}{2\sigma_2^2}} \quad (-\infty < y < +\infty). \tag{3.17}$$

这表明,二维正态分布的两个边缘分布都是一维正态分布,即

$$X \sim N(\mu_1,\sigma_1^2), \quad Y \sim N(\mu_2,\sigma_2^2).$$

由式(3.12)容易证明

$$\int_{-\infty}^{+\infty}\int_{-\infty}^{+\infty} p(x,y)\mathrm{d}x\mathrm{d}y = \int_{-\infty}^{+\infty} p_X(x)\mathrm{d}x = 1.$$

3.4 条件分布

对于二维随机变量(X,Y),在讨论了它们的联合分布、各自的边缘分布之后,我们来考虑 X,Y 之间的联系.当两个变量之一的取值已定时,另一个变量的分布如何,就是所谓的条件分布.条件分布是第 1 章讲述的条件概率在引入随机变量研究随机现象后的进一步展开.

1. 离散型

设二维离散型随机变量(X,Y)的联合分布律 $P(X=x_i,Y=y_j)=p_{ij}(i,j=1,2,\cdots)$,边缘分布律 $P(Y=y_j)=p_{\cdot j}>0$,则由条件概率公式有

$$P(X = x_i \mid Y = y_j) = \frac{P(X = x_i, Y = y_j)}{P(Y = y_j)} = \frac{p_{ij}}{p_{\cdot j}} \quad (i = 1,2,\cdots). \tag{3.18}$$

式(3.18)称为在 $Y=y_j$ 的条件下 X 的条件分布律.

显然,$P(X=x_i|Y=y_j)\geqslant 0, i=1,2,\cdots$,且

$$\sum_i P(X = x_i \mid Y = y_j) = \sum_i \frac{p_{ij}}{p_{\cdot j}} = \frac{\sum_i p_{ij}}{p_{\cdot j}} = \frac{p_{\cdot j}}{p_{\cdot j}} = 1,$$

即条件分布律式(3.18)满足分布律的两个性质.

在一般情况下,条件分布律 $P(X=x_i|Y=y_j)$ 不同于边缘分布 $p_{i\cdot}=P(X=x_i)$,这表明由于 Y 取值 y_j,X 取其一切可能值的规律不再遵循原有的边缘分布律,而是形成一个新的分布.

同理,在 $X=x_i$ 的条件下 Y 的条件分布律的定义为

$$P(Y = y_j \mid X = x_i) = \frac{p_{ij}}{p_{i\cdot}} \quad (j = 1,2,\cdots), \tag{3.19}$$

其中 $p_i. = P(X = x_i) > 0.$

例 3.4　求出例 3.1 中,在 $X = 2$ 的条件下 Y 的条件分布.

解　由例 3.1 的计算结果及公式(3.19)知,

$$P(Y = 0 \mid X = 2) = \frac{p_{20}}{p_2.} = \frac{3}{5}; \quad P(Y = 1 \mid X = 2) = \frac{p_{21}}{p_2.} = \frac{2}{5};$$

$$P(Y = 2 \mid X = 2) = \frac{p_{22}}{p_2.} = 0.$$

计算结果列表如下:

Y	0	1	2
$P(Y = y_j \mid X = 2)$	$\frac{3}{5}$	$\frac{2}{5}$	0

上表给出了在抽取的 3 件产品中含有 2 件一等品的条件下,含有次品的件数 Y 的条件分布律.

2. 连续型

对于二维连续型随机变量,我们希望定义条件分布函数 $P(X \leqslant x \mid Y = y) = \frac{P(X \leqslant x, Y = y)}{P(Y = y)}$,从而引出条件概率密度的定义,但由于会出现 $P(Y = y) = 0, P(X \leqslant x, Y = y) = 0$,因此不能像处理离散型随机变量那样简单地应用条件概率公式来定义,我们自然会想到通过极限的方法来处理这个问题.

定义 3.4　设 y 为定值,对任意 $\Delta y > 0$,均有 $P(y \leqslant Y < y + \Delta y) > 0.$ 若极限 $\lim\limits_{\Delta y \to 0^+} P(X \leqslant x \mid y \leqslant Y < y + \Delta y)$ 存在,则称此极限为在 $Y = y$ 的条件下,X 的**条件分布函数**,记为 $F_{X \mid Y}(x \mid y)$,即

$$F_{X \mid Y}(x \mid y) = P(X \leqslant x \mid Y = y)$$
$$= \lim\limits_{\Delta y \to 0^+} P(X \leqslant x \mid y \leqslant Y < y + \Delta y). \tag{3.20}$$

设 (X, Y) 的联合密度为 $p(x, y)$,边缘密度分别为 $p_X(x), p_Y(y)$,并设它们都连续,且 $p_X(x), p_Y(y) > 0$;由式(3.20)及定积分的中值定理可得

$$F_{X \mid Y}(x \mid y) = P(X \leqslant x \mid Y = y) = \lim\limits_{\Delta y \to 0^+} P(X \leqslant x \mid y \leqslant Y < y + \Delta y)$$

$$= \lim\limits_{\Delta y \to 0^+} \frac{\int_{-\infty}^{x} \int_{y}^{y + \Delta y} p(u, v) \mathrm{d}v \mathrm{d}u}{\int_{y}^{y + \Delta y} p_Y(v) \mathrm{d}v} = \lim\limits_{\Delta y \to 0^+} \frac{\int_{-\infty}^{x} p(u, y + \theta_1 \Delta y) \mathrm{d}u}{p_Y(y + \theta_2 \Delta y)}$$

$$= \frac{\int_{-\infty}^{x} p(u, y) \mathrm{d}u}{p_Y(y)} \quad (0 < \theta_1, \theta_2 < 1),$$

即

$$F_{X|Y}(x \mid y) = \int_{-\infty}^{x} \frac{p(u,y)}{p_Y(y)} \mathrm{d}u. \tag{3.21}$$

由此我们得到下面的定义.

定义 3.5　设 $p(x,y)$ 为 (X,Y) 的联合密度,若 $p_Y(y) > 0$,则称

$$p_{X|Y}(x \mid y) = \frac{p(x,y)}{p_Y(y)} \tag{3.22}$$

为在 $Y = y$ 的条件下,X 的**条件概率密度**.同理,若 $p_X(x) > 0$,则称

$$p_{Y|X}(y \mid x) = \frac{p(x,y)}{p_X(x)} \tag{3.23}$$

为在 $X = x$ 的条件下,Y 的**条件概率密度**.

不难验证,$p_{X|Y}(x|y)$ 和 $p_{Y|X}(y|x)$ 满足概率密度的两个基本性质.

例 3.5　设 (X,Y) 的概率密度为

$$p(x,y) = \begin{cases} 2\mathrm{e}^{-(x+2y)}, & x > 0, y > 0, \\ 0, & 其他. \end{cases}$$

求：(1) $p_{X|Y}(x|y)$ 和 $p_{Y|X}(y|x)$；(2) $P(X \leqslant 2|Y \leqslant 1)$；(3) $P(X \leqslant 2|Y = 1)$.

解　(1) 首先求得两个边缘密度

$$p_X(x) = \begin{cases} \int_0^{+\infty} 2\mathrm{e}^{-(x+2y)} \mathrm{d}y = \mathrm{e}^{-x}, & x > 0, \\ 0, & x \leqslant 0; \end{cases}$$

$$p_Y(y) = \begin{cases} \int_0^{+\infty} 2\mathrm{e}^{-(x+2y)} \mathrm{d}x = 2\mathrm{e}^{-2y}, & y > 0, \\ 0, & y \leqslant 0. \end{cases}$$

由式(3.22)和(3.23)知,当 $y > 0$ 时,

$$p_{X|Y}(x \mid y) = \frac{p(x,y)}{p_Y(y)} = \begin{cases} \dfrac{2\mathrm{e}^{-(x+2y)}}{2\mathrm{e}^{-2y}} = \mathrm{e}^{-x}, & x > 0, \\ 0, & x \leqslant 0. \end{cases}$$

当 $x > 0$ 时,

$$p_{Y|X}(y \mid x) = \frac{p(x,y)}{p_X(x)} = \begin{cases} \dfrac{2\mathrm{e}^{-(x+2y)}}{\mathrm{e}^{-x}} = 2\mathrm{e}^{-2y}, & y > 0, \\ 0, & y \leqslant 0. \end{cases}$$

(2) $P(X \leqslant 2|Y \leqslant 1) = \dfrac{P(X \leqslant 2, Y \leqslant 1)}{P(Y \leqslant 1)} = \dfrac{F(2,1)}{F_Y(1)} = \dfrac{\displaystyle\int_0^2 \int_0^1 2\mathrm{e}^{-(x+2y)} \mathrm{d}y\mathrm{d}x}{\displaystyle\int_0^1 2\mathrm{e}^{-2y} \mathrm{d}y}$

$$= \frac{(1-\mathrm{e}^{-2})^2}{1-\mathrm{e}^{-2}} = 1 - \mathrm{e}^{-2}.$$

(3) $P(X \leqslant 2 | Y=1) = F_{X|Y}(2|1) = \int_0^2 p_{X|Y}(x|1) \mathrm{d}x = \int_0^2 \mathrm{e}^{-x} \mathrm{d}x = 1 - \mathrm{e}^{-2}.$

3.5   随机变量的独立性

二维随机变量 (X,Y) 的两个分量 X,Y,有时它们相互之间存在着某种联系,从一个变量的取值可得到另一个变量的某些信息. 但是,我们也常常遇到两个随机变量 X,Y 的取值情况相互完全没有影响,这就是所谓随机变量的独立性,它是事件独立性概念在随机变量场合的具体化.

定义 3.6   对于任意实数 x,y,如果二维随机变量 (X,Y) 的联合分布函数 $F(x,y)$ 等于 X 和 Y 的边缘分布函数的乘积,即

$$F(x,y) = F_X(x)F_Y(y), \tag{3.24}$$

则称随机变量 X 与 Y 相互独立.

这个定义表明,对任意实数 x,y,事件 $\{X \leqslant x\}$ 与事件 $\{Y \leqslant y\}$ 是相互独立的,即 X,Y 的取值具有相互独立性.

对于离散型随机变量,X 与 Y 相互独立的充要条件是对所有的 i,j 都有

$$p_{ij} = p_{i.} p_{.j}, \quad i,j = 1,2,\cdots. \tag{3.25}$$

对于连续型随机变量,X 与 Y 相互独立的充要条件是对任何实数 x,y 都有

$$p(x,y) = p_X(x)p_Y(y). \tag{3.26}$$

上面给出了随机变量独立的各种表达形式. 要判断两个随机变量 X,Y 是否独立,只要验证 X 和 Y 的联合分布(分布函数、分布律或分布密度)是否等于边缘分布(分布函数,分布律或分布密度)的乘积就可以了. 一般说来,这些条件比较容易验证.

可以验证,例 3.1 中的 X,Y 是不独立的,因为 $p_{31} = 0 \neq p_3. \ p_{.1} = \dfrac{1}{12} \times \dfrac{7}{15}$;例 3.2 中的 X,Y 是相互独立的,因为对任意实数 x,y 都有 $F(x,y) = F_X(x)F_Y(y)$;而例 3.3 中的 X,Y 不独立,请读者自行验证.

例 3.6   设 $(X,Y) \sim N(\mu_1, \mu_2; \sigma_1^2, \sigma_2^2; \rho)$. 证明:$X$ 与 Y 相互独立的充要条件是 $\rho=0$.

证   设 X,Y 相互独立,则对于任意的 (x,y),总有

$$p(x,y) = p_X(x)p_Y(y).$$

特别地,当 $x=\mu_1, y=\mu_2$ 时,上式变为

$$\frac{1}{2\pi\sigma_1\sigma_2 \sqrt{1-\rho^2}} = \frac{1}{\sqrt{2\pi}\sigma_1} \cdot \frac{1}{\sqrt{2\pi}\sigma_2},$$

因而 $\rho=0$.

反之,设 $\rho=0$,这时,由式(3.15)知

$$p(x,y) = \frac{1}{2\pi\sigma_1\sigma_2}\exp\left\{-\frac{1}{2}\left[\frac{(x-\mu_1)^2}{\sigma_1^2} + \frac{(y-\mu_2)^2}{\sigma_2^2}\right]\right\} = p_X(x)p_Y(y)$$

对任意 (x,y) 成立,故 X 与 Y 相互独立.

可以证明,如果 X 与 Y 相互独立,$f(X)$ 与 $g(Y)$ 分别是它们的连续函数,则 $f(X)$ 与 $g(Y)$ 也一定相互独立. 这个结论还可以推广到 n 维随机变量的情形,其证明超出本书范围,这里从略. 在概率论与数理统计中经常用到这个结论.

将条件分布与独立性的概念结合起来考虑,可进一步揭示随机变量独立性的本质. 对此有如下结论:

随机变量 X 与 Y 相互独立的充要条件是任一随机变量的条件概率密度(或条件分布律)与关于该变量的边缘概率密度(或边缘分布律)相等,即,对连续型情形,独立等价于

$$p_{X|Y}(x \mid y) = \frac{p(x,y)}{p_Y(y)} = \frac{p_X(x)p_Y(y)}{p_Y(y)} = p_X(x), \quad \text{及} \quad p_{Y|X}(y \mid x) = p_Y(y);$$

对离散型情形,独立等价于

$$P(X = x_i \mid Y = y_j) = \frac{p_{ij}}{p_{\cdot j}} = \frac{p_{i\cdot}\,p_{\cdot j}}{p_{\cdot j}} = p_{i\cdot}, \quad \text{及} \quad P(Y = y_j \mid X = x_i) = p_{\cdot j}.$$

请读者针对例 3.5 验证上述结论.

有关二维随机变量的分布函数、分布律、概率密度等概念和结论不难推广到 n 维随机变量的情形. 下面给出 n 个随机变量相互独立的定义和条件.

定义 3.7 若对任意实数 $x_1, x_2, \cdots, x_n$ 有

$$F(x_1, x_2, \cdots, x_n) = F_{X_1}(x_1)F_{X_2}(x_2)\cdots F_{X_n}(x_n),$$

则称 $X_1, X_2, \cdots, X_n$ 是**相互独立**的.

n 个离散型随机变量相互独立的充要条件是联合分布律等于 n 个边缘分布律的乘积;n 个连续型随机变量相互独立的充要条件是联合密度等于各边缘密度的乘积. 而且可以证明,如果随机变量 $X_1, X_2, \cdots, X_n$ 相互独立,则它们中的任意 $r(0 < r \leqslant n)$ 个随机变量也是相互独立的.

3.6 二维随机变量函数的分布

在 2.6 节,我们曾讨论过一维随机变量函数 $Y = f(X)$ 的分布,本节进一步讨论二维随机变量函数 $Z = f(X,Y)$ 的分布.

1. 二维离散型随机变量函数的分布

设 (X,Y) 的联合分布律为

$$P(X = x_i, Y = y_j) = p_{ij} \quad (i, j = 1, 2, \cdots),$$

$Z=f(X,Y)$. 显然 Z 也是离散型随机变量. 要求 Z 的分布律, 一般采用列举法先确定 Z 的全部可能取值 $z_k(k=1,2,\cdots)$, 再进一步确定 $P(Z=z_k)(k=1,2,\cdots)$. 下面以实例来说明, 注意体会其中的技巧.

例 3.7　设随机变量 (X,Y) 的分布律为

X \ Y	1	2	3	4
0	0.02	0.05	0.06	0.07
1	0.04	0.09	0.07	0.09
2	0.05	0.06	0.06	0.08
3	0.04	0.05	0.08	0.09

求: (1) $Z=XY$ 的分布律; (2) $U=\min\{X,Y\}$ 的分布律.

解　(1) 先求 Z 的全部可能值

Z \ Y, X	1	2	3	4
0	0	0	0	0
1	1	2	3	4
2	2	4	6	8
3	3	6	9	12

由以上表知, Z 的可能值为 $0,1,2,3,4,6,8,9,12$; (X,Y) 的每一数对 (x_i,y_j) 对应一个 Z 的取值, 其概率恰好为 p_{ij}, 将 Z 取相同值对应的概率相加就得到 Z 的分布律. 如:

$$P(Z=0)=P(X=0,Y=1)+P(X=0,Y=2)+P(X=0,Y=3)$$
$$+P(X=0,Y=4)$$
$$=0.02+0.05+0.06+0.07=0.2.$$

于是, Z 的分布律为

Z	0	1	2	3	4	6	8	9	12
P	0.2	0.04	0.14	0.11	0.15	0.11	0.08	0.08	0.09

(2) 同样方法可求得 U 的可能值为 $0,1,2,3$, 其分布律为

U	0	1	2	3
P	0.2	0.38	0.25	0.17

例 3.8   设 X,Y 相互独立,分别服从参数为 λ_1 和 λ_2 的泊松分布,求 $Z=X+Y$ 的分布律.

解   显然,Z 的可能值 $k=0,1,2,\cdots$;

$$P(Z=k)=P(X+Y=k)=\sum_{i=0}^{k}P(X=i,Y=k-i)$$

$$=\sum_{i=0}^{k}P(X=i)P(Y=k-i)$$

$$=\sum_{i=0}^{k}\frac{\lambda_1^i\mathrm{e}^{-\lambda_1}}{i!}\cdot\frac{\lambda_2^{k-i}\mathrm{e}^{-\lambda_2}}{(k-i)!}=\frac{\mathrm{e}^{-(\lambda_1+\lambda_2)}}{k!}\sum_{i=0}^{k}\frac{k!}{i!(k-i)!}\lambda_1^i\lambda_2^{k-i}$$

$$=\frac{(\lambda_1+\lambda_2)^k}{k!}\mathrm{e}^{-(\lambda_1+\lambda_2)},\quad k=0,1,2,\cdots. \tag{3.27}$$

从结果看出,Z 服从参数为 $\lambda_1+\lambda_2$ 的泊松分布.

从本题得出结论:两个服从泊松分布的独立的随机变量,其和仍服从泊松分布,其参数为两参数之和.这个性质称为随机变量分布的可加性,常见的二项分布、正态分布及数理统计中常用的 χ^2 分布都具有此性质.

2. 二维连续型随机变量函数的分布

已知 (X,Y) 的分布,求两随机变量之和 $Z=X+Y$ 的分布是本节讨论的重要内容.下面我们推导一个求两连续型随机变量之和分布的一个一般公式.

设 (X,Y) 的联合密度为 $p(x,y)$,$Z=X+Y$.为了确定 Z 的分布,我们考虑 Z 的分布函数

$$F_Z(z)=P(Z\leqslant z)=P(X+Y\leqslant z).$$

由公式(3.11)及图 3.5 知

$$F_Z(z)=\iint\limits_{x+y\leqslant z}p(x,y)\mathrm{d}x\mathrm{d}y=\int_{-\infty}^{+\infty}\left[\int_{-\infty}^{z-x}p(x,y)\mathrm{d}y\right]\mathrm{d}x$$

$$\xrightarrow{\ \ \diamondsuit\ y=u-x\ \ }\int_{-\infty}^{+\infty}\left[\int_{-\infty}^{z}p(x,u-x)\mathrm{d}u\right]\mathrm{d}x$$

$$=\int_{-\infty}^{z}\left[\int_{-\infty}^{+\infty}p(x,u-x)\mathrm{d}x\right]\mathrm{d}u.$$

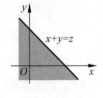

图 3.5

故 Z 的概率密度

$$p_Z(z)=\int_{-\infty}^{+\infty}p(x,z-x)\mathrm{d}x. \tag{3.28}$$

同理可得

$$p_Z(z)=\int_{-\infty}^{+\infty}p(z-y,y)\mathrm{d}y. \tag{3.29}$$

当 X,Y 相互独立时,则有

$$p_Z(z) = \int_{-\infty}^{+\infty} p_X(x) p_Y(z-x) \mathrm{d}x, \tag{3.30}$$

$$p_Z(z) = \int_{-\infty}^{+\infty} p_X(z-y) p_Y(y) \mathrm{d}y. \tag{3.31}$$

上两式称为**卷积公式**.

例 3.9 设随机变量 X,Y 相互独立.已知 X 服从 $(0,1)$ 区间上的均匀分布,Y 服从参数为 1 的指数分布.求 $Z=X+Y$ 的概率密度.

解 由题设,X 与 Y 的概率密度分别为

$$p_X(x) = \begin{cases} 1, & 0 < x < 1, \\ 0, & \text{其他}; \end{cases} \qquad p_Y(y) = \begin{cases} \mathrm{e}^{-y}, & y > 0, \\ 0, & y \leqslant 0. \end{cases}$$

因为 X 与 Y 相互独立,可直接利用卷积公式 (3.30) 求 Z 的密度 $p_Z(z)$.

$$p_Z(z) = \int_{-\infty}^{+\infty} p_X(x) p_Y(z-x) \mathrm{d}x.$$

显然,上式中的被积函数 $p_X(x) p_Y(z-x)$ 不等于 0 当且仅当 x 满足

$$\begin{cases} 0 < x < 1, \\ z - x > 0, \end{cases} \quad \text{即} \quad \begin{cases} 0 < x < 1, \\ x < z. \end{cases}$$

满足上述条件的点 (x,z) 的变化区域如图 3.6 所示.

于是,当 $z<0$ 时,$p_Z(z)=0$;当 $0 \leqslant z < 1$ 时,

$$p_Z(z) = \int_0^z \mathrm{e}^{-(z-x)} \mathrm{d}x = 1 - \mathrm{e}^{-z}.$$

当 $z \geqslant 1$ 时,$p_Z(z) = \int_0^1 \mathrm{e}^{-(z-x)} \mathrm{d}x = (\mathrm{e}-1)\mathrm{e}^{-z}$.所以

$$p_Z(z) = \begin{cases} 0, & z < 0, \\ 1 - \mathrm{e}^{-z}, & 0 \leqslant z < 1, \\ (\mathrm{e}-1)\mathrm{e}^{-z}, & z \geqslant 1. \end{cases}$$

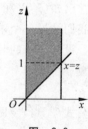

图 3.6

例 3.10 设随机变量 X,Y 相互独立,且分别服从正态分布 $N(\mu_1, \sigma_1^2)$ 和 $N(\mu_2, \sigma_2^2)$. 证明:$Z=X+Y$ 服从正态分布 $N(\mu_1+\mu_2, \sigma_1^2+\sigma_2^2)$.

＊证 由正态变量的概率密度及卷积公式 (3.30) 有

$$p_Z(z) = \int_{-\infty}^{+\infty} p_X(x) p_Y(z-x) \mathrm{d}x = \frac{1}{2\pi\sigma_1\sigma_2} \int_{-\infty}^{+\infty} \mathrm{e}^{-\frac{1}{2}\left[\frac{(x-\mu_1)^2}{\sigma_1^2} + \frac{(z-x-\mu_2)^2}{\sigma_2^2}\right]} \mathrm{d}x$$

$$\xrightarrow[\frac{z-\mu_1-\mu_2}{\sigma_1}=u]{令 \frac{x-\mu_1}{\sigma_1}=t} \frac{1}{2\pi\sigma_2} \int_{-\infty}^{+\infty} \mathrm{e}^{-\frac{1}{2}\left[t^2 + \frac{(u-\sigma_1 t)^2}{\sigma_2^2}\right]} \mathrm{d}t = \frac{1}{2\pi\sigma_2} \int_{-\infty}^{+\infty} \mathrm{e}^{-\frac{\sigma_1^2+\sigma_2^2}{2\sigma_2^2}\left[t^2 - \frac{2\sigma_1 u}{\sigma_1^2+\sigma_2^2}t + \frac{u^2}{\sigma_1^2+\sigma_2^2}\right]} \mathrm{d}t$$

$$= \frac{1}{2\pi\sigma_2} e^{-\frac{u^2}{2(\sigma_1^2+\sigma_2^2)}} \int_{-\infty}^{+\infty} e^{-\frac{\sigma_1^2+\sigma_2^2}{2\sigma_2^2}\left[t-\frac{\sigma_1 u}{\sigma_1^2+\sigma_2^2}\right]^2} dt$$

$$\xrightarrow{\text{代入 } u=z-\mu_1-\mu_2} \frac{1}{\sqrt{2\pi}} \frac{1}{\sqrt{\sigma_1^2+\sigma_2^2}} e^{-\frac{(z-\mu_1-\mu_2)^2}{2(\sigma_1^2+\sigma_2^2)}}.$$

由此可知，$Z=X+Y\sim N(\mu_1+\mu_2,\sigma_1^2+\sigma_2^2)$.

由例 2.20 知，若 $X\sim N(\mu,\sigma^2)$ 且 $a\neq0$，则 $aX\sim N(a\mu,a^2\sigma^2)$. 进而将例 3.10 的结论推广到 n 个独立随机变量的情形，可得到下述结论：

设 $X_1,X_2,\cdots,X_n$ 相互独立，$X_i\sim N(\mu_i,\sigma_i^2)$，则它们的**线性函数** $Y=\sum\limits_{i=1}^{n} a_i X_i$（$a_i$ 不全为零）服从正态分布 $N\left(\sum\limits_{i=1}^{n} a_i\mu_i, \sum\limits_{i=1}^{n} a_i^2\sigma_i^2\right)$.

前面推导了两随机变量之和 $Z=X+Y$ 的分布，其推导方法具有普遍意义，是解决一般情况下函数 $Z=f(X,Y)$ 分布的主要方法. 同一维情形类似，仍通过分布函数进行分析，所以也称为"分布函数法". 现将其主要步骤归纳如下：

(1) 为求 $Z=f(X,Y)$ 的概率密度 $p_Z(z)$，先求 Z 的分布函数
$$F_Z(z) = P(Z\leqslant z);$$

(2) 将 $Z\leqslant z$ 化为 (X,Y) 落在某区域上的概率
$$F_Z(z) = P(f(X,Y)\leqslant z) = \iint\limits_{f(x,y)\leqslant z} p(x,y)dxdy;$$

(3) 对 $-\infty<z<+\infty$ 求上述积分，即求出 Z 的分布函数，也可采用变量代换、交换积分次序等步骤，将积分化为如下形式：
$$F_Z(z) = \int_{-\infty}^{z} \varphi(u)du;$$

(4) 对 $F_Z(z)$ 求导，得到概率密度 $p_Z(z)$.

下面利用这种方法，计算两个重要的例子.

例 3.11　设 X,Y 相互独立且服从相同的分布 $N(0,1)$，求 $Z=\sqrt{X^2+Y^2}$ 的概率密度.

解　由题意，(X,Y) 的联合密度 $p(x,y)=\frac{1}{2\pi}e^{-\frac{x^2+y^2}{2}}$.

先求 Z 的分布函数 $F_Z(z)$. 显然，当 $z\leqslant0$ 时，$F_Z(z)=0$；当 $z>0$ 时，

$$F_Z(z) = P(Z\leqslant z) = P\left(\sqrt{X^2+Y^2}\leqslant z\right) = \iint\limits_{\sqrt{x^2+y^2}\leqslant z} \frac{1}{2\pi}e^{-\frac{x^2+y^2}{2}}dxdy.$$

做极坐标变换 $x=r\cos\theta,y=r\sin\theta(r\geqslant0,0\leqslant\theta<2\pi)$，因此

$$F_Z(z) = \int_0^{2\pi}d\theta\int_0^z \frac{1}{2\pi}e^{-\frac{r^2}{2}}rdr = \int_0^z re^{-\frac{r^2}{2}}dr,$$

所以
$$p_Z(z) = \begin{cases} z\mathrm{e}^{-\frac{z^2}{2}}, & z > 0, \\ 0, & z \leqslant 0. \end{cases}$$

这个分布称为**瑞利(Reyleigh)分布**.

例 3.12 设电子仪器由两个相互独立的电子装置 L_1 及 L_2 组成,组成方式有两种: (1)L_1 与 L_2 串联;(2) L_1 与 L_2 并联.已知 L_1,L_2 的寿命 X 与 Y 分别服从参数为 λ_1 和 λ_2 ($\lambda_1 > 0$,$\lambda_2 > 0$)的指数分布.试在两种连接方式下分别求出仪器寿命 Z 的概率密度.

解 由题意,X,Y 的分布函数分别为
$$F_X(x) = \begin{cases} 1-\mathrm{e}^{-\lambda_1 x}, & x > 0, \\ 0, & x \leqslant 0, \end{cases} \quad \text{及} \quad F_Y(y) = \begin{cases} 1-\mathrm{e}^{-\lambda_2 y}, & y > 0, \\ 0, & y \leqslant 0. \end{cases}$$

(1) 串联情形

由于 L_1,L_2 有一个损坏时,仪器就停止工作,所以仪器的寿命
$$Z = \min\{X, Y\}.$$

先求 Z 的分布函数:
$$\begin{aligned} F_Z(z) &= P(Z \leqslant z) = P(\min\{X, Y\} \leqslant z) = 1 - P(\min\{X, Y\} > z) \\ &= 1 - P(X > z, Y > z) = 1 - P(X > z)P(Y > z) \\ &= 1 - [1 - F_X(z)][1 - F_Y(z)] \\ &= \begin{cases} 1-\mathrm{e}^{-\lambda_1 z}\mathrm{e}^{-\lambda_2 z} = 1 - \mathrm{e}^{-(\lambda_1 + \lambda_2)z}, & z > 0, \\ 1 - 1 \times 1 = 0, & z \leqslant 0. \end{cases} \end{aligned}$$

再求 Z 的概率密度:
$$p_Z(z) = \begin{cases} (\lambda_1 + \lambda_2)\mathrm{e}^{-(\lambda_1 + \lambda_2)z}, & z > 0, \\ 0, & z \leqslant 0. \end{cases}$$

即 $Z = \min\{X, Y\}$ 服从参数为 $\lambda_1 + \lambda_2$ 的指数分布.

(2) 并联情形

由于当且仅当 L_1,L_2 都损坏时,仪器才停止工作,所以仪器的寿命 $Z = \max\{X, Y\}$.
$$\begin{aligned} F_Z(z) &= P(\max\{X, Y\} \leqslant z) = P(X \leqslant z, Y \leqslant z) = P(X \leqslant z)P(Y \leqslant z) \\ &= F_X(z)F_Y(z) = \begin{cases} (1-\mathrm{e}^{-\lambda_1 z})(1-\mathrm{e}^{-\lambda_2 z}), & z > 0, \\ 0, & z \leqslant 0. \end{cases} \end{aligned}$$

于是 Z 的概率密度
$$p_Z(z) = \begin{cases} \lambda_1\mathrm{e}^{-\lambda_1 z} + \lambda_2\mathrm{e}^{-\lambda_2} - (\lambda_1 + \lambda_2)\mathrm{e}^{-(\lambda_1 + \lambda_2)z}, & z > 0, \\ 0, & z \leqslant 0. \end{cases}$$

习题 3

3.1 袋中装有 4 个球,分别标有号码 1,2,3,4,每次从中任取一个,不放回地抽取两次,记 X,Y 分别表示两次取到的球的号码的最小值与最大值,求 (X,Y) 的联合分布律和关于 X,Y 的边缘分布律.

3.2 将 3 封信随机地投入印有标号为 Ⅰ、Ⅱ、Ⅲ、Ⅳ 的 4 个邮筒内.设 X_i 表示第 i 个邮筒内信的数目($i=1,2$),写出 (X_1,X_2) 的联合分布.

3.3 袋中装有两个红球一个白球,甲、乙各分别有放回地任取两次,每次一球,以 X,Y 分别表示甲、乙取到的红球数.求:(1)(X,Y) 的联合分布;(2)甲、乙取到的红球数相等的概率;(3)甲取到的红球数比乙多的概率.

3.4 掷硬币 3 次.正面出现次数记为 X,正面出现次数与反面出现次数之差的绝对值记为 Y.求 (X,Y) 的联合分布律及边缘分布律.

3.5 考虑一列独立伯努利试验,每次试验成功的概率为 p,失败的概率为 $q=1-p(0<p<1)$.以 X,Y 分别表示首次成功和首次失败所需试验次数,求 (X,Y) 的联合分布和边缘分布.

3.6 设

$$(X,Y) \sim p(x,y) = \begin{cases} cy(1-x), & 0 \leqslant x \leqslant 1, 0 \leqslant y \leqslant x, \\ 0, & \text{其他.} \end{cases}$$

求:(1)c;(2)关于 X,关于 Y 的边缘密度.

3.7 设

$$(X,Y) \sim p(x,y) = \begin{cases} e^{-y}, & 0 < x < y < +\infty, \\ 0, & \text{其他.} \end{cases}$$

求:(1)$p_X(x)$;(2)$P(X+Y \leqslant 1)$.

3.8 设

$$(X,Y) \sim p(x,y) = \frac{A}{(1+x^2)(1+y^2)} \quad (x,y > 0).$$

求:(1)常数 A;(2)联合分布函数和两个边缘分布函数.

3.9 某仪器由两个部件构成,X,Y 分别表示两个部件的寿命(单位:kh).已知 (X,Y) 的联合分布函数

$$F(x,y) = \begin{cases} 1 - e^{-0.5x} - e^{-0.5y} + e^{-0.5(x+y)}, & x \geqslant 0, y \geqslant 0, \\ 0, & \text{其他.} \end{cases}$$

求:(1)边缘分布函数;(2)联合密度函数和边缘密度函数;(3)两部件寿命都超过 100h

的概率.

　　3.10　设 (X,Y) 在由曲线 $y=2x-x^2$ 与 x 轴所围区域 D 上服从均匀分布. 求：(1)(X,Y) 的联合概率密度；(2)关于 X,Y 的边缘概率密度；(3)$P(X\leqslant Y)$.

　　*3.11　在习题 3.1 及习题 3.2 中，求 $X=1$ 时，关于 Y 的条件分布.

　　*3.12　已知 X 服从参数为 $p=0.6$ 的 0-1 分布，在 $X=0$ 及 $X=1$ 的条件下，关于 Y 的条件分布由下表给出：

Y	1	2	3
$P(Y=y_j\mid X=0)$	1/4	1/2	1/4
$P(Y=y_j\mid X=1)$	1/2	1/6	1/3

求：(1)(X,Y) 的联合分布；(2)在 $Y\neq1$ 的条件下关于 X 的条件分布.

　　*3.13　设 (X,Y) 的概率密度为

$$p(x,y)=\begin{cases}1,&|y|<x,0<x<1,\\0,&其他,\end{cases}$$

求条件概率密度.

　　*3.14　设 X 关于 Y 的条件概率密度为

$$p_{X\mid Y}(x\mid y)=\begin{cases}\dfrac{3x^2}{y^3},&0<x<y,\\0,&其他,\end{cases}$$

而 Y 的概率密度

$$p_Y(y)=\begin{cases}5y^4,&0<y<1,\\0,&其他.\end{cases}$$

求：(1)关于 (X,Y) 的联合概率密度；(2)$P(X>1/2)$.

　　3.15　判断习题 3.3、3.4、3.5 各题中随机变量 X 与 Y 是否独立？

　　3.16　判断习题 3.8、3.9、3.10 各题中随机变量 X 与 Y 是否独立？

　　3.17　设 (X,Y) 的概率密度为

$$p(x,y)=\begin{cases}8xy,&0\leqslant x<y<1,\\0,&其他,\end{cases}$$

问 X 与 Y 是否独立？

　　3.18　设随机变量 (X,Y) 服从 D 上的均匀分布，D 分别为下面给出的区域：

　　(1) $D=\{(x,y)\mid -1\leqslant x\leqslant 1,1\leqslant y\leqslant 2\}$；(2) $D=\{(x,y)\mid x^2+y^2\leqslant 2y\}$.

试判断 X 与 Y 是否独立.

　　3.19　设 X 与 Y 相互独立且分别服从参数为 3 和 4 的指数分布. 求：(1)(X,Y) 的联

合分布密度及分布函数；(2)$P(X<1,Y<1)$；(3)(X,Y)落在区域 D：$x>0,y>0,3x+4y<3$ 内的概率.

3.20 设随机变量 X 与 Y 相互独立，X 在 $(0,2)$ 区间上服从均匀分布，Y 服从参数为 1 的指数分布. 求：(1)$P(-1<X<1,0<Y<2)$；(2)$P(X+Y>1)$.

3.21 若 (X,Y) 的分布律如下表所示：

X\Y	1	2	3
1	$\frac{1}{6}$	$\frac{1}{9}$	$\frac{1}{18}$
2	$\frac{1}{3}$	α	β

则 α,β 应满足的条件是_____，若 X,Y 独立，则 $\alpha=$_____，$\beta=$_____.

3.22 设 X,Y 是相互独立且服从同一分布的两个离散型随机变量，已知 X 的分布律为 $P(X=i)=\frac{1}{3},i=1,2,3.$ 若记 $\xi=\max\{X,Y\},\eta=\min\{X,Y\}$，试求 (ξ,η) 的联合分布律.

3.23 设随机变量 X 与 Y 相互独立，$P(X=n)=a_n,P(Y=n)=b_n,n=0,1,2,\cdots,$ $Z=X+Y$，求 Z 的分布律.

3.24 设随机变量 X 与 Y 相互独立，且 $X\sim B(n,p),Y\sim B(m,p)$，求 $X+Y$ 的分布律.

3.25 设随机变量 X 与 Y 独立同分布，共同分布密度为
$$p(x)=\begin{cases}\mathrm{e}^{-x},&x>0,\\0,&x\leqslant0.\end{cases}$$
求 $Z=X+Y$ 的概率分布.

3.26 设随机变量 X 与 Y 相互独立且都服从 $(0,1)$ 区间上的均匀分布，求 $Z=X+Y$ 的概率分布.

3.27 在一简单电路中，两电阻 R_1 和 R_2 串联连接. 设 R_1 和 R_2 相互独立且服从同一分布，它们的概率密度为
$$p(x)=\begin{cases}\dfrac{10-x}{50},&0\leqslant x\leqslant10,\\0,&\text{其他}.\end{cases}$$
求 $R=R_1+R_2$ 的概率密度.

3.28 设 (X,Y) 的概率密度为

$$p(x,y) = \begin{cases} 3x, & 0 < y < x, 0 < x < 1, \\ 0, & \text{其他.} \end{cases}$$

求 $U = X + Y$ 及 $V = X - Y$ 的概率密度.

3.29   设 (X,Y) 的概率密度为

$$p(x,y) = \begin{cases} 2\mathrm{e}^{-(x+2y)}, & x > 0, y > 0, \\ 0, & \text{其他.} \end{cases}$$

求 $Z = X + 2Y$ 的分布函数.

3.30   假设一电路有 3 个同种电气元件,其工作状态相互独立,且无故障工作时间都服从参数为 $\lambda > 0$ 的指数分布,当 3 个元件都无故障时,电路正常工作,否则整个电路不能正常工作,试求电路正常工作的时间 T 的概率分布.

第 4 章
随机变量的数字特征

在前两章中,我们看到随机变量的概率分布完整地描述了随机变量的统计规律性.进一步分析发现,尽管随机变量的分布详细地指出了随机变量取值的概率分布情况,却不能简单明了地指出随机变量取值的某些特点,而且在许多实际问题中,有时并不需要全面了解随机变量的变化情况,而只需知道一些能集中、概括地反映随机变量取值特征的综合性指标,例如,在评价某地区粮食产量的水平时,通常只需知道该地区粮食的平均产量;在考察城市的交通状况时,人们关心户均拥有汽车的辆数等.这就是本章所要介绍的随机变量的数字特征,主要有数学期望、方差、协方差和相关系数等.

4.1 数学期望

1. 离散型随机变量的数学期望

先看一个实例.某单位欲购一台复印机.在其他条件相同的情况下,自然希望产品越可靠越好,也就是发生故障次数越少越好.现知一种牌号的复印机,有关部门曾在出厂产品中抽取 100 台进行检测,得其每复印千张故障次数如下表:

故障次数 x_k	0	1	2	3
台数 μ_k	67	26	5	2

试问这种牌号的复印机质量如何?

复印机每复印千张发生故障次数 X 是一个随机变量.从理论上讲,它可以取值 $0,1,2,\cdots$. 上表列出了它取的 4 个值及在 $N=100$ 次观察中分别取这 4 个值的次数.要评价这种牌号复印机的质量,自然要问:这种牌号复印机每复印千张的平均故障次数是多少? 即随机变量 X 的平均值是什么? 由上表提供的信息可计算出这 100 台复印机平均故障次数为

$$\bar{x} = \sum_k x_k \frac{\mu_k}{N} = \frac{1}{100}(0 \times 67 + 1 \times 26 + 2 \times 5 + 3 \times 2) = 0.42.$$

式中 $\dfrac{\mu_k}{N}$ 为 $N(100)$ 次观察中每复印千张故障次数 X 取值 $x_k(x_k=0,1,2,3)$ 的频率,即

$$f_N(X=x_k)=\frac{\mu_k}{N}.$$

显然,上面计算的 $\bar{x}$ 可作为随机变量 X 平均值的近似值. 由于当 N 增大时,频率 $f_N(X=x_k)$ 逐渐稳定于概率 $P(X=x_k)=p_k$,因而 N 增大时,算术平均值 $\bar{x}$ 必逐渐稳定于数值 $\sum\limits_k x_k p_k$,$\bar{x}$ 是随试验结果而改变的,而 $\sum\limits_k x_k p_k$ 是个常数,不随试验结果而改变,因此它描述了随机变量 X 取值的平均水平,这就是我们要引入的数学期望的概念.

定义 4.1   设离散型随机变量的分布律为 $P(X=x_i)=p_i(i=1,2,\cdots)$,若级数 $\sum\limits_{i=1}^{\infty} x_i p_i$ 绝对收敛,则称该级数为 X 的**数学期望**或**均值**,记为 EX,即

$$EX=\sum_{i=1}^{\infty} x_i p_i. \tag{4.1}$$

若级数 $\sum\limits_{i=1}^{\infty} |x_i| p_i$ 发散,则称 X 的数学期望不存在.

从定义中可以看出,离散型随机变量 X 的数学期望是 X 取的一切值与相应概率乘积的总和,也就是以概率为权数的加权平均值. 它描述了随机变量取值的平均水平. 其中的绝对收敛条件是为了保证 $\sum\limits_{i=1}^{\infty} x_i p_i$ 的收敛性及其和不受 x_i 次序改变的影响.

例 4.1   甲、乙两工人一个月中所出废品件数的概率分布如下表所示,设两人月产量相等,试问谁的技术较高?

甲 工 人				乙 工 人				
X	0	1	2	3	Y	0	1	2	3
P	0.3	0.3	0.2	0.2	P	0.3	0.5	0.2	0

解 $EX=0\times0.3+1\times0.3+2\times0.2+3\times0.2=1.3.$

$EY=0\times0.3+1\times0.5+2\times0.2+3\times0=0.9.$

这表明,从每月出的平均废品数看,乙工人的技术比甲工人好.

随机变量的数学期望由其概率分布惟一确定,因此也常称某一分布的数学期望.

下面来计算一些常用的离散型分布的期望值.

(1) 0-1 分布

$$P(X=1)=p, \quad P(X=0)=1-p \quad (0<p<1).$$
$$EX=0\times(1-p)+1\times p=p.$$

(2) 二项分布

$$P(X=k)=C_n^k p^k q^{n-k} \quad (k=0,1,2,\cdots,n).$$

$$EX = \sum_{k=0}^{n} k C_n^k p^k q^{n-k} = \sum_{k=1}^{n} k \frac{n!}{k!(n-k)!} p^k q^{n-k}$$

$$= np \sum_{k-1=0}^{n-1} \frac{(n-1)!}{(k-1)![(n-1)-(k-1)]!} p^{k-1} q^{(n-1)-(k-1)}$$

$$= np(p+q)^{n-1} = np. \tag{4.2}$$

（3）泊松分布

$$P(X = k) = \frac{\lambda^k}{k!} e^{-\lambda} \quad (k = 0,1,2,\cdots).$$

$$EX = \sum_{k=0}^{\infty} k \frac{\lambda^k}{k!} e^{-\lambda} = \lambda e^{-\lambda} \sum_{k=1}^{\infty} \frac{\lambda^{k-1}}{(k-1)!} = \lambda e^{-\lambda} e^{\lambda} = \lambda, \tag{4.3}$$

即泊松分布的参数 λ 就是其期望值.

（4）几何分布

$$P(X = k) = q^{k-1} p \quad (k = 1,2,\cdots).$$

$$EX = \sum_{k=1}^{\infty} k q^{k-1} p = p(1 + 2q + 3q^2 + \cdots) = p(q + q^2 + q^3 + \cdots)'$$

$$= p\left(\frac{q}{1-q}\right)' = p \frac{1}{(1-q)^2} = \frac{1}{p}. \tag{4.4}$$

2. 连续型随机变量的数学期望

设连续型随机变量 X 的概率密度为 $p(x)$，取分点 $-\infty = x_0 < x_1 < \cdots < x_{n+1} = +\infty$，则 X 落在 $[x_i, x_{i+1})(0 \leqslant i \leqslant n)$ 中的概率近似等于 $p(x_i)(x_{i+1} - x_i)$，因此 X 与以概率 $p(x_i)(x_{i+1} - x_i)$ 取值 x_i 的离散型随机变量近似，而此离散型随机变量的数学期望是 $\sum_i x_i p(x_i)(x_{i+1} - x_i)$，它当然可以作为 X 的数学期望的一个近似值. 在一定条件下，当 $n \to \infty, x_{i+1} - x_i \to 0$ 时，上述和式的极限为积分 $\int_{-\infty}^{+\infty} x p(x) \mathrm{d}x$. 于是连续型随机变量的数学期望可定义如下.

定义 4.2 设连续型随机变量 X 的概率密度为 $p(x)$，若积分 $\int_{-\infty}^{+\infty} x p(x) \mathrm{d}x$ 绝对收敛，则称该积分为 X 的**数学期望**或**均值**，记为 EX，即

$$EX = \int_{-\infty}^{+\infty} x p(x) \mathrm{d}x. \tag{4.5}$$

若积分 $\int_{-\infty}^{+\infty} |x| p(x) \mathrm{d}x$ 发散，则称 X 的数学期望不存在.

下面计算一些常用的连续型分布的期望值.

（1）均匀分布

设 $X \sim U[a,b]$，则

$$EX = \int_{-\infty}^{+\infty} xp(x)\mathrm{d}x = \int_a^b x\,\frac{1}{b-a}\mathrm{d}x = \frac{a+b}{2}, \tag{4.6}$$

即均匀分布的均值为 $[a,b]$ 的中点.

（2）指数分布

设 $X \sim e(\lambda)$，则

$$EX = \int_{-\infty}^{+\infty} xp(x)\mathrm{d}x = \int_0^{+\infty} x\lambda\,\mathrm{e}^{-\lambda x}\mathrm{d}x = -\int_0^{+\infty} x\mathrm{d}\mathrm{e}^{-\lambda x}$$

$$= \int_0^{+\infty} \mathrm{e}^{-\lambda x}\mathrm{d}x = \frac{1}{\lambda}. \tag{4.7}$$

（3）正态分布

设 $X \sim N(\mu,\sigma^2)$，则

$$EX = \int_{-\infty}^{+\infty} x\,\frac{1}{\sqrt{2\pi}\,\sigma}\mathrm{e}^{-\frac{(x-\mu)^2}{2\sigma^2}}\mathrm{d}x \xrightarrow{\;\;\diagup t = \frac{x-\mu}{\sigma}\;\;} \int_{-\infty}^{+\infty} \frac{\mu+\sigma t}{\sqrt{2\pi}}\mathrm{e}^{-\frac{t^2}{2}}\mathrm{d}t$$

$$= \mu\int_{-\infty}^{+\infty} \frac{1}{\sqrt{2\pi}}\mathrm{e}^{-\frac{t^2}{2}}\mathrm{d}t + \frac{\sigma}{\sqrt{2\pi}}\int_{-\infty}^{+\infty} t\mathrm{e}^{-\frac{t^2}{2}}\mathrm{d}t = \mu, \tag{4.8}$$

即正态分布中的参数 μ 恰是该分布的均值.

（4）柯西分布

设 $X \sim p(x) = \dfrac{1}{\pi(1+x^2)}$，由于

$$\int_{-\infty}^{+\infty} |x|\,\frac{1}{\pi(1+x^2)}\mathrm{d}x = 2\int_0^{+\infty} \frac{x\mathrm{d}x}{\pi(1+x^2)} = \frac{1}{\pi}\ln(1+x^2)\Big|_0^{+\infty} = +\infty.$$

故柯西分布期望不存在.

3. 应用实例

在许多研究领域及日常生活中，数学期望都以其"平均值"的直观含义得到人们广泛的应用. 下面看几个简单例子.

例 4.2（彩券） 某公司发行彩券 10 万张，每张 1 元. 设一等奖 1 个，奖金 1 万元；二等奖 2 个，奖金各 5000 元；三等奖 10 个，奖金各 1000 元；四等奖 100 个，奖金各 100 元；五等奖 1000 个，奖金各 10 元. 求每张彩券的获奖期望值.

解 设任一张彩券得奖的概率是相同的. 以 X 表示一张彩券得奖金额，则 X 的分布律为

X	10000	5000	1000	100	10	0
P	$\dfrac{1}{10^5}$	$\dfrac{2}{10^5}$	$\dfrac{10}{10^5}$	$\dfrac{100}{10^5}$	$\dfrac{1000}{10^5}$	*

$$EX = 10000 \times \frac{1}{10^5} + 5000 \times \frac{2}{10^5} + 1000 \times \frac{10}{10^5} + 100 \times \frac{100}{10^5} + 10 \times \frac{1000}{10^5}$$

$$= \frac{1}{10} + \frac{1}{10} + \frac{1}{10} + \frac{1}{10} + \frac{1}{10} = 0.5.$$

即付出 1 元,平均能收回一半.因此在我国,只有收益用于公益事业的彩券才允许发行.

例 4.3(保险) 某保险公司规定,如果在一年内顾客投保的事件 A 发生,保险公司就赔偿顾客 a(元).若一年内事件 A 发生的概率为 p,为使公司收益的期望值等于 a 的 10%,问该公司应该要求顾客交多少保险费?

解 设顾客应交保险费 m(元),公司在一个投保人身上所得的收益为 X(元),则 X 是一个随机变量,其分布如下:

X	m	$m-a$
P	$1-p$	p

公司期望收益

$$EX = m(1-p) + (m-a)p = m - ap,$$

由题设 $EX = a \times 10\% = a/10$,解得 $m = a\left(p + \frac{1}{10}\right)$.

* **例 4.4**(奖卡收集) 食品厂把印有各种图案的小卡片作为赠券装入某种儿童食品袋中,每袋一卡,共有 N 种不同卡片.假定装有各种不同类型卡片的袋子是均匀混合的,试求平均购买多少袋这样的食品,才能凑齐一整套卡片?

解 这个问题可设计成这样一个模型:设一个盒子内装有标号为 $1 \sim N$ 的 N 张不同的卡片,每次独立地从盒中取一张,看后放回,并记录取出卡片的标号,问题即为平均需抽多少次才能抽齐这 N 张不同的卡片.

设 $X_k (k=1,2,\cdots,N)$ 表示已取得 $k-1$ 张不同花色卡片后为获得第 k 张新卡片所需的抽取次数,若记每次抽取成功的概率为 p_k,则 X_k 服从几何分布,且由几何分布的期望知,取得第 k 张新卡片的期望次数为 $EX_k = \frac{1}{p_k} (k=1,2,\cdots,N)$,从而取得所有 N 张不同卡片的期望次数(记为 M)为

$$M = \frac{1}{p_1} + \frac{1}{p_2} + \cdots + \frac{1}{p_N}.$$

下面计算各 p_k. X_1 表示抽得第一张新卡片所需抽取次数,因第一次抽到的总是新的,故一次抽取成功的概率 $p_1 = 1$;X_2 表示抽得第一张新卡片后为得到第二张新卡片所需抽取次数,因为此时 N 张卡片中 $N-1$ 张是新的,故一次抽取成功的概率 $p_2 = \frac{N-1}{N}$;同样,在收集到两张新卡片后,第三张新卡片一次抽取成功的概率 $p_3 = \frac{N-2}{N}$.依次类推,

在取得 $k-1$ 张新卡片后,一次取得第 k 张新卡片的概率 $p_k=\dfrac{N-k+1}{N}(k=1,2,\cdots,N)$.
代入上面的计算公式,得

$$M=\frac{N}{N}+\frac{N}{N-1}+\cdots+\frac{N}{N-k+1}+\cdots+\frac{N}{1}=N\left(1+\frac{1}{2}+\frac{1}{3}+\cdots+\frac{1}{N}\right).$$

当 $N=20$ 时,$M\approx72$. 当 N 足够大时,由近似公式

$$1+\frac{1}{2}+\frac{1}{3}+\cdots+\frac{1}{N}-\ln N\approx C=0.5772\cdots \quad \text{(欧拉常数)}$$

可得 $M\approx N(\ln N+C)$.

当 $N=100$ 时,$M\approx100(\ln100+0.5772)=518$.

由此可见,期望次数随着 N 的增大而快速增加. 即使厂家没有故意让某些卡片少一些,只要 N 足够大,要收集到整套卡片还是相当困难的.

4.2 期望的性质与随机变量函数的期望

1. 期望的性质

随机变量的数学期望具有以下性质:

性质 1 $EC=C$,其中 C 为常数.   (4.9)

性质 2 $E(kX)=kEX$,其中 k 为常数.

性质 3 $E(X+Y)=EX+EY$.

推论 1 $E(aX+b)=aEX+b$,其中 a,b 为常数.   (4.10)

推论 2 $E(X_1+X_2+\cdots+X_n)=EX_1+EX_2+\cdots+EX_n$.   (4.11)

性质 4   若 X,Y 相互独立,则

$$E(XY)=EXEY.$$ (4.12)

推论   若 $X_1,X_2,\cdots,X_n$ 相互独立,则

$$E(X_1X_2\cdots X_n)=EX_1EX_2\cdots EX_n.$$ (4.13)

在上面各性质中,假设数学期望都存在.

证   在性质 1 中,将 C 看成一个离散型随机变量,它只有一个可能值 C,概率为 1. 于是

$$EC=C\cdot1=C.$$

性质 2 中,当 $k=0$ 时显然成立. 对于 $k\neq0$ 的情形,设 X 是连续型随机变量(请读者证明离散型的情形),其概率密度为 $p(x)$,容易看出,随机变量 $Y=kX$ 的概率密度 $p_Y(y)=\dfrac{1}{|k|}p\left(\dfrac{y}{k}\right)$. 于是

$$E(kX)=\int_{-\infty}^{+\infty}yp_Y(y)\mathrm{d}y=\int_{-\infty}^{+\infty}y\frac{1}{|k|}p\left(\frac{y}{k}\right)\mathrm{d}y\xrightarrow{\text{令}\,y=kx}\int_{-\infty}^{+\infty}kxp(x)\mathrm{d}x=kEX.$$

性质 3,性质 4 仅就离散型情况证明.

对性质 3,设 p_{ij},p_i.,$p_{\cdot j}$ 分别为 (X,Y) 的联合分布及两个边缘分布.

$$E(X+Y)=\sum_i\sum_j(x_i+y_j)p_{ij}=\sum_i\sum_j x_i p_{ij}+\sum_i\sum_j y_j p_{ij}$$
$$=\sum_i x_i p_i.+\sum_j y_j p_{\cdot j}=EX+EY.$$

对性质 4,由于 X,Y 相互独立,所以 $p_{ij}=p_i.\ p_{\cdot j}$,于是

$$EXY=\sum_i\sum_j x_i y_j p_{ij}=\sum_i\sum_j x_i y_j p_i.\ p_{\cdot j}=\sum_i x_i p_i.\sum_j y_j p_{\cdot j}=EXEY.$$

例 4.5 设 X 服从超几何分布,求 EX.

解 X 的分布律为

$$P(X=m)=\frac{C_M^m C_{N-M}^{n-m}}{C_N^n},\quad m=0,1,\cdots,l;\ l=\min\{n,M\}.$$

直接按定义计算较困难.下面利用性质 3 来计算.

设想一个相应的抽样.有 N 个球,其中 M 个白球,$N-M$ 个黑球.随机抽取 n 个球,取出的白球数为 X,则 X 服从超几何分布.由例 1.7 知,一次取 n 个球与不放回地取 n 次每次一只是等效的,故引进新的随机变量 X_i 定义如下:

$$X_i=\begin{cases}1,&\text{第 }i\text{ 次取出白球},\\0,&\text{第 }i\text{ 次取出黑球},\end{cases}\quad i=1,2,\cdots,n.$$

则有 $X=X_1+X_2+\cdots+X_n$.

而 $X_i(i=1,2,\cdots,n)$ 的概率分布为

X_i	0	1
P	$1-\dfrac{M}{N}$	$\dfrac{M}{N}$

$EX_i=1\cdot\dfrac{M}{N}=\dfrac{M}{N}$,所以

$$EX=E(X_1+X_2+\cdots+X_n)=EX_1+EX_2+\cdots+EX_n=\frac{nM}{N},$$

即超几何分布的数学期望是 $\dfrac{nM}{N}$.

例 4.6 设一台机器上有 3 个部件,在某一时刻需要对部件进行调整,3 个部件需要调整的概率分别为 0.1,0.2,0.3,且相互独立.记 X 为需要调整的部件数,求 EX.

解 不求分布律,运用性质 3 计算.设

$$X_i=\begin{cases}1,&\text{第 }i\text{ 个部件需调整},\\0,&\text{第 }i\text{ 个部件不需调整},\end{cases}\quad i=1,2,3,$$

则 $X = X_1 + X_2 + X_3$. 而 X_i 分别服从参数为 $0.1, 0.2, 0.3$ 的 0-1 分布,故

$$EX = EX_1 + EX_2 + EX_3 = 1 \times 0.1 + 1 \times 0.2 + 1 \times 0.3 = 0.6.$$

由此可见,在求随机变量 X 的数学期望时,许多情况下可避免求复杂的概率分布,而是将 X 分割成一系列简单随机变量 X_i(通常服从 0-1 分布)相加,再应用期望的可加性求出最后结果.

2. 随机变量函数的期望

关于一元随机变量函数的期望我们给出下面的定理.

定理 4.1 设 $Y = f(X), f(x)$ 是连续函数.

(1) 若 X 是离散型随机变量,分布律为 $P(X=x_i) = p_i (i=1,2,\cdots)$,且 $\sum\limits_i |f(x_i)| p_i < +\infty$,则有

$$EY = Ef(X) = \sum_i f(x_i) p_i. \tag{4.14}$$

(2) 若 X 是连续型随机变量,其概率密度为 $p(x)$,且 $\int_{-\infty}^{+\infty} |f(x)| p(x) \mathrm{d}x < +\infty$,则有

$$EY = Ef(X) = \int_{-\infty}^{+\infty} f(x) p(x) \mathrm{d}x. \tag{4.15}$$

本定理的证明超出本书范围,从略.

例 4.7 设 X 服从参数为 λ 的泊松分布,求 $E\left(\dfrac{1}{1+X}\right)$.

解 X 的分布律为 $P(X=k) = \dfrac{\lambda^k}{k!} \mathrm{e}^{-\lambda}, k = 0, 1, 2, \cdots$.

$$E\left(\frac{1}{1+X}\right) = \sum_{k=0}^{\infty} \frac{1}{1+k} \cdot \frac{\lambda^k}{k!} \mathrm{e}^{-\lambda} = \frac{\mathrm{e}^{-\lambda}}{\lambda} \sum_{k=0}^{\infty} \frac{\lambda^{k+1}}{(k+1)!} = \frac{\mathrm{e}^{-\lambda}}{\lambda} (\mathrm{e}^{\lambda} - 1) = \frac{1}{\lambda} (1 - \mathrm{e}^{-\lambda}).$$

例 4.8 设随机变量 X 在 $[0, \pi]$ 上服从均匀分布,求 $EX, E(\sin X), E(X^2), E(X-EX)^2$.

解 $EX = \displaystyle\int_{-\infty}^{+\infty} x p(x) \mathrm{d}x = \int_0^{\pi} x \cdot \frac{1}{\pi} \mathrm{d}x = \frac{\pi}{2}$;

$$E(\sin X) = \int_{-\infty}^{+\infty} \sin x \, p(x) \mathrm{d}x = \int_0^{\pi} \sin x \cdot \frac{1}{\pi} \mathrm{d}x = \frac{2}{\pi};$$

$$E(X^2) = \int_{-\infty}^{+\infty} x^2 p(x) \mathrm{d}x = \int_0^{\pi} x^2 \cdot \frac{1}{\pi} \mathrm{d}x = \frac{\pi^2}{3};$$

$$E(X-EX)^2 = E\left(X - \frac{\pi}{2}\right)^2 = \int_0^{\pi} \left(x - \frac{\pi}{2}\right)^2 \cdot \frac{1}{\pi} \mathrm{d}x = \frac{\pi^2}{12}.$$

由定理 4.1 可知,求 $Y = f(X)$ 的数学期望时,可以不知道 Y 的分布,只需知道 X 的

分布就可以了. 这个结论还可推广到 n 维随机变量函数的情形, 以二维随机变量函数 $Z=f(X,Y)$ 为例, 有下面的定理.

定理 4.2 设 $Z=f(X,Y)$, $f(x,y)$ 是连续函数.

(1) 若 (X,Y) 是二维离散型随机变量, 分布律为 $P(X=x_i,Y=y_j)=p_{ij}(i,j=1,2,\cdots)$, 且 $\sum_i \sum_j |f(x_i,y_j)| p_{ij} < +\infty$, 则

$$EZ = Ef(X,Y) = \sum_i \sum_j f(x_i,y_j) p_{ij}. \qquad (4.16)$$

(2) 若 (X,Y) 是二维连续型随机变量, 其概率密度为 $p(x,y)$, 且 $\int_{-\infty}^{+\infty}\int_{-\infty}^{+\infty} |f(x,y)| p(x,y)\mathrm{d}x\mathrm{d}y < +\infty$, 则

$$EZ = Ef(X,Y) = \int_{-\infty}^{+\infty}\int_{-\infty}^{+\infty} f(x,y) p(x,y)\mathrm{d}x\mathrm{d}y. \qquad (4.17)$$

证略.

通过定理 4.2 可得到由 (X,Y) 的联合分布直接求 X(或 Y) 的期望的公式:

离散型

$$EX = \sum_i \sum_j x_i p_{ij}. \qquad (4.18)$$

连续型

$$EX = \int_{-\infty}^{+\infty}\int_{-\infty}^{+\infty} x p(x,y)\mathrm{d}x\mathrm{d}y. \qquad (4.19)$$

例 4.9 一商店经销某种商品, 每周进货的数量 X 与顾客对该种商品的需求量 Y 是相互独立的随机变量, 且都服从区间 $[10,20]$ 上的均匀分布. 商店每售出一单位商品可获得利润 1000 元; 若需求量超出了进货量, 商店可从其他商店调剂供应, 调剂来的商品每单位可获利 500 元. 试计算此商店经销该种商品每周所得利润的期望值.

解 设 Z 表示商店每周所得的利润, 则

$$Z = f(X,Y) = \begin{cases} 1000Y, & Y \leqslant X, \\ 1000X + 500(Y-X) = 500(X+Y), & Y > X. \end{cases}$$

X,Y 的联合密度为

$$p(x,y) = \begin{cases} \dfrac{1}{100}, & 10 \leqslant x,y \leqslant 20, \\ 0, & \text{其他}. \end{cases}$$

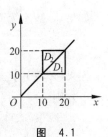

由式 (4.17) 及图 4.1 知,

$$\begin{aligned} EZ = Ef(X,Y) &= \int_{-\infty}^{+\infty}\int_{-\infty}^{+\infty} f(x,y) p(x,y)\mathrm{d}x\mathrm{d}y \\ &= \iint_{D_1} 1000y \times \frac{1}{100}\mathrm{d}x\mathrm{d}y + \iint_{D_2} 500(x+y) \times \frac{1}{100}\mathrm{d}x\mathrm{d}y \end{aligned}$$

图 4.1

$$= 10 \int_{10}^{20} \mathrm{d}y \int_y^{20} y \, \mathrm{d}x + 5 \int_{10}^{20} \mathrm{d}y \int_{10}^y (x+y) \mathrm{d}x$$

$$= 10 \int_{10}^{20} y(20-y) \mathrm{d}y + 5 \int_{10}^{20} \left(\frac{3}{2} y^2 - 10y - 50 \right) \mathrm{d}y$$

$$= \frac{20000}{3} + 5 \times 1500 \approx 14166.67 (\vec{\pi}).$$

4.3　方差

1. 方差

数学期望是随机变量的一个重要数字指标,它反映了随机变量取值的平均水平. 但在某些情况下,只知道平均值是不够的,还需知道随机变量取值的平均离散程度. 例如,用机器包装某种袋装食品,人们不仅要知道各袋重量 X 的平均值 EX 的大小,还要知道各袋重量 X 距平均值 EX 的平均偏离程度. 在平均重量合格的情况下,平均偏离程度较小,表示机器工作较稳定,否则认为机器工作不够正常.

如何来衡量随机变量的平均偏离程度呢? 人们自然想到考察 $X-EX$,即 X 的**离差**的平均值,但立刻发现,$E(X-EX)=0$,即正负离差相互抵消,因而没什么意义. 若考察 $|X-EX|$ 的平均值 $E|X-EX|$,则会带来诸多数学处理上的不便,故采用指标 $E(X-EX)^2$——方差来描述随机变量 X 的平均偏离程度.

定义 4.3　设 X 是一个随机变量,若 $E(X-EX)^2$ 存在,则称它为随机变量 X 的方差,记为 DX 或 $\mathrm{var}(X)$. 而 $\sqrt{DX}$ 称为 X 的**标准差**.

$$DX = E(X-EX)^2. \tag{4.20}$$

由方差的定义知,对方差的计算实质上是对随机变量函数 $(X-EX)^2$——离差平方的期望的计算.

如果 X 是离散型随机变量,且 $P(X=x_k)=p_k (k=1,2,\cdots)$,则

$$DX = \sum_k (x_k - EX)^2 p_k. \tag{4.21}$$

如果 X 是连续型随机变量,且有概率密度 $p(x)$,则

$$DX = \int_{-\infty}^{+\infty} (x-EX)^2 p(x) \mathrm{d}x. \tag{4.22}$$

如果 (X,Y) 为二维离散型随机变量,且联合分布律为 $P(X=x_i, Y=y_j)=p_{ij} (i,j=1,2,\cdots)$,则

$$DX = \sum_i \sum_j (x_i - EX)^2 p_{ij}. \tag{4.23}$$

如果 (X,Y) 为二维连续型随机变量,且联合分布密度为 $p(x,y)$,则

$$DX = \int_{-\infty}^{+\infty} \int_{-\infty}^{+\infty} (x - EX)^2 p(x, y) \mathrm{d}x \mathrm{d}y. \tag{4.24}$$

利用数学期望的线性性质,可以证明

$$DX = E(X - EX)^2 = E[X^2 - 2XEX + (EX)^2]$$
$$= EX^2 - 2EXEX + (EX)^2 = EX^2 - (EX)^2,$$

即有

$$DX = EX^2 - (EX)^2. \tag{4.25}$$

这个公式常用于方差的计算.

下面求几个常用分布的方差.

(1) 两点分布

X	0	1
P	q	p

$(q = 1 - p)$.

由于 $EX = p$,$EX^2 = 0^2 \cdot q + 1^2 \cdot p = p$,所以 $DX = p - p^2 = pq(q = 1 - p)$.

(2) 泊松分布

设 $X \sim P(\lambda)$,则 $EX = \lambda$. 而

$$EX^2 = \sum_{k=0}^{\infty} k^2 \frac{\lambda^k}{k!} \mathrm{e}^{-\lambda} = \sum_{k=0}^{\infty} k(k-1) \frac{\lambda^k}{k!} \mathrm{e}^{-\lambda} + \sum_{k=0}^{\infty} k \frac{\lambda^k}{k!} \mathrm{e}^{-\lambda}$$
$$= \lambda^2 \sum_{k=2}^{\infty} \frac{\lambda^{k-2}}{(k-2)!} \mathrm{e}^{-\lambda} + \lambda = \lambda^2 + \lambda,$$

故 $DX = EX^2 - (EX)^2 = \lambda$. \hfill (4.26)

(3) 均匀分布

设 $X \sim U[a, b]$,则 $EX = \dfrac{a+b}{2}$. 而

$$EX^2 = \int_a^b x^2 \frac{\mathrm{d}x}{b-a} = \frac{a^2 + ab + b^2}{3},$$

故 $DX = EX^2 - (EX)^2 = \dfrac{(b-a)^2}{12}$. \hfill (4.27)

(4) 指数分布

设 $X \sim e(\lambda)$,则 $EX = 1/\lambda$. 而

$$EX^2 = \int_0^{+\infty} x^2 \lambda \mathrm{e}^{-\lambda x} \mathrm{d}x = -\int_0^{+\infty} x^2 \mathrm{d}\mathrm{e}^{-\lambda x} = \int_0^{+\infty} 2x \mathrm{e}^{-\lambda x} \mathrm{d}x = \frac{2}{\lambda^2},$$

故 $DX = \dfrac{2}{\lambda^2} - \left(\dfrac{1}{\lambda}\right)^2 = \dfrac{1}{\lambda^2}$. \hfill (4.28)

（5）正态分布

设 $X \sim N(\mu, \sigma^2)$，则 $EX = \mu$. 直接应用式（4.20）计算，有

$$DX = \int_{-\infty}^{+\infty} (x - \mu)^2 \frac{1}{\sqrt{2\pi}\sigma} e^{-\frac{(x-\mu)^2}{2\sigma^2}} dx \xrightarrow{\diamondsuit \frac{x-\mu}{\sigma} = t} \frac{\sigma^2}{\sqrt{2\pi}} \int_{-\infty}^{+\infty} t^2 e^{-\frac{t^2}{2}} dt$$

$$= \frac{\sigma^2}{\sqrt{2\pi}} \left\{ \left[-te^{-\frac{t^2}{2}} \right]_{-\infty}^{+\infty} + \int_{-\infty}^{+\infty} e^{-\frac{t^2}{2}} dt \right\} = \frac{\sigma^2}{\sqrt{2\pi}} \int_{-\infty}^{+\infty} e^{-\frac{t^2}{2}} dt = \sigma^2. \tag{4.29}$$

即正态分布中的参数 μ, σ^2 分别是随机变量的期望和方差，因而已知期望和方差，可以完全确定正态分布的概率密度.

对于随机变量 X，若它的期望 EX 及方差 DX 都存在，且 $DX > 0$，则称 $X^* = \dfrac{X - EX}{\sqrt{DX}}$

为**标准化**了的随机变量. 显然，标准正态变量是一般正态变量标准化了的随机变量.

2. 方差的性质

性质 1　$DC = 0$，其中 C 为常数. $\tag{4.30}$

性质 2　$D(aX) = a^2 DX$，其中 a 为常数. $\tag{4.31}$

性质 3　$D(X+b) = DX$，其中 b 为常数. $\tag{4.32}$

性质 4　$D(X \pm Y) = DX + DY \pm 2E[(X - EX)(Y - EY)]$. $\tag{4.33}$

特别地，当 X, Y 相互独立时，有

$$D(X \pm Y) = DX + DY. \tag{4.34}$$

推论　若 $X_1, X_2, \cdots, X_n$ 相互独立，则

$$D(X_1 + X_2 + \cdots + X_n) = DX_1 + DX_2 + \cdots + DX_n. \tag{4.35}$$

证　性质 1. $DC = E(C - EC)^2 = E(C - C)^2 = 0$.

性质 2. $D(aX) = E[aX - E(aX)]^2 = E[a^2(X - EX)^2] = a^2 E(X - EX)^2 = a^2 DX$.

性质 3. $D(X+b) = E[X + b - E(X+b)]^2 = E(X - EX)^2 = DX$.

性质 4. $D(X \pm Y) = E[X \pm Y - E(X \pm Y)]^2 = E[(X - EX) \pm (Y - EY)]^2$

$$= E[(X - EX)^2 + (Y - EY)^2 \pm 2(X - EX)(Y - EY)]$$

$$= DX + DY \pm 2E[(X - EX)(Y - EY)].$$

当 X, Y 相互独立时，

$$E[(X - EX)(Y - EY)] = E(XY - XEY - YEX + EXEY)$$

$$= E(XY) - EXEY = 0.$$

例 4.10　求二项分布的方差.

解　设 $X \sim B(n, p)$. 利用方差的性质 4 计算.

由二项分布的定义知，X 表示 n 重伯努利试验中成功的次数. 若设 X_i 表示第 i 次伯

努利试验成功的次数,即

$$X_i = \begin{cases} 1, & \text{第 } i \text{ 次试验成功}, \\ 0, & \text{第 } i \text{ 次试验失败}, \end{cases} \quad i = 1, 2, \cdots, n,$$

则 $X = X_1 + X_2 + \cdots + X_n$. 而 X_i 服从两点分布,分布律为

X_i	0	1
P	q	p

$(q = 1 - p)$,

其中 p 是一次试验中成功的概率,由式(4.25)知,$DX_i = pq, i = 1, 2, \cdots, n$.

由于 $X_1, X_2, \cdots, X_n$ 相互独立,故

$$DX = DX_1 + DX_2 + \cdots + DX_n = npq. \tag{4.36}$$

3. 矩简介

矩是较为广泛的一种数字特征,前面讲的数学期望、方差都是某种矩,这里只介绍一下定义.

定义 4.4 若 $EX^k (k = 1, 2, \cdots)$ 存在,则称 EX^k 为随机变量 X 的 k 阶**原点矩**;若 $E(X - EX)^k (k = 1, 2, \cdots)$ 存在,则称 $E(X - EX)^k$ 为随机变量 X 的 k 阶**中心矩**.

显然,数学期望是一阶原点矩,方差是二阶中心矩.

4.4 协方差与相关系数

对于二维随机变量 (X, Y),期望和方差分别反映了两个分量 X, Y 各自的平均值及对于各自的平均值的离散程度,它对于了解 (X, Y) 的分布有一定帮助,但除了关心各分量的情况外,还希望了解两个分量之间的相互联系.下面介绍的协方差和相关系数都是描述两个随机变量线性相关程度的数字特征.

定义 4.5 对于二维随机变量 (X, Y),如果 $E[(X - EX)(Y - EY)]$ 存在,则称之为 X 与 Y 的**协方差**,记作 $\mathrm{cov}(X, Y)$ 或 σ_{XY},即

$$\mathrm{cov}(X, Y) = E[(X - EX)(Y - EY)]. \tag{4.37}$$

显然,方差是协方差的特例,$DX = \mathrm{cov}(X, X)$.

容易验证

$$\mathrm{cov}(X, Y) = E(XY) - EXEY. \tag{4.38}$$

这个公式常用于协方差的计算.

协方差具有以下性质(证明留给读者):

性质 1 $\mathrm{cov}(X, Y) = \mathrm{cov}(Y, X)$.

性质 2 $\mathrm{cov}(kX,Y)=k\mathrm{cov}(X,Y)$.

性质 3 $\mathrm{cov}(X+Y,Z)=\mathrm{cov}(X,Z)+\mathrm{cov}(Y,Z)$.

性质 4 $D(X\pm Y)=DX+DY\pm 2\mathrm{cov}(X,Y)$.

性质 5 若 X,Y 相互独立,则 $\mathrm{cov}(X,Y)=0$.

协方差的数值虽然在一定程度上反映了 X 与 Y 相互间的联系,但它还受 X 与 Y 本身数值大小的影响. 例如,令 $X_1=kX,Y_1=kY$,此时 X_1 与 Y_1 间的相互联系和 X 与 Y 间的相互联系应该是一样的,可是反映这种联系的协方差却增大了 k^2 倍,即有 $\mathrm{cov}(X_1,Y_1)=k^2\mathrm{cov}(X,Y)$. 为克服这一缺点,在计算随机变量 X 与 Y 的协方差之前,先对 X 与 Y 进行"标准化",即取 $X^*=\dfrac{X-EX}{\sqrt{DX}}$, $Y^*=\dfrac{Y-EY}{\sqrt{DY}}$,并将 $\mathrm{cov}(X^*,Y^*)$ 作为 X 与 Y 间相互联系的一种度量,而 $\mathrm{cov}(X^*,Y^*)=\dfrac{\mathrm{cov}(X,Y)}{\sqrt{DX}\sqrt{DY}}$,于是,我们有了相关系数的概念.

定义 4.6 对于二维随机变量 (X,Y),若 X 与 Y 的协方差 $\mathrm{cov}(X,Y)$ 存在,且 $DX>0,DY>0$,则称 $\dfrac{\mathrm{cov}(X,Y)}{\sqrt{DX}\sqrt{DY}}$ 为 X 与 Y 的**相关系数**,记作 ρ 或 ρ_{XY},即

$$\rho=\frac{\mathrm{cov}(X,Y)}{\sqrt{DX}\sqrt{DY}}. \tag{4.39}$$

关于 ρ 的性质,有下面的定理.

定理 4.3 设 ρ 为 X 与 Y 的相关系数,则

(1) $|\rho|\leqslant 1$;

(2) $|\rho|=1$ 的充要条件是 $P(Y=a+bX)=1$(a,b 为常数,且 $b\neq 0$).

证 (1) 对于任意实数 λ,有

$$\begin{aligned}
D(Y-\lambda X) &= E[Y-\lambda X-E(Y-\lambda X)]^2\\
&= E[(Y-EY)^2-2\lambda(Y-EY)(X-EX)+\lambda^2(X-EX)^2]\\
&= \lambda^2 DX-2\lambda\mathrm{cov}(X,Y)+DY.
\end{aligned}$$

在上式中,令 $\lambda=b=\dfrac{\mathrm{cov}(X,Y)}{DX}$,则有

$$D(Y-bX)=DY\left[1-\frac{\mathrm{cov}^2(X,Y)}{DXDY}\right]=DY(1-\rho^2).$$

由于方差是非负的,故 $DY(1-\rho^2)\geqslant 0$,从而 $|\rho|\leqslant 1$.

(2) 可以证明,$DX=0$ 的充要条件是存在常数 a,使 $P(X=a)=1$. 所以 $|\rho|=1$ 的充要条件是存在常数 a,使 $P(Y-bX=a)=1$,即 $P(Y=a+bX)=1$.

定理 4.3 说明,当 $|\rho|=1$ 时,X 与 Y 存在线性关系的概率为 1;$|\rho|$ 越接近 1,$D(Y-bX)$ 越接近于 0,X 与 Y 越近似于线性关系;当 $\rho=0$ 时,称 X 与 Y 是**不相关**的. 由此可知,相关系数 ρ 是刻画 X 与 Y 之间线性相关程度的一个数字特征. 确切地说,ρ 应称为**线性相关**

系数,$\rho=0$ 并不排除 X 与 Y 之间具有其他形式的函数关系.

X 与 Y 相互独立和 X 与 Y 不相关都可用于描述随机变量 X 与 Y 的相互关系,那么它们之间存在什么关系呢？由协方差性质 5 及相关系数定义知,当 X 与 Y 相互独立时,如果相关系数存在,则必有 $\rho=0$,即 X 与 Y 是不相关的;反之,由 X 与 Y 不相关不能推出 X 与 Y 独立.

例 4.11 设 (X,Y) 服从 D:$x^2+y^2\leqslant 1$ 上的均匀分布,求 ρ,X 与 Y 是否相互独立？

解 (X,Y) 的联合密度

$$p(x,y)=\begin{cases} \dfrac{1}{\pi}, & x^2+y^2\leqslant 1, \\ 0, & \text{其他.} \end{cases}$$

$$EX=\int_{-\infty}^{+\infty}\int_{-\infty}^{+\infty}xp(x,y)\mathrm{d}x\mathrm{d}y=\iint\limits_{x^2+y^2\leqslant 1}x\,\dfrac{1}{\pi}\mathrm{d}x\mathrm{d}y,$$

由于被积函数为奇函数,且积分区域具有对称性,所以 $EX=0$.同理,$EY=0$.

$$EXY=\int_{-\infty}^{+\infty}\int_{-\infty}^{+\infty}xyp(x,y)\mathrm{d}x\mathrm{d}y=\iint\limits_{x^2+y^2\leqslant 1}xy\,\dfrac{1}{\pi}\mathrm{d}x\mathrm{d}y=\dfrac{1}{\pi}\iint\limits_{x^2+y^2\leqslant 1}xy\mathrm{d}x\mathrm{d}y.$$

由被积函数与积分区域的对称性,可得 $EXY=0$,因此有 $\operatorname{cov}(X,Y)=0$.

显然 DX,DY 均存在且不等于 0,故有 $\rho=0$.而

$$p_X(x)=\int_{-\infty}^{+\infty}p(x,y)\mathrm{d}y=\begin{cases} \displaystyle\int_{-\sqrt{1-x^2}}^{\sqrt{1-x^2}}\dfrac{1}{\pi}\mathrm{d}y=\dfrac{2}{\pi}\sqrt{1-x^2}, & |x|\leqslant 1, \\ 0, & |x|>1, \end{cases}$$

及

$$p_Y(y)=\begin{cases} \dfrac{2}{\pi}\sqrt{1-y^2}, & |y|\leqslant 1, \\ 0, & |y|>1, \end{cases}$$

故 $p(x,y)\neq p_X(x)p_Y(y)$,所以 X 与 Y 不独立.

一般情况下,由不相关不能推出独立,但对最常用的正态分布来说,不相关和独立是一致的.

例 4.12 设 $(X,Y)\sim N(\mu_1,\mu_2;\sigma_1^2,\sigma_2^2;\rho)$,求 X 与 Y 的相关系数.

解 由于

$$\rho_{XY}=\dfrac{E[(X-EX)(Y-EY)]}{\sqrt{DX}\,\sqrt{DY}}=\dfrac{1}{\sigma_1\sigma_2}\int_{-\infty}^{+\infty}\int_{-\infty}^{+\infty}(x-\mu_1)(y-\mu_2)p(x,y)\mathrm{d}x\mathrm{d}y,$$

令 $s=\dfrac{x-\mu_1}{\sigma_1}$,$t=\dfrac{y-\mu_2}{\sigma_2}$,则

$$\rho_{XY}=\int_{-\infty}^{+\infty}\int_{-\infty}^{+\infty}\dfrac{st}{2\pi\sqrt{1-\rho^2}}\mathrm{e}^{-\frac{1}{2(1-\rho^2)}(s^2-2\rho st+t^2)}\mathrm{d}s\mathrm{d}t$$

$$= \int_{-\infty}^{+\infty} s e^{-\frac{s^2}{2}} \mathrm{d}s \int_{-\infty}^{+\infty} \frac{t}{2\pi \sqrt{1-\rho^2}} e^{\frac{(t-\rho s)^2}{2(1-\rho^2)}} \mathrm{d}t$$

$$= \int_{-\infty}^{+\infty} \frac{\rho s^2}{\sqrt{2\pi}} e^{-\frac{s^2}{2}} \mathrm{d}s = \rho.$$

这就是说,二维正态随机变量 (X,Y) 的概率密度 $p(x,y)$ 中的第五个参数 ρ 就是 X 与 Y 的相关系数. 在例 3.6 中已经知道 $\rho=0$ 与 X,Y 独立是等价的,所以对于二维正态变量 (X,Y) 来说,不相关与独立是等价的.

习题 4

4.1   一批产品中有一、二、三等品,等外品及废品 5 种,相应的概率分别为 0.7,0.1,0.1,0.06,0.04,若其产值分别为 6 元,5.4 元,5 元,4 元,0 元,求产品的平均产值.

4.2   已知随机变量 X 的分布律为 $P(X=k)=\frac{1}{2^k}(k=1,2,\cdots)$,求 EX.

4.3   对任意随机变量 X,若 EX 存在,则 $E\{E[E(X)]\}$ 等于_____.

4.4   一射手每次射中目标的概率是 p,现携有 10 发子弹准备对一目标连续射击(每次打一发),一旦射中或子弹打完了就立刻转移到其他地方. 问:他在转移前平均射击几次?

4.5   已知离散型随机变量 X 的分布函数为

$$F(x)=\begin{cases} 0, & x<-2, \\ 0.1, & -2 \leqslant x < 0, \\ 0.4, & 0 \leqslant x < 1, \\ 0.8, & 1 \leqslant x < 3, \\ 1, & x \geqslant 3. \end{cases}$$

求 EX 与 DX.

4.6   设随机变量 X 的概率密度为 $p(x)=\frac{1}{2\lambda} e^{-\frac{|x-\mu|}{\lambda}}$ $(-\infty<x<+\infty)$,其中 $\mu,\lambda(>0)$ 为常数(该分布称为拉普拉斯分布). 求 EX 与 DX.

4.7   设随机变量 X 的概率密度为

$$p(x)=\begin{cases} x, & 0 \leqslant x < 1, \\ 2-x, & 1 \leqslant x \leqslant 2, \\ 0, & 其他. \end{cases}$$

求 EX 与 DX.

4.8   连续型随机变量 X 的概率密度为

$$p(x) = \begin{cases} kx^a, & 0 < x < 1, k, a > 0, \\ 0, & 其他. \end{cases}$$

又知 $EX = 0.75$，求 k 和 a 的值.

4.9   设轮船横向摇摆的随机振幅 X 的概率密度为 $p(x) = Axe^{-\frac{x^2}{2\sigma^2}}(x \geq 0)$，求：(1)$A$；(2)遇到大于其平均振幅的概率；(3)$X$ 的方差.

4.10   某类型电话呼唤时间 T 是一个随机变量，满足

$$P(T > t) = \begin{cases} ae^{-\lambda t} + (1-a)e^{-\mu t}, & t \geq 0, \\ 1, & t < 0, \end{cases}$$

其中 $0 \leq a \leq 1, \lambda > 0, \mu > 0$ 为由统计资料确定的常数. 求该类型电话平均呼叫时间.

4.11   抛掷 n 颗骰子，试确定所有骰子点数之和的数学期望和方差.

4.12   某民航机场的送客汽车每次乘坐 20 位旅客自机场开出，沿途有 10 个车站. 若到一个车站无旅客下车就不停车. 假设每位旅客在各车站下车是等可能的，求汽车每次停车的平均数.

4.13   一实习生用一设备独立地制造 3 个同种零件. 设第 i 个零件为不合格品的概率为 $p_i = \frac{1}{1+i}(i=1,2,3)$. 求 3 个零件中合格品数 X 的期望与方差.

4.14   将 n 个球放入 M 个盒子中去，设每个球落入各个盒子是等可能的，求有球的盒子数 X 的数学期望.

4.15   已知 X 服从参数为 1 的指数分布，且 $Y = X + e^{-2X}$，求 EY 与 DY.

4.16   对圆的直径作近似测量，设其值均匀地分布在区间 $[5,6]$ 内，求圆面积的数学期望.

4.17   某厂的产品寿命 T(单位：年)服从指数分布，其概率密度函数为

$$p(t) = \begin{cases} \dfrac{1}{4}e^{-\frac{t}{4}}, & t > 0, \\ 0, & t \leq 0. \end{cases}$$

每售出一件这种产品工厂可获利 100 元；但工厂规定，售出的产品在一年内损坏可以调换，每调换一件产品，工厂要花费 300 元. 试求工厂售出一件产品平均获利多少元.

4.18   一公司经营某种原料，有资料表明，这种原料的需求量 X 在 $[300,500]$(单位：t)区间服从均匀分布，每售出 1t 该原料，公司可获利 1 千元，若积压 1t，则公司要损失 0.5 千元. 问公司应该组织多少货源，可使收益最大？

4.19   设某种商品每周的需求量 X 是服从区间 $[10,30]$ 上均匀分布的随机变量，而经销商店进货数量为区间 $[10,30]$ 中的某一整数，商店每销售一单位商品可获利 500 元；若供大于求则削价处理，每处理 1 单位商品亏损 100 元；若供不应求，则可从外部调剂供

应,此时每 1 单位商品仅获利 300 元. 为使商店所获利润期望值不少于 9280 元,试确定最少进货量.

4.20　设二维离散型随机变量(X,Y)在点$(1,1),\left(-\dfrac{1}{2},\dfrac{1}{4}\right),\left(\dfrac{1}{2},\dfrac{1}{4}\right),(-1,-1)$取值的概率均为$\dfrac{1}{4}$,求 $EX,EY,DX,DY,E(XY)$.

4.21　设二维随机变量(X,Y)有概率密度

$$p(x,y)=\begin{cases}1, & |y|<x,0<x<1,\\ 0, & \text{其他}.\end{cases}$$

求 $EX,EY,E(XY)$.

4.22　设 X,Y 相互独立,概率密度分别为

$$p_X(x)=\begin{cases}2x, & 0<x<1,\\ 0, & \text{其他};\end{cases}\qquad p_Y(y)=\begin{cases}\mathrm{e}^{-(y-5)}, & y>5,\\ 0, & \text{其他}.\end{cases}$$

求 $E(XY)$.

4.23　设随机变量 X,Y 相互独立且它们的方差均存在,证明

$$D(XY)=DXDY+(EX)^2DY+DX(EY)^2.$$

4.24　设随机变量 X_1,X_2,X_3,X_4 相互独立,且有 $E(X_i)=i,D(X_i)=5-i,i=1,2,3,4.$ 设 $Y=2X_1-X_2+3X_3-\dfrac{1}{2}X_4.$ 求 EY,DY.

4.25　设 $X_1,X_2,\cdots,X_n$ 相互独立且同分布于 $N(\mu,\sigma^2),\overline{X}=\dfrac{1}{n}(X_1+X_2+\cdots+X_n),$ $Y=X_1+X_2+\cdots+X_n,$求 $E\overline{X},D\overline{X},EY,DY.$

4.26　设 $X_1,X_2,\cdots,X_n$ 相互独立且同分布于 $N(0,1),Y=X_1^2+X_2^2+\cdots+X_n^2,$求 $EY,DY.$

4.27　设 X,Y 相互独立,概率密度分别为

$$p_X(x)=\begin{cases}20x^3(1-x), & 0<x<1,\\ 0, & \text{其他};\end{cases}\qquad p_Y(y)=\begin{cases}2y, & 0<y<1,\\ 0, & \text{其他}.\end{cases}$$

求 $Z=\dfrac{Y}{X^3}+\dfrac{X}{Y}$ 的数学期望.

4.28　设二维随机变量(X,Y)的联合密度函数为

$$p(x,y)=\begin{cases}8xy, & 0<y<x,0<x<1,\\ 0, & \text{其他}.\end{cases}$$

试求 $EX,EY,DX,DY,\mathrm{cov}(X,Y),\rho_{XY}.$

4.29　设二维随机变量(X,Y)在矩形区域 $D=\{(x,y)\,|\,a\leqslant x\leqslant b,c\leqslant y\leqslant d\}$上服从均

匀分布, $Z=2X-Y$. 求：(1)Z 的期望和方差；(2)$\text{cov}(X,Z)$.

4.30　X,Y 的联合概率分布如下表所示：

X＼Y	-1	0	1
-1	1/8	1/8	1/8
0	1/8	0	1/8
1	1/8	1/8	1/8

计算 X 与 Y 的相关系数. X 与 Y 是否独立？

4.31　设随机变量 X,Y 相互独立且同分布于 $N(0,\sigma^2)$. 又设 $U=aX+bY,V=aX-bY,a,b$ 为常数,不同时为零. 求：(1)ρ_{UV}；(2)当 a,b 满足什么关系时,U 与 V 不相关？

4.32　设 X,Y,Z 为 3 个随机变量,且 $EX=EY=1,EZ=-1,DX=DY=DZ=1$, $\rho_{XY}=0,\rho_{XZ}=\dfrac{1}{2},\rho_{YZ}=-\dfrac{1}{2}$. 若 $W=X+Y+Z$,求 EW,DW.

第 5 章

大数定律与中心极限定理

在前面几章我们曾指出,一个随机事件出现的频率稳定于概率,随机变量随机独立取值的算术平均值稳定于其期望值以及正态分布在理论和应用上占有特殊重要的地位,对此,我们没有给出明确的数学表达形式.本章我们将研究概率论的极限定理,通过大数定律和中心极限定理以确切的数学语言对以上问题给予理论上的说明.从这个意义上说,本章是概率论部分的一个总结.

我们首先介绍一个重要的不等式.

5.1 切比雪夫不等式

定理 5.1 设随机变量 X 的方差存在,则对任意的 $\varepsilon > 0$,有

$$P(\mid X - EX \mid \geqslant \varepsilon) \leqslant \frac{DX}{\varepsilon^2}. \tag{5.1}$$

证 如果 X 是连续型随机变量,$X \sim p(x)$,则

$$P(\mid X - EX \mid \geqslant \varepsilon) = \int_{|x-EX| \geqslant \varepsilon} p(x) \mathrm{d}x \leqslant \int_{|x-EX| \geqslant \varepsilon} \frac{(x-EX)^2}{\varepsilon^2} p(x) \mathrm{d}x$$

$$\leqslant \frac{1}{\varepsilon^2} \int_{-\infty}^{+\infty} (x-EX)^2 p(x) \mathrm{d}x = \frac{DX}{\varepsilon^2}.$$

当 X 是离散型随机变量时,只需将上述证明中的概率密度换成分布列,积分号换成求和号即可.

式(5.1)可写成其等价形式

$$P(\mid X - EX \mid < \varepsilon) \geqslant 1 - \frac{DX}{\varepsilon^2}. \tag{5.2}$$

它们均称为切比雪夫不等式.其意义在于仅利用随机变量的期望 EX 和方差 DX 就可以对 X 的概率分布进行估计,它给出了随机变量 X 落在以期望 EX 为中心的对称区间 $(EX-\varepsilon, EX+\varepsilon)$ 之外(以内)的概率的上(下)界.

例 5.1 若 $DX = 0$,试证 $P(X=EX) = 1$.

证 由切比雪夫不等式知,对于任意的 $\varepsilon > 0$,均有

$$P(\,|\,X-EX\,|\geqslant\varepsilon\,)\leqslant\frac{DX}{\varepsilon^2}=0,\quad 即\ P(\,|\,X-EX\,|\geqslant\varepsilon\,)=0.$$

因此 $P(X\neq EX)=0$,即 $P(X=EX)=1$.

例 5.2 200 个新生婴儿中,估计男孩儿多于 80 个且少于 120 个的概率(假定生男孩儿和女孩儿的概率均为 0.5).

解 设 X 表示男孩儿的个数,则 $X\sim B(200,0.5)$.

用切比雪夫不等式估计

$$EX=np=200\times 0.5=100,\quad DX=npq=200\times 0.5\times 0.5=50,$$

$$P(80<X<120)=P(\,|\,X-100\,|<20)\geqslant 1-\frac{50}{20^2}=0.875.$$

后面用中心极限定理估计这个概率约为 0.995,这里,切比雪夫不等式的估计只给出这个概率的一个下限.在理论上,切比雪夫不等式是证明大数定律的重要工具.

5.2 大数定律

定义 5.1 如果一个随机变量序列 $X_1,X_2,\cdots,X_n,\cdots$ 中任意有限个随机变量都是相互独立的,则称这个随机变量序列是相互独立的.若所有 X_n 有相同的分布函数,则称 $X_1,X_2,\cdots,X_n,\cdots$ 是**独立同分布的随机变量序列**.

定义 5.2 若存在常数 a,使对于任何 $\varepsilon>0$,有 $\lim\limits_{n\to\infty}P(\,|\,X_n-a\,|<\varepsilon)=1$,则称随机变量序列 $X_1,X_2,\cdots,X_n,\cdots$ 依概率收敛于 a.记为 $X_n\overset{P}{\to}a,n\to\infty$.

$\{X_n\}$ 依概率收敛于 a 表示当 n 充分大时 X_n 与 a 很接近,即 X_n 与 a 之差的绝对值小于任意给定的 $\varepsilon>0$ 的概率随着 n 的增加而接近于 1.

定理 5.2(切比雪夫大数定律) 设 $X_1,X_2,\cdots$ 是相互独立的随机变量序列,各有方差 $DX_1,DX_2,\cdots$,并且对于所有的 $i=1,2,\cdots$ 都有 $DX_i<l$,其中 l 是与 i 无关的常数,则任给 $\varepsilon>0$,有

$$\lim_{n\to\infty}P\Big(\Big|\frac{1}{n}\sum_{i=1}^{n}X_i-\frac{1}{n}\sum_{i=1}^{n}EX_i\Big|<\varepsilon\Big)=1. \tag{5.3}$$

证 因 $X_1,X_2,\cdots$ 相互独立,所以

$$E\Big(\frac{1}{n}\sum_{i=1}^{n}X_i\Big)=\frac{1}{n}\sum_{i=1}^{n}EX_i,\quad D\Big(\frac{1}{n}\sum_{i=1}^{n}X_i\Big)=\frac{1}{n^2}\sum_{i=1}^{n}DX_i<\frac{1}{n^2}nl=\frac{l}{n}.$$

由切比雪夫不等式,对于任意的 $\varepsilon>0$,有

$$P\Big(\Big|\frac{1}{n}\sum_{i=1}^{n}X_i-\frac{1}{n}\sum_{i=1}^{n}EX_i\Big|<\varepsilon\Big)\geqslant 1-\frac{l}{n\varepsilon^2},$$

所以

$$1 - \frac{l}{n\varepsilon^2} \leqslant P\left(\left|\frac{1}{n}\sum_{i=1}^{n}X_i - \frac{1}{n}\sum_{i=1}^{n}EX_i\right| < \varepsilon\right) \leqslant 1.$$

于是

$$\lim_{n\to\infty}P\left(\left|\frac{1}{n}\sum_{i=1}^{n}X_i - \frac{1}{n}\sum_{i=1}^{n}EX_i\right| < \varepsilon\right) = 1.$$

切比雪夫大数定律说明:在定理的条件下,当 n 充分大时,n 个独立随机变量的平均数这个随机变量的离散程度是很小的,经过算术平均后的随机变量 $\frac{1}{n}\sum_{i=1}^{n}X_i$,将比较密集地聚集在它的数学期望 $\frac{1}{n}\sum_{i=1}^{n}EX_i$ 的附近.当 $n \to \infty$ 时,随机变量序列 $\left\{\frac{1}{n}\sum_{i=1}^{n}X_i\right\}$ 依概率收敛于其自身的数学期望,即 $\frac{1}{n}\sum_{i=1}^{n}X_i \xrightarrow{p} E\left(\frac{1}{n}\sum_{i=1}^{n}X_i\right) (n \to \infty)$.

切比雪夫大数定律由俄国数学家切比雪夫于 1866 年证明,其证明主要是利用切比雪夫不等式.利用切比雪夫不等式的前提是方差存在,但这个条件有时是可以变宽的,对于独立同分布的随机变量序列只要求期望存在即可.下面不加证明地给出著名的辛钦大数定律.

定理 5.3(辛钦大数定律) 设 $X_1, X_2, \cdots$ 是独立同分布的随机变量序列,且数学期望 $EX_i = \mu (i = 1, 2, \cdots)$ 存在,则对任意的 $\varepsilon > 0$,有

$$\lim_{n\to\infty}P\left(\left|\frac{1}{n}\sum_{i=1}^{n}X_i - \mu\right| < \varepsilon\right) = 1. \tag{5.4}$$

辛钦大数定律表明,当试验次数 n 足够大时,随机变量 X 在 n 次独立重复试验中 n 个观察值的算术平均值 $\frac{1}{n}\sum_{i=1}^{n}X_i$ 依概率收敛于其数学期望值 μ.这一理论提供了近似计算期望值的方法.假使要测量某个物理量 a,在不变的情况下重复测量 n 次,得到观察值 x_1, $x_2, \cdots, x_n$,这些结果可看作是相互独立且服从同一分布的随机变量 $X_1, X_2, \cdots, X_n$ 的试验数值,因此,当 n 充分大时,可以取 $\frac{1}{n}\sum_{i=1}^{n}x_i$ 作为 a 的近似值.这是数理统计中参数估计的一个理论依据.

下面回答频率和概率的关系问题.

定理 5.4(伯努利大数定律) 设在 n 次伯努利试验中事件 A 出现的次数为 X,而在每次试验中事件 A 出现的概率为 p,则对任意 $\varepsilon > 0$,有

$$\lim_{n\to\infty}P\left(\left|\frac{X}{n} - p\right| < \varepsilon\right) = 1. \tag{5.5}$$

证 设 X_i 为第 i 次试验中事件 A 发生的次数,则 $X_i (i = 1, 2, \cdots, n)$ 独立同分布于

参数为 p 的 0-1 分布，$EX_i = p$，且有 $X = \sum\limits_{i=1}^{n} X_i$. 由定理 5.3 知，对于任意的 $\varepsilon > 0$，有

$$\lim_{n\to\infty} P\left(\left|\frac{1}{n}\sum_{i=1}^{n} X_i - p\right| < \varepsilon\right) = 1, \quad 即 \quad \lim_{n\to\infty} P\left(\left|\frac{X}{n} - p\right| < \varepsilon\right) = 1.$$

伯努利大数定律指出：一个事件的频率依概率收敛于它的概率；当试验次数 n 很大时，一个事件发生的频率可作为其概率的近似值.

至此，我们对频率稳定于概率，独立观察值的平均值稳定于期望值等直观描述给出了严格的数学表达形式. 大数定律从理论上阐述了大量的、在一定条件下重复的随机现象呈现的规律性即稳定性. 在大量随机现象中，无论个别随机现象的结果如何，在大数定律的作用下，大量随机因素的总体作用将不依赖于每一个个别随机现象的结果.

5.3 中心极限定理

正态分布在随机变量的各种分布中占有特别重要的地位. 在一定条件下，即使原来并不服从正态分布的一些独立的随机变量，当随机变量的个数无限增加时，其和的分布也是趋于正态分布的. 在概率论中，把研究在什么条件下独立随机变量和的分布以正态分布为极限这一类定理称为中心极限定理.

下面我们叙述一个常用的中心极限定理.

定理 5.5（林德伯格-列维中心极限定理） 设随机变量序列 $X_1, X_2, \cdots$ 独立同分布，且有期望值 $EX_i = \mu$，方差 $DX_i = \sigma^2 < +\infty$ $(i = 1, 2, \cdots)$，则对一切 x，有

$$\lim_{n\to\infty} P\left(\frac{\sum\limits_{i=1}^{n} X_i - n\mu}{\sqrt{n}\sigma} \leqslant x\right) = \int_{-\infty}^{x} \frac{1}{\sqrt{2\pi}} e^{-\frac{t^2}{2}} \, dt. \tag{5.6}$$

这个定理也称为独立同分布中心极限定理. 它表明，对于随机变量序列 $X_1, X_2, \cdots$，只要各随机变量独立同分布及方差存在，则不管它们原来的分布如何，随机变量 $\dfrac{\sum\limits_{i=1}^{n} X_i - n\mu}{\sqrt{n}\sigma}$ 的极限分布为 $N(0, 1)$. 因而当 n 充分大时，随机变量之和 $\sum\limits_{i=1}^{n} X_i$ 近似服从 $N(n\mu, n\sigma^2)$ 以及它们的算术平均值 $\dfrac{1}{n}\sum\limits_{i=1}^{n} X_i$ 近似服从 $N\left(\mu, \dfrac{\sigma^2}{n}\right)$. 这从理论上说明了正态分布的常见性及重要性，也提供了计算独立同分布随机变量和及平均值概率分布的近似方法，在应用上十分有效.

例 5.3 袋装茶叶用机器装袋，每袋的净重为随机变量，其期望值为 100g，标准差为 10g，一大盒内装 100 袋，求一盒茶叶净重大于 10.2kg 的概率.

解 设一盒茶叶重量为 X，盒中第 i 袋茶叶的重量为 $X_i(i=1,2,\cdots,100)$. 由题意知，$X_1,X_2,\cdots,X_{100}$ 相互独立且服从同一分布，$EX_i=100\text{g}$，$\sqrt{DX_i}=10\text{g}$. 且 $X=\sum\limits_{i=1}^{100}X_i$，则

$$EX=\sum_{i=1}^{100}EX_i=100\times100=10000\text{g}=10\text{kg},$$

$$DX=\sum_{i=1}^{100}DX_i=100\times100=10000\text{g}^2, \quad \sqrt{DX}=100\text{g}=0.1\text{kg},$$

由中心极限定理，X 近似服从 $N(10,0.1^2)$. 故

$$P(X>10.2)=1-P(X\leqslant10.2)=1-P\left(\frac{X-10}{0.1}\leqslant\frac{10.2-10}{0.1}\right)$$

$$\approx1-\Phi(2)=1-0.97725=0.02275.$$

例 5.4 独立地多次测量一个物理量，每次测量产生的随机误差都服从区间 $(-1,1)$ 内的均匀分布.（1）若将 n 次测量的算术平均值作为测量结果，求它与真值的差的绝对值小于一个小的正数 ε 的概率；（2）当 $\varepsilon=\dfrac{1}{6}$ 时，要使上述概率不小于 0.95，问至少要进行多少次测量？

解 （1）以 μ 表示所测物理量的真值，X_i 表示第 i 次测量值，ε_i 表示第 i 次测量产生的随机误差. 于是 $X_i=\mu+\varepsilon_i(i=1,2,\cdots,n)$.

由题设，ε_i 服从区间 $(-1,1)$ 上的均匀分布，所以

$$E\varepsilon_i=\frac{-1+1}{2}=0, \quad D\varepsilon_i=\frac{[1-(-1)]^2}{12}=\frac{1}{3},$$

$$EX_i=E(\mu+\varepsilon_i)=\mu, \quad DX_i=D(\mu+\varepsilon_i)=\frac{1}{3}.$$

由题设知，$X_1,X_2,\cdots,X_n$ 独立同分布，所以，当 n 很大时，由中心极限定理知，$X=\dfrac{1}{n}\sum\limits_{i=1}^{n}X_i$ 近似服从正态分布. 由于 $EX=\mu,DX=\dfrac{1}{3n}$，故 X 近似服从 $N\left(\mu,\dfrac{1}{3n}\right)$. 于是，所求概率

$$P(|X-\mu|<\varepsilon)=P\left(\left|\frac{X-\mu}{1/\sqrt{3n}}\right|<\varepsilon\sqrt{3n}\right)\approx2\Phi(\varepsilon\sqrt{3n})-1.$$

（2）要求 n 满足

$$P\left(|X-\mu|<\frac{1}{6}\right)\approx2\Phi\left(\frac{\sqrt{3n}}{6}\right)-1\geqslant0.95,$$

即 $\Phi\left(\dfrac{\sqrt{3n}}{6}\right)\geqslant0.975$，查表得 $\dfrac{\sqrt{3n}}{6}\geqslant1.96$，从而 $n\geqslant\dfrac{1.96^2\times6^2}{3}\approx46$. 可见，要使测得的平均值离真值不超过 $\dfrac{1}{6}$ 的可靠度不小于 0.95，至少需进行 46 次测量.

将林德伯格-列维中心极限定理应用到伯努利试验的情形,可以得到下面的定理.

定理 5.6(棣莫弗-拉普拉斯中心极限定理)　设 $X \sim B(n,p)$,则有

(1) 局部极限定理:当 n 很大时,

$$P(X=k) \approx \frac{1}{\sqrt{2\pi npq}} e^{-\frac{(k-np)^2}{2npq}}. \tag{5.7}$$

(2) 积分极限定理:当 n 很大时,

$$P(a<X<b) \approx F(b)-F(a) = \Phi\left(\frac{b-np}{\sqrt{npq}}\right) - \Phi\left(\frac{a-np}{\sqrt{npq}}\right). \tag{5.8}$$

例 5.5　据统计,某年龄段保险者中,一年内每个人死亡的概率为 0.005,现有 10000 个该年龄段的人参加人寿保险,试求未来一年内在这些保险者里面:(1)有 40 个人死亡的概率;(2)死亡人数不超过 70 个人的概率.

解　设 X 表示 10000 个投保者在一年内死亡人数.由题意知,$X \sim B(10000, 0.005)$.

(1) 直接计算:$P(X=40) = C_{10000}^{40} 0.005^{40} 0.995^{9960} = 0.0214$;若用局部极限定理近似计算:$np=50, npq=49.75$,

$$P(X=40) \approx \frac{1}{\sqrt{2\pi npq}} e^{-\frac{(k-np)^2}{2npq}} = \frac{1}{\sqrt{2\pi \times 49.75}} e^{-\frac{(40-50)^2}{2 \times 49.75}} = 0.0207.$$

可见,准确度较高.

(2) 由积分极限定理近似计算:

$$P(X \leqslant 70) = P\left(\frac{X-50}{\sqrt{49.75}} \leqslant \frac{70-50}{\sqrt{49.75}}\right) \approx \Phi\left(\frac{70-50}{\sqrt{49.75}}\right) = \Phi(2.85) = 0.9978.$$

例 5.6　用积分极限定理计算例 5.2 的概率.

解　设 X 表示男孩儿个数,则 $X \sim B(200, 0.5)$. $np=100, npq=50$.

$$P(80<X<120) = P\left(\left|\frac{X-100}{\sqrt{50}}\right| < \frac{20}{\sqrt{50}}\right) \approx 2\Phi(2.83)-1$$
$$= 2 \times 0.997673 - 1 \approx 0.995.$$

正态分布和泊松分布都是二项分布的极限分布.一般说来,对于 n 很大、p 很小(通常用于 $p \leqslant 0.1$ 而 $npq \leqslant 9$ 的情形)的二项分布,用泊松分布近似比用正态分布计算精确;用正态分布近似只以 $n \to \infty$ 为条件.

习题 5

5.1　设废品率为 0.03,用切比雪夫不等式估计 1000 个产品中废品多于 20 且少于 40 个的概率.

5.2　用切比雪夫不等式确定当掷一枚硬币时,需投多少次才能保证正面出现的频率

在 0.4 至 0.6 之间的概率不少于 90%.

5.3　如果随机变量 X 的密度函数为 $p(x)$,且 $E(e^{x^2})$ 存在,利用证明切比雪夫不等式的方法证明:对任意 $\varepsilon>0$,总有

$$P(|X|\geqslant\varepsilon)\leqslant\frac{E(e^{x^2})}{e^{\varepsilon^2}}.$$

5.4　设 $X_1,X_2,\cdots,X_n$ 是相互独立同分布的随机变量,$EX_i=\mu$,$DX_i=8\ (i=1,2,\cdots,n)$. 对于 $\overline{X}=\dfrac{1}{n}\sum\limits_{i=1}^{n}X_i$,写出 $\overline{X}$ 所满足的切比雪夫不等式,并估计 $P(|\overline{X}-\mu|<4)$.

5.5　一颗骰子连续掷 4 次,点数总和记为 X. 估计 $P(10<X<18)$.

5.6　设

$$X\sim p(x)=\begin{cases}0, & x\leqslant 0, \\ \dfrac{x^n}{n!}e^{-x}, & x>0.\end{cases}$$

试证:$P(0<X<2(n+1))\geqslant\dfrac{n}{n+1}$.

5.7　用中心极限定理计算习题 5.1 和 5.2.

5.8　某车间有 100 台独立工作的车床,每台车床停机的概率为 0.2. 求有 4 台以上车床同时停机的概率.

5.9　有一电站供 1000 台设备用电,各台设备用电情况是相互独立的. 若各台设备用电量(度)在 $[0,60]$ 上服从均匀分布. 求:(1)这 1000 台设备用电量超过 30300 度的概率;(2)若以 0.99 的概率保证这 1000 台设备用电,电站每天至少需供应多少度电?

5.10　某大型商场每天接待顾客 10000 人,设每位顾客的消费额(单位:元)服从区间 $[100,1000]$ 上的均匀分布,且顾客的消费额是相互独立的. 试求该商场的销售额在平均销售额上、下浮动不超过 20000 元的概率.

5.11　一个复杂系统由 100 个相互独立起作用的部件所组成. 在整个系统运行期间,每个部件损坏的概率为 0.1,为了使整个系统起作用,至少需有 85 个部件工作. 求整个系统工作的概率.

5.12　每颗炮弹命中飞机的概率为 0.01,用棣莫弗—拉普拉斯中心极限定理计算 500 发炮弹中命中 5 发的概率.

5.13　设一批产品的废品率为 0.014. 若要使一箱中至少有 100 个合格品的概率不低于 0.9,求在一箱中至少应装入多少个产品? 试用中心极限定理求其近似值.

5.14　一保险公司有 10000 人投保,每人每年付 12 元保险费,已知一年内人口死亡率为 0.006. 如死亡,则公司付其家属 1000 元赔偿费. 求:(1)保险公司年利润为零的概率;(2)保险公司年利润不少于 60000 元的概率.

第 6 章
抽 样 分 布

前 5 章中我们讲述了概率论的基本内容,从现在开始将学习数理统计.数理统计以概率论为理论基础,研究如何进行观测及如何根据观测得到的数据,对被研究的随机现象的概率特征作出合理的估计和推断.

数理统计不仅内容丰富,应用也相当广泛,本书只介绍抽样分布、参数估计及假设检验等部分内容.

本章将从数理统计的基本概念开始,介绍总体、样本、统计量、抽样分布及有关的重要定理.

6.1 总体与样本

1. 总体与样本

在数理统计中,通常把被研究的对象的全体称为**总体**(或**母体**),而把组成总体的每个单元,即每一个研究对象称为**个体**,从总体中随机抽取的 n 个个体组成的集合称为容量为 n 的**样本**(或**子样**).

总体所含个体的数量,称为**总体容量**,当总体容量为有限时,称为**有限总体**,否则为**无限总体**.例如,一个国家的人口构成一个总体,而这个国家中的每一个人为个体;又如工厂在某月生产的显像管是一个总体,而每个显像管则为个体;某地区在一个季度内每天的日平均气温的全体是一个总体,而其中某天的日平均气温为个体.我们在对某个总体进行研究时,所关心的并非是每个个体的一些具体属性(如某个人的年龄或某件产品的好坏),而是要通过若干个个体的某些数量指标,来估计和推断总体的某些特性(如一个国家人口的平均寿命、整批产品的质量等).例如,要分析一批灯泡的质量,通常是以其寿命的长短为标准,若将总体指标(灯泡的寿命)记为 X,则 X 为随机变量.如果规定寿命低于 1000h 为次品,那么我们所关心的次品率问题,也就归结为对随机变量 X 的分布函数及其主要数字特征的研究.

从总体中抽取一个个体,就是对代表总体的随机变量 X 进行一次试验(观测).从总体中抽取 n 个个体,就是对随机变量 X 进行 n 次试验(观测),即得到一个容量为 n 的样

本 $X_1, X_2, \cdots, X_n$，把这 n 个随机变量看作一个整体，则样本就是 n 元随机变量，记作 $(X_1,$ $X_2, \cdots, X_n)$．当试验结束后，我们就得到一组实数 $x_1, x_2, \cdots, x_n$，称其为**样本观测值**或**样本值**．

由于我们的任务是从样本推断总体，为了使所抽取的样本具有充分的代表性，从总体中抽取子样必须是随机的，即每个个体被抽到的机会是均等的，同时还要求每次抽取是独立的，即每次抽样结果不影响其他各次抽样结果，也不受其他各次抽样结果的影响，这种抽取方法叫做**简单随机抽样**，得到的样本称为**简单随机样本**．那么在具体的运作当中，怎样抽取才能得到简单随机样本呢？如果我们遇到的是无限总体，只要随机抽样即可．如果是有限总体则可采用有放回地重复随机抽样，即每次抽取一个进行观察后放回去，再抽取下一个，重复 n 次便可得到容量为 n 的简单随机样本，这种有放回地重复抽样在使用时很不方便（对一些破坏性试验观察后放回是不可能的），因此当样本容量相对于总体容量很小时，比如不超过总体的 5% 时，也可采用无放回地随机抽样，这样得到的样本，可近似地看作简单随机样本．如不特别声明，今后提到的抽样及样本均指简单随机抽样和简单随机样本．

综上所述，我们给出以下定义．

定义 6.1　设 X 是一个具有分布函数 $F(x)$ 的随机变量，$X_1, X_2, \cdots, X_n$ 是一组相互独立且与 X 具有相同分布函数 $F(x)$ 的随机变量，则称 $X_1, X_2, \cdots, X_n$ 为来自总体 X 的**简单随机样本**，简称**样本**；n 为**样本容量**，它们的观测值 $x_1, x_2, \cdots, x_n$ 称为**样本值**．

由定义得：若 $(X_1, X_2, \cdots, X_n)$ 为总体 X 的一个样本，则样本的概率分布函数为

$$F^*(x_1, x_2, \cdots, x_n) = F(x_1)F(x_2)\cdots F(x_n).$$

若总体 X 是离散型随机变量，其概率分布为 $P(x^{(i)}) = P(X = x^{(i)})(i = 1, 2, \cdots)$，$X$ 取有限个或可列个值，则样本 $(X_1, X_2, \cdots, X_n)$ 取值 $(x_1, x_2, \cdots, x_n)$ 的概率为

$$P^*(x_1, x_2, \cdots, x_n) = P(X_1 = x_1, X_2 = x_2, \cdots, X_n = x_n) = P(x_1)P(x_2)\cdots P(x_n),$$

其中 $x_1, x_2, \cdots, x_n$ 中每一个值都是在 X 所有可能的取值 $x^{(1)}, x^{(2)}, \cdots$ 之中的．

若 X 是连续型随机变量，概率密度为 $p(x)$，则样本 $(X_1, X_2, \cdots, X_n)$ 的概率密度为

$$p^*(x_1, x_2, \cdots, x_n) = p(x_1)p(x_2)\cdots p(x_n).$$

以后提到一个容量为 n 的样本时，常具有双重意义：有时特指某次抽取的样本值，有时又泛指抽取的随机样本，即一个 n 元随机变量．两者的区别在于，如果是作一般性的讨论，则指随机样本；如果是处理具体问题，则指的是样本值．

2. 样本分布

样本既然是随机变量，就有一定的概率分布，这个分布就叫做**样本分布**．

设总体 X 的分布函数是 $F(x)$，从总体中抽取容量为 n 的样本，得到 n 个观测值 $(x_1, x_2, \cdots, x_n)$，把样本中的数据由小到大依次排列，把相同的数合并，并指出其频数，就

可写出下面的频率分布表：

观测值	x_1^*	x_2^*	$\cdots$	x_l^*
频　数	m_1	m_2	$\cdots$	m_l
频　率	ω_1	ω_2	$\cdots$	ω_l

其中 $x_1^* < x_2^* < \cdots < x_l^*$，

$$\omega_i = \frac{m_i}{n} \quad (i = 1, 2, \cdots, l), \quad 且 \quad \sum_{i=1}^{l} m_i = n, \quad \sum_{i=1}^{l} \omega_i = 1.$$

定义函数

$$F_n(x) = \begin{cases} 0, & 当 \ x < x_1^*, \\ \dfrac{m_1}{n}, & 当 \ x_1^* \leqslant x < x_2^*, \\ \vdots \\ \dfrac{m_1 + m_2 + \cdots + m_k}{n}, & 当 \ x_k^* \leqslant x < x_{k+1}^* \quad (k \leqslant l-1), \\ \vdots \\ 1, & 当 \ x \geqslant x_l^*. \end{cases}$$

称 $F_n(x)$ 为**样本分布函数**（或**经验分布函数**）.

$F_n(x)$ 的图形就是累积频率曲线，它是非降的阶梯形函数，在 x_k^* 处具有跳跃度 $\dfrac{m_k}{n}$（$1 \leqslant k \leqslant l$，见图 6.1）. 对任意固定的 x，$F_n(x)$ 是事件"$X \leqslant x$"在 n 次试验中出现的频率. 由概率与频率的关系知道，$F_n(x)$ 可以作为未知分布函数 $F(x)$ 的一个近似. n 越大，近似得越好.

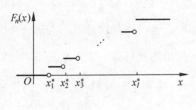

图 6.1

例 6.1 从纺织车间抽取 10 匹布，检查每匹的疵点数得到样本值为 $(1, 0, 3, 1, 1, 2, 0, 1, 2, 0)$. 写出频率分布及样本分布函数.

将样本的观测值由小到大排列整理后，即可得到频率分布，列表如下：

观测值	0	1	2	3
频　数	3	4	2	1
频　率	$\dfrac{3}{10}$	$\dfrac{4}{10}$	$\dfrac{2}{10}$	$\dfrac{1}{10}$

样本分布函数为

$$F_{10}(x) = \begin{cases} 0, & \text{当 } x < 0, \\ \dfrac{3}{10}, & \text{当 } 0 \leqslant x < 1, \\ \dfrac{7}{10}, & \text{当 } 1 \leqslant x < 2, \\ \dfrac{9}{10}, & \text{当 } 2 \leqslant x < 3, \\ 1, & \text{当 } x \geqslant 3. \end{cases}$$

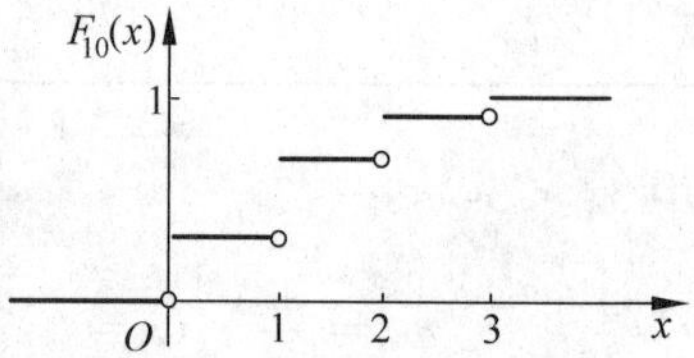

其图像如图 6.2 所示.

图　6.2

6.2　统计量

样本是总体的代表与反映,是对总体进行分析、推断的依据,但在实际应用时,却很少直接利用样本所提供的原始数据进行推断,而是针对不同的问题构造出样本的相应函数,这些函数就称为**统计量**.

定义 6.2　设 $X_1, X_2, \cdots, X_n$ 是来自总体 X 的一个样本,$g(X_1, X_2, \cdots, X_n)$ 是一连续函数,且不包含任何未知参数,则称 $g(X_1, X_2, \cdots, X_n)$ 为统计量.

由于样本 $X_1, X_2, \cdots, X_n$ 是随机变量,所以统计量也是随机变量.若样本的观测值为 $(x_1, x_2, \cdots, x_n)$,则 $g(x_1, x_2, \cdots, x_n)$ 就是相应统计量 $g(X_1, X_2, \cdots, X_n)$ 的观测值.

例 6.2　设总体 $X \sim N(\mu, \sigma^2)$,其中 μ 已知,而 σ^2 未知,(X_1, X_2, X_3) 是从总体抽取的一个简单随机样本. 指出 $X_1 + X_2 + X_3, \max\{X_1, X_2, X_3\}, \displaystyle\sum_{i=1}^{3} \dfrac{X_i^2}{\sigma^2}, \dfrac{X_2 - X_1}{3}$ 之中,哪些是统计量,哪些不是统计量,为什么?

解　$X_1 + X_2 + X_3, \max\{X_1, X_2, X_3\}, \dfrac{X_2 - X_1}{3}$ 都是统计量,因为它们均不包含任何未知参数;而 $\displaystyle\sum_{i=1}^{3} \dfrac{X_i^2}{\sigma^2}$ 中包含未知参数 σ^2,所以它不是一个统计量.

常用的统计量如下:

(1) 样本均值

$$\overline{X} = \frac{1}{n} \sum_{i=1}^{n} X_i. \tag{6.1}$$

(2) 样本方差(修正)

$$S^2 = \frac{1}{n-1} \sum_{i=1}^{n} (X_i - \overline{X})^2 = \frac{1}{n-1} \Big(\sum_{i=1}^{n} X_i^2 - n\overline{X}^2 \Big). \tag{6.2}$$

（3）样本标准差

$$S = \sqrt{\frac{1}{n-1} \sum_{i=1}^{n} (X_i - \overline{X})^2}. \tag{6.3}$$

（4）样本 k 阶原点矩

$$A_k = \frac{1}{n} \sum_{i=1}^{n} X_i^k \quad (k=1,2,\cdots). \tag{6.4}$$

当 $k=1$ 时为样本均值.

（5）样本 k 阶中心矩

$$B_k = \frac{1}{n} \sum_{i=1}^{n} (X_i - \overline{X})^k \quad (k=1,2,\cdots). \tag{6.5}$$

显然 $B_2 = \frac{n-1}{n} S^2$. 故当容量 n 较大时 $B_2 \approx S^2$.

若样本是用频数分布给出，即

观测值	x_1	x_2	$\cdots$	x_l
频 数	m_1	m_2	$\cdots$	m_l

则有下列计算公式：

$$\overline{x} = \frac{1}{n} \sum_{i=1}^{l} m_i x_i, \quad s^2 = \frac{1}{n-1} \sum_{i=1}^{l} m_i (x_i - \overline{x})^2,$$

$$a_k = \frac{1}{n} \sum_{i=1}^{l} m_i x_i^k, \quad b_k = \frac{1}{n} \sum_{i=1}^{l} m_i (x_i - \overline{x})^k.$$

例 6.3 从总体中抽得容量为 50 的样本，其频数分布为

观测值 x_i	1	2	3	4	5
频 数 m_i	8	12	6	15	9

试计算样本均值及样本方差.

解 样本均值 $\overline{x} = \frac{1}{50} \sum_{i=1}^{5} m_i x_i = \frac{1}{50}(8 \times 1 + 12 \times 2 + 6 \times 3 + 15 \times 4 + 9 \times 5) = 3.1$.

样本方差

$$s^2 = \frac{1}{50-1} \sum_{i=1}^{5} m_i (x_i - \overline{x})^2$$

$$= \frac{1}{49} [8 \times (1-3.1)^2 + 12 \times (2-3.1)^2 + 6 \times (3-3.1)^2$$

$$+ 15 \times (4-3.1)^2 + 9 \times (5-3.1)^2] = 1.92857.$$

6.3　抽样分布

样本是随机变量,其概率分布为样本分布.统计量是样本的函数,也是随机变量,我们称统计量的分布为**抽样分布**.由于统计量是进行统计推断的基础,因而确定统计量的抽样分布是数理统计的一个基本问题.

下面将要介绍几种重要的抽样分布——χ^2 分布、t 分布和 F 分布.在此之前,我们先介绍正态总体的样本均值 $\overline{X}$ 的分布.

1. 正态总体中样本均值 $\overline{X}$ 的分布

定理 6.1　设总体 X 服从正态分布 $N(\mu,\sigma^2)$,$X_1,X_2,\cdots,X_n$ 是来自 X 的一个样本,则样本均值 $\overline{X}$ 服从正态分布 $N\left(\mu,\dfrac{\sigma^2}{n}\right)$,即

$$\overline{X} = \frac{1}{n}\sum_{i=1}^{n} X_i \sim N\left(\mu,\frac{\sigma^2}{n}\right). \tag{6.6}$$

证　由于随机变量 $X_1,X_2,\cdots,X_n$ 相互独立且都服从同一正态分布 $N(\mu,\sigma^2)$,而 $\overline{X}=\dfrac{1}{n}\sum_{i=1}^{n}X_i$ 是正态随机变量的线性函数,因而 $\overline{X}$ 也服从正态分布.又知 $E\overline{X}=\mu$,$D\overline{X}=\dfrac{\sigma^2}{n}$,所以 $\overline{X}\sim N\left(\mu,\dfrac{\sigma^2}{n}\right)$.

推论 1　设总体 X 服从正态分布 $N(\mu,\sigma^2)$,$X_1,X_2,\cdots,X_n$ 是来自 X 的一个样本,则有

$$U = \frac{\overline{X}-\mu}{\sigma/\sqrt{n}} \sim N(0,1). \tag{6.7}$$

推论 2　设 $X_1,X_2,\cdots,X_{n_1}$ 和 $Y_1,Y_2,\cdots,Y_{n_2}$ 分别是来自两个相互独立的正态总体 $N(\mu_1,\sigma_1^2)$ 及 $N(\mu_2,\sigma_2^2)$ 的样本,$\overline{X}$,$\overline{Y}$ 分别为两样本的均值,则

$$U = \frac{\overline{X}-\overline{Y}-(\mu_1-\mu_2)}{\sqrt{\dfrac{\sigma_1^2}{n_1}+\dfrac{\sigma_2^2}{n_2}}} \sim N(0,1). \tag{6.8}$$

若 $X_1,X_2,\cdots,X_n$ 为来自任意总体 X 的一个样本,且 $EX=\mu$,$DX=\sigma^2$,则当 n 充分大时,根据中心极限定理,$\overline{X}$ 近似服从正态分布 $N\left(\mu,\dfrac{\sigma^2}{n}\right)$.

2. χ^2 分布

1) χ^2 分布的定义和性质

定义 6.3　设随机变量 $X_1,X_2,\cdots,X_n$ 相互独立,且服从标准正态分布 $N(0,1)$,则称

随机变量

$$\chi^2 = X_1^2 + X_2^2 + \cdots + X_n^2 \tag{6.9}$$

的分布是自由度为 n 的 χ^2 分布,记作 $\chi^2 \sim \chi^2(n)$,其中自由度 n 是指(6.9)式右端包含的独立变量的个数.

χ^2 分布的概率密度为

$$p(x) = \begin{cases} \dfrac{1}{2^{\frac{n}{2}} \Gamma\left(\dfrac{n}{2}\right)} x^{\frac{n}{2}-1} \mathrm{e}^{-\frac{x}{2}}, & x > 0, \\ 0, & x \leqslant 0, \end{cases} \tag{6.10}$$

其中 $\Gamma\left(\dfrac{n}{2}\right)$ 是 Γ 函数 $\Gamma(\alpha) = \displaystyle\int_0^{+\infty} x^{\alpha-1} \mathrm{e}^{-x} \mathrm{d}x$ 在 $\dfrac{n}{2}$ 的值. $p(x)$ 的图形如图 6.3 所示.

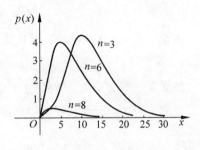

图 6.3

下面来推导式(6.10).采用数学归纳法,当 $n=1$ 时,$\chi^2 = X_1^2$,由习题 2.33 的结果知 $\chi^2 = X_1^2$ 的概率密度为

$$p_{X_1^2}(y) = \begin{cases} \dfrac{1}{\sqrt{2\pi}} y^{-\frac{1}{2}} \mathrm{e}^{-\frac{y}{2}}, & y > 0, \\ 0, & y \leqslant 0. \end{cases}$$

将上式与式(6.10)比较,并注意 $\Gamma\left(\dfrac{1}{2}\right) = \sqrt{\pi}$,可知上式是式(6.10)当 $n=1$ 时的特例,即 $n=1$ 时式(6.10)成立.

假设 $n=k$ 时式(6.10)成立,即 $\chi^2 = X_1^2 + X_2^2 + \cdots + X_k^2$ 的分布密度是

$$p_{X_1^2+X_2^2+\cdots+X_k^2}(x) = \begin{cases} \dfrac{1}{2^{\frac{k}{2}} \Gamma\left(\dfrac{k}{2}\right)} x^{\frac{k}{2}-1} \mathrm{e}^{-\frac{x}{2}}, & x > 0, \\ 0, & x \leqslant 0. \end{cases}$$

当 $n=k+1$ 时,注意到 $X_1^2 + X_2^2 + \cdots + X_k^2$ 与 X_{k+1}^2 相互独立,由卷积公式知,$\chi^2 = (X_1^2 + X_2^2 + \cdots + X_k^2) + X_{k+1}^2$ 的概率密度为

$$p_{\chi^2}(z) = \int_{-\infty}^{+\infty} p_{X_1^2+X_2^2+\cdots+X_k^2}(x) p_{X_{k+1}^2}(z-x) \mathrm{d}x.$$

上述积分中只有当 $x > 0$ 且 $z-x > 0$ 时被积函数才不为0,故当 $z \leqslant 0$ 时,$p_{\chi^2}(z) = 0$;当 $z > 0$ 时,

$$p_{\chi^2}(z) = \frac{\mathrm{e}^{-\frac{z}{2}}}{2^{\frac{k+1}{2}} \Gamma\left(\dfrac{k}{2}\right) \Gamma\left(\dfrac{1}{2}\right)} \int_0^z x^{\frac{k}{2}-1} (z-x)^{\frac{1}{2}-1} \mathrm{d}x.$$

令 $x = zt$,则积分

$$\int_0^z x^{\frac{k}{2}-1}(z-x)^{\frac{1}{2}-1}\mathrm{d}x = z^{\frac{k+1}{2}-1}\int_0^1 t^{\frac{k}{2}-1}(1-t)^{\frac{1}{2}-1}\mathrm{d}t,$$

利用贝塔函数 $\beta(r,s) = \int_0^1 (1-t)^{r-1}t^{s-1}\mathrm{d}t = \dfrac{\Gamma(r)\Gamma(s)}{\Gamma(r+s)}$($r,s$ 为正常数) 并与上式一同代入

$p_{\chi^2}(z)$ 中,则有 $p_{\chi^2}(z) = \dfrac{1}{2^{\frac{k+1}{2}}\Gamma\left(\dfrac{k+1}{2}\right)}z^{\frac{k+1}{2}-1}\mathrm{e}^{-\frac{z}{2}},z>0$,即 $n = k+1$ 时式(6.10)成立.

χ^2 分布具有如下性质.

性质 1　若随机变量 X,Y 相互独立,且 $X \sim \chi^2(n_1),Y \sim \chi^2(n_2)$,则

$$Z = X + Y \sim \chi^2(n_1 + n_2).$$

推论　若 $X_1,X_2,\cdots,X_k$ 相互独立,且分别服从自由度为 $n_1,n_2,\cdots,n_k$ 的 χ^2 分布,则

$$X_1 + X_2 + \cdots + X_k \sim \chi^2(n_1 + n_2 + \cdots + n_k). \tag{6.11}$$

性质 2　$E[\chi^2(n)] = n,D[\chi^2(n)] = 2n.$

性质 1 表明 χ^2 分布具有可加性,证明与推导式(6.10)的过程类似;性质 2 是习题 4.26 的结论.

2) 服从 χ^2 分布的统计量

定理 6.2　设总体 $X \sim N(\mu,\sigma^2),X_1,X_2,\cdots,X_n$ 是来自总体 X 的样本,则

(1) 样本均值 $\overline{X}$ 与样本方差 S^2 相互独立;

(2) $\dfrac{(n-1)S^2}{\sigma^2} = \dfrac{1}{\sigma^2}\sum_{i=1}^{n}(X_i - \overline{X})^2 \sim \chi^2(n-1).$ $\tag{6.12}$

定理的证明从略.这里仅对其自由度作一些简要说明.

统计量 $\dfrac{(n-1)S^2}{\sigma^2} = \dfrac{1}{\sigma^2}\sum_{i=1}^{n}(X_i - \overline{X})^2 = \sum_{i=1}^{n}\left(\dfrac{X_i - \overline{X}}{\sigma}\right)^2$ 虽然是 n 个正态随机变量的平方

和,但它们并不是独立的,因为有一个线性约束条件 $\sum_{i=1}^{n}\dfrac{X_i - \overline{X}}{\sigma} = \dfrac{1}{\sigma}\left(\sum_{i=1}^{n}X_i - n\overline{X}\right) = 0$,所以当其中 $n-1$ 个变量给定后另一个就完全确定,故自由度为 $n-1$.

3) χ^2 分布的上侧分位数

设 $\chi^2 \sim \chi^2(n)$,对于给定的正数 $\alpha,0<\alpha<1$,称满足条件

$$P(\chi^2 > \lambda) = \int_\lambda^{+\infty} p(x)\mathrm{d}x = \alpha$$

的点 λ 为 $\chi^2(n)$ 分布 α 水平的上侧分位数,记作 $\lambda = \chi_\alpha^2(n)$. 它既与 α 有关,也与自由度 n 有关(如图 6.4).

例 6.4　已知 $X \sim \chi^2(25)$,求满足 $P(X>\lambda_1) = 0.01$

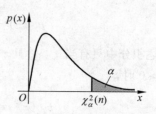

图 6.4

及 $P(X\leqslant\lambda_2)=0.95$ 的 λ_1 和 λ_2.

解 查附表 3[①],由 $n=25,\alpha=0.01$ 可得 $\lambda_1=44.314$.

对于 $P(X\leqslant\lambda_2)=0.95$,可经过转化后再查表,$P(X\leqslant\lambda_2)=1-P(X>\lambda_2)=0.95$,故 $P(X>\lambda_2)=0.05$,查表得 $\lambda_2=37.652$.

注 在附表 3 中,当 $n>45$ 时,由 α 查不到上侧分位数 $\chi_\alpha^2(n)$ 的数值. 此时可利用 χ^2 分布的渐近分布求分位数. 费希尔曾证明,当 n 充分大时,$\chi^2(n)$ 分布上侧分位数的近似公式 $\chi_\alpha^2(n)\approx\dfrac{1}{2}(\sqrt{2n-1}+u_\alpha)^2$,其中 u_α 是标准正态分布的上侧分位数,$\Phi(u_\alpha)=1-\alpha$.

比如,要求 $\chi_{0.05}^2(100)$ 的数值. 由 $\alpha=0.05$,查附表 2 得 $u_{0.05}=1.645$,代入上式可得

$$\chi_{0.05}^2(100)\approx\frac{1}{2}(\sqrt{2\times100-1}+1.645)^2=124.059.$$

3. t 分布

1) t 分布的定义和性质

定义 6.4 设 $X\sim N(0,1)$,$Y\sim\chi^2(n)$,且 X 与 Y 相互独立,则随机变量

$$t=\frac{X}{\sqrt{Y/n}} \tag{6.13}$$

的分布称为服从自由度为 n 的 t 分布,记作 $t\sim t(n)$. t 分布也称为**学生分布**.

可以证明(读者可参阅参考文献[2])t 分布的概率密度函数为

$$p(t)=\frac{\Gamma\left(\dfrac{n+1}{2}\right)}{\sqrt{n\pi}\,\Gamma\left(\dfrac{n}{2}\right)}\left(1+\frac{t^2}{n}\right)^{-\frac{n+1}{2}},\quad-\infty<t<+\infty.$$

其图形(见图 6.5)关于直线 $t=0$ 对称,可以证明,

$$\lim_{n\to\infty}p(t)=\frac{1}{\sqrt{2\pi}}e^{-\frac{t^2}{2}}.$$

故当 n 充分大时,t 分布近似于 $N(0,1)$ 分布.

2) 服从 t 分布的统计量

定理 6.3 设 $X_1,X_2,\cdots,X_n(n\geqslant2)$ 是取自正态总体 $N(\mu,\sigma^2)$ 的样本,$\overline{X},S$ 分别表示样本均值和标准差,则

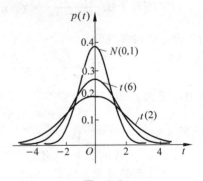

图 6.5

---

① 利用 Microsoft Excel 中的函数命令可以求得 $\chi_\alpha^2(n)$ 的值. 比如,计算 $\chi_{0.05}^2(10)$ 的命令为 CHIINV(0.05,10).

$$T = \frac{\overline{X} - \mu}{\dfrac{S}{\sqrt{n}}} \sim t(n-1). \tag{6.14}$$

证 因为 $\overline{X} \sim N\left(\mu, \dfrac{\sigma^2}{n}\right)$，故 $\dfrac{\overline{X} - \mu}{\dfrac{\sigma}{\sqrt{n}}} \sim N(0,1)$. 由定理 6.2 知 $\dfrac{(n-1)S^2}{\sigma^2} \sim \chi^2(n-1)$ 且 $\overline{X}$

与 S^2 相互独立，从而 $\dfrac{\overline{X} - \mu}{\dfrac{\sigma}{\sqrt{n}}}$ 与 $\dfrac{(n-1)S^2}{\sigma^2}$ 也相互独立. 故由定义 6.4 知，

$$\frac{\overline{X} - \mu}{\dfrac{S}{\sqrt{n}}} = \frac{\dfrac{\overline{X} - \mu}{\sigma / \sqrt{n}}}{\sqrt{\dfrac{(n-1)S^2/\sigma^2}{n-1}}} \sim t(n-1).$$

定理 6.4 设 $X_1, X_2, \cdots, X_{n_1}$ 和 $Y_1, Y_2, \cdots, Y_{n_2}$ $(n_1, n_2 \geqslant 2)$ 分别是来自两个相互独立的正态总体 $N(\mu_1, \sigma^2)$ 及 $N(\mu_2, \sigma^2)$ 的样本，$\overline{X}, \overline{Y}, S_1^2, S_2^2$ 分别表示两样本的均值和方差，则

$$T = \frac{(\overline{X} - \overline{Y}) - (\mu_1 - \mu_2)}{S_w \sqrt{\dfrac{1}{n_1} + \dfrac{1}{n_2}}} \sim t(n_1 + n_2 - 2). \tag{6.15}$$

其中 $S_w^2 = \dfrac{(n_1-1)S_1^2 + (n_2-1)S_2^2}{n_1 + n_2 - 2}$.

证 由式 (6.8) 知

$$U = \frac{(\overline{X} - \overline{Y}) - (\mu_1 - \mu_2)}{\sigma \sqrt{\dfrac{1}{n_1} + \dfrac{1}{n_2}}} \sim N(0,1),$$

由定理 6.2 知 $\dfrac{(n_1-1)S_1^2}{\sigma^2} \sim \chi^2(n_1-1)$，$\dfrac{(n_2-1)S_2^2}{\sigma^2} \sim \chi^2(n_2-1)$，并且它们相互独立.

由 χ^2 分布的可加性知

$$V = \frac{(n_1-1)S_1^2}{\sigma^2} + \frac{(n_2-1)S_2^2}{\sigma^2} \sim \chi^2(n_1 + n_2 - 2).$$

再由定义 6.4，得

$$\frac{U}{\sqrt{\dfrac{V}{n_1 + n_2 - 2}}} = \frac{(\overline{X} - \overline{Y}) - (\mu_1 - \mu_2)}{S_w \sqrt{\dfrac{1}{n_1} + \dfrac{1}{n_2}}} \sim t(n_1 + n_2 - 2).$$

3）t 分布的双侧分位数

对于给定的正数 $\alpha (0 < \alpha < 1)$，可由书后的附表 4[①]，求出 $P(|t(n)| > \lambda) = \alpha$ 所确定的

---

① 利用 Microsoft Excel 中的函数命令可以求得 $t_\alpha(n)$ 的值. 比如，计算 $t_{0.1}(10)$ 的命令为 TINV(0.1,10).

数值 λ,称 $\lambda = t_\alpha(n)$ 为 $t(n)$ 分布 α 水平的双侧分位数.由 t 分布的对称性易知

$$P(t(n) > t_\alpha(n)) = \frac{\alpha}{2}, \quad P(t(n) < -t_\alpha(n)) = \frac{\alpha}{2},$$

见图 6.6.当 $n > 45$ 时,因 t 分布与 $N(0,1)$ 分布非常接近,故可用标准正态分布近似 t 分布.

例 6.5 设随机变量 $T \sim t(10)$.

(1) 求 $\alpha = 0.05$ 时的双侧分位数.

(2) 设 $P(t > \lambda) = 0.01$,求 λ.

解 (1) 查附表 4 得 $t_{0.05}(10) = 2.228$.

(2) 由 $P(t(10) > \lambda) = 0.01$ 可知,

$$P(|t(10)| > \lambda) = 0.02,$$

故 $\lambda = 2.764$.

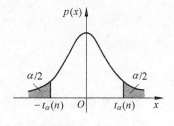

图 6.6

4. F 分布

1) F 分布的定义和性质

定义 6.5 设 $X \sim \chi^2(n_1)$,$Y \sim \chi^2(n_2)$,且 X 与 Y 相互独立,则随机变量

$$F = \frac{X/n_1}{Y/n_2} \tag{6.16}$$

所服从的分布称为自由度为 (n_1, n_2) 的 F 分布,记作 $F \sim F(n_1, n_2)$,其中 n_1 为第一自由度,n_2 为第二自由度.

可以证明(参阅参考文献[2])F 分布的概率密度为

$$p(x) = \begin{cases} \dfrac{\Gamma\left(\dfrac{n_1+n_2}{2}\right)}{\Gamma\left(\dfrac{n_2}{2}\right)\Gamma\left(\dfrac{n_2}{2}\right)} \left(\dfrac{n_1}{n_2}\right)^{\frac{n_1}{2}} x^{\frac{n_1}{2}-1} \left(1 + \dfrac{n_1}{n_2}x\right)^{-\frac{n_1+n_2}{2}}, & x > 0. \\ 0, & x \leqslant 0. \end{cases}$$

其图形见图 6.7.由定义 6.5 可知

$$\frac{1}{F} = \frac{Y/n_2}{X/n_1} \sim F(n_2, n_1). \tag{6.17}$$

2) 服从 F 分布的统计量

定理 6.5 设 $X_1, X_2, \cdots, X_{n_1}$ 和 $Y_1, Y_2, \cdots, Y_{n_2}$ $(n_1, n_2 \geqslant 2)$ 分别是来自两个相互独立的正态总体 $N(\mu_1, \sigma_1^2)$ 及 $N(\mu_2, \sigma_2^2)$ 的样本,则

$$F = \frac{S_1^2/\sigma_1^2}{S_2^2/\sigma_2^2} \sim F(n_1-1, n_2-1), \tag{6.18}$$

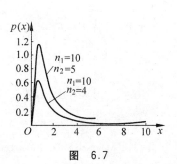

图 6.7

其中 S_1^2, S_2^2 分别是两个样本的方差.

证   由定理 6.2 知

$$\frac{(n_1-1)S_1^2}{\sigma_1^2} \sim \chi^2(n_1-1), \quad \frac{(n_2-1)S_2^2}{\sigma_2^2} \sim \chi^2(n_2-1),$$

且它们相互独立,由定义 6.5 知

$$\frac{(n_1-1)S_1^2/\sigma_1^2(n_1-1)}{(n_2-1)S_2^2/\sigma_2^2(n_2-1)} \sim F(n_1-1, n_2-1),$$

即

$$\frac{S_1^2/\sigma_1^2}{S_2^2/\sigma_2^2} \sim F(n_1-1, n_2-1).$$

3) F 分布的上侧分位数

类似于 χ^2 分布和 t 分布,F 分布的上侧分位数是指满足条件 $P(F(n_1,n_2)>\lambda)=\alpha (0<\alpha<1)$ 的数值 λ,记作 $\lambda=F_\alpha(n_1,n_2)$,称 λ 为 $F(n_1,n_2)$ 分布 α 水平的上侧分位数. $F_\alpha(n_1,n_2)$ 的值可由附表 5[①] 查得,其几何意义如图 6.8 所示.

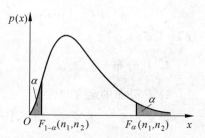

图   6.8

例 6.6   设 $F \sim F(10,24)$. 求满足 $P(F>\lambda_1)=0.05, P(F<\lambda_2)=0.025$ 的 λ_1 和 λ_2.

解   由附表 5 中 $\alpha=0.05$ 查得

$$\lambda_1 = F_{0.05}(10,24) = 2.25.$$

对于 $P(F<\lambda_2)=0.025$,由

$$P(F(10,24)<\lambda_2) = P\left(\frac{1}{F(10,24)} > \frac{1}{\lambda_2}\right) = 0.025$$

及 $\dfrac{1}{F(10,24)} \sim F(24,10)$ 知 $\dfrac{1}{\lambda_2}=3.37$,即 $P\left(F(10,24)<\dfrac{1}{3.37}\right)=0.025$. 故 $\lambda_2=\dfrac{1}{3.37}=0.297$.

F 分布的上侧分位数有下面的性质:

$$F_{1-\alpha}(n_1, n_2) = \frac{1}{F_\alpha(n_2, n_1)}. \tag{6.19}$$

事实上,若 $F \sim F(n_1, n_2)$,由定义知:

$$1-\alpha = P(F > F_{1-\alpha}(n_1, n_2)) = P\left(\frac{1}{F} < \frac{1}{F_{1-\alpha}(n_1, n_2)}\right)$$

$$= 1 - P\left(\frac{1}{F} \geqslant \frac{1}{F_{1-\alpha}(n_1, n_2)}\right) = 1 - P\left(\frac{1}{F} > \frac{1}{F_{1-\alpha}(n_1, n_2)}\right).$$

---

①   利用 Microsoft Excel 中的函数命令可以求得 $F_\alpha(n_1,n_2)$ 的值. 比如,计算 $F_{0.05}(10,20)$ 的命令为 FINV(0.05, 10,20).

于是 $P\left(\dfrac{1}{F}>\dfrac{1}{F_{1-\alpha}(n_1,n_2)}\right)=\alpha$，再由式（6.17）得 $P\left(\dfrac{1}{F}>F_{\alpha}(n_2,n_1)\right)=\alpha$. 比较两式，得

$$\dfrac{1}{F_{1-\alpha}(n_1,n_2)}=F_{\alpha}(n_2,n_1).\ \text{即}\ F_{1-\alpha}(n_1,n_2)=\dfrac{1}{F_{\alpha}(n_2,n_1)}.$$

例如，$F_{0.95}(24,10)=\dfrac{1}{F_{0.05}(10,24)}=\dfrac{1}{2.25}=0.44.$

习题 6

6.1　设总体 X 服从正态分布 $N(12,2^2)$，今抽取容量为 5 的样本 $X_1,X_2,\cdots,X_5$，$\overline{X}$ 为样本均值.

(1) 写出 $\overline{X}$ 所服从的分布；

(2) 求 $\overline{X}$ 大于 13 的概率.

6.2　在总体 $N(52,6.3^2)$ 中随机抽取一容量为 36 的样本，求样本均值 $\overline{X}$ 落在 50.8 到 53.8 之间的概率.

6.3　设 $X_1,X_2,\cdots,X_n$ 是总体 X 的样本，若：(1) X 服从参数为 p 的 0-1 分布；(2) X 服从参数为 λ 的泊松分布；(3) X 服从参数为 λ 的指数分布. 分别求 $E\overline{X},D\overline{X}$.

6.4　设 $X_1,X_2,\cdots,X_{10}$ 为总体 $N(0,0.3^2)$ 的一个样本，求 $P\left(\sum\limits_{i=1}^{10}X_i^2>1.44\right)$.

6.5　设总体 $X\sim N(40,5^2)$. (1) 抽取容量为 64 的样本，求 $P(|\overline{X}-40|<1)$；(2) 抽取样本容量 n 多大时，才能使概率 $P(|\overline{X}-40|<1)$ 达到 0.95？

6.6　设总体服从正态分布 $N(20,3),X_1,X_2,\cdots,X_{10}$ 和 $Y_1,Y_2,\cdots,Y_{15}$ 分别是来自总体的两个独立样本. 求两个样本平均值之差的绝对值大于 0.3 的概率.

6.7　设 $\overline{X}$ 和 $\overline{Y}$ 是来自总体 $N(\mu,\sigma^2)$ 的容量为 n 的两个独立样本的均值. 试确定 n，使得两个样本均值之差超过 σ 的概率大约为 0.01.

6.8　设总体 $X\sim N(\mu,\sigma^2),X_1,X_2,\cdots,X_{20}$ 是 X 的样本，求下列概率：

(1) $P\left(10.9\leqslant\dfrac{1}{\sigma^2}\sum\limits_{i=1}^{20}(X_i-\mu)^2\leqslant 37.6\right)$；

(2) $P\left(11.7\leqslant\dfrac{1}{\sigma^2}\sum\limits_{i=1}^{20}(X_i-\overline{X})^2\leqslant 38.6\right)$.

6.9　查表求出下列各式中的 λ 值：

(1) $P(\chi^2(10)>\lambda)=0.05$；　　　　　(2) $P(\chi^2(9)<\lambda)=0.01$；

(3) $P(|t(10)|<\lambda)=0.90$；　　　　　(4) $P(t(9)>\lambda)=0.01$；

(5) $P(F(12,20)<\lambda)=0.05$；　　　　　(6) $P(F(12,20)>\lambda)=0.975$.

6.10　从正态总体 $N(\mu,\sigma^2)$ 中抽取一容量为 16 的样本，S^2 为样本方差. 这里 μ 和 σ^2

均为未知,求: $(1) P\left(\dfrac{S^2}{\sigma^2} \leqslant 2.041\right)$; $(2) D(S^2)$.

6.11   从一正态总体中抽取容量为 10 的样本. 假定有 2% 的样本均值与总体均值之差的绝对值在 4 以上,求总体的标准差.

6.12   设总体 $X \sim N(\mu, 4^2)$, $X_1, X_2, \cdots, X_{10}$ 是 X 的一个样本, S^2 为样本方差,已知 $P(S^2 > a) = 0.1$,求 a 的值.

6.13   设 $X_1, X_2, \cdots, X_5$ 是来自 $N(0,1)$ 的一组样本.

(1) 试确定常数 a, b 使得随机变量 $a(X_1 + X_2)^2 + b(X_3 + X_4 + X_5)^2$ 服从 χ^2 分布,并指出它的自由度.

(2) 试确定常数 c, d 使得随机变量 $c(X_1^2 + X_2^2)/d(X_3 + X_4 + X_5)^2$ 服从 F 分布,并指出它的自由度.

6.14   已知随机变量 $T \sim t(n)$,试证 $T^2 \sim F(1, n)$.

6.15   设总体 $X \sim \chi^2(n)$, $X_1, X_2, \cdots, X_{10}$ 是来自 X 的样本,求 $E(\bar{X})$, $D(\bar{X})$, $E(S^2)$.

第 7 章

参 数 估 计

数理统计的基本问题是根据样本提供的信息,对总体的分布及分布的数字特征作出统计推断.统计推断的主要内容分为两大类:一类是统计估计问题,其主要内容是本章将要介绍的参数估计;另一类是假设检验问题.

在实际问题中,所研究的总体分布类型常常是已知的,但其中含有一个或几个未知参数.这时,如何从样本估计总体分布中的未知参数就是参数估计问题.另外,在某些问题中,事先并不知道总体分布的形式,而所关心的仅仅是总体的某些数字特征(如总体的期望和方差),它们同总体分布中的参数有一定关系,因而对数字特征的估计问题也称为参数估计问题.参数估计的形式分为两类:点估计和区间估计,下面分别加以介绍.

7.1 点估计

点估计问题的一般提法:设 $\theta_1, \theta_2, \cdots, \theta_k$ 是总体 X 的 k 个未知参数,$X_1, X_2, \cdots, X_n$ 是 X 的一个样本,$x_1, x_2, \cdots, x_n$ 是相应的样本值.所谓对参数 $\theta_i (1 \leqslant i \leqslant k)$ 作点估计,就是构造适当的统计量 $\hat{\theta}_i(X_1, X_2, \cdots, X_n)$,用它的观测值 $\hat{\theta}_i(x_1, x_2, \cdots, x_n)$ 来估计未知参数 θ_i,我们称 $\hat{\theta}_i(X_1, X_2, \cdots, X_n)$ 为 θ_i 的**估计量**,$\hat{\theta}_i(x_1, x_2, \cdots, x_n)$ 为 θ_i 的**估计值**,这种用 $\hat{\theta}_i$ 对参数 θ_i 所作的定值估计称为参数的**点估计**.

例如,若已知总体 $X \sim N(\mu, \sigma^2)$,其中 μ, σ^2 未知,$X_1, X_2, \cdots, X_n$ 是 X 的一组样本,用样本均值 $\overline{X} = \frac{1}{n} \sum_{i=1}^{n} X_i$ 与样本方差 $S^2 = \frac{1}{n-1} \sum_{i=1}^{n} (X_i - \overline{X})^2$ 分别来估计总体均值 μ 与总体方差 σ^2,就得到 μ 与 σ^2 的一个点估计量 $\hat{\mu} = \overline{X}$ 与 $\hat{\sigma}^2 = S^2$.

下面我们具体介绍两种常用的点估计法——矩法和最大似然法.

1. 矩估计法

一般情况下,要估计的参数都与总体的原点矩有关,有时其本身就是总体的某个原点矩,有时可以表示成某些原点矩的函数.

设 $\theta_1, \theta_2, \cdots, \theta_k$ 为总体 X 的 k 个待估参数,$X_1, X_2, \cdots, X_n$ 是来自总体 X 的样本.若

总体 X 的前 k 阶原点矩 $a_l = EX^l (l=1,2,\cdots,k)$ 存在,则它们也是 $\theta_1,\theta_2,\cdots,\theta_k$ 的函数. 记 $a_l = EX^l = g_l(\theta_1,\theta_2,\cdots,\theta_k)(l=1,2,\cdots,k)$,则有方程组

$$\begin{cases} g_1(\theta_1,\theta_2,\cdots,\theta_k) = a_1, \\ g_2(\theta_1,\theta_2,\cdots,\theta_k) = a_2, \\ \qquad\qquad\vdots \\ g_k(\theta_1,\theta_2,\cdots,\theta_k) = a_k. \end{cases} \tag{7.1}$$

解此方程组,有

$$\begin{cases} \theta_1 = h_1(a_1,a_2,\cdots,a_k), \\ \theta_2 = h_2(a_1,a_2,\cdots,a_k), \\ \qquad\qquad\vdots \\ \theta_k = h_k(a_1,a_2,\cdots,a_k). \end{cases}$$

再用样本的各阶原点矩 $\hat{a}_l = \dfrac{1}{n}\sum\limits_{i=1}^{n} X_i^l$ 替换总体的各阶原点矩 $a_l(l=1,2,\cdots,k)$,得到参数的点估计量

$$\begin{cases} \hat{\theta}_1 = h_1(\hat{a}_1,\hat{a}_2,\cdots,\hat{a}_k), \\ \hat{\theta}_2 = h_2(\hat{a}_1,\hat{a}_2,\cdots,\hat{a}_k), \\ \qquad\qquad\vdots \\ \hat{\theta}_k = h_k(\hat{a}_1,\hat{a}_2,\cdots,\hat{a}_k). \end{cases} \tag{7.2}$$

用这种方法得到的参数 $\theta_1,\theta_2,\cdots,\theta_k$ 的点估计量 $\hat{\theta}_1,\hat{\theta}_2,\cdots,\hat{\theta}_k$ 称为**矩估计量**. 用样本矩估计相应总体矩,用样本矩函数估计相应总体矩函数的方法,称为**矩估计法**.

例 7.1　设总体 X 服从二项分布 $B(N,p)$,其中 N 已知,$X_1,X_2,\cdots,X_n$ 是来自 X 的样本,求 p 的矩估计量.

解　由 $a_1 = EX = Np$,有 $p = \dfrac{a_1}{N}$. $\hat{a}_1 = \dfrac{1}{n}\sum\limits_{i=1}^{n} X_i = \overline{X}$,故参数 p 的矩估计量为 $\hat{p} = \dfrac{\overline{X}}{N}$.

例 7.2　设总体 X 服从 $[0,\theta]$ $(\theta>0)$ 上的均匀分布,$X_1,X_2,\cdots,X_n$ 是来自 X 的样本. 求参数 θ 的矩估计量.

解　由 $a_1 = EX = \dfrac{\theta}{2}$ 知 $\theta = 2a_1$,而 $\hat{a}_1 = \overline{X}$,所以 $\hat{\theta} = 2\overline{X}$.

例 7.3　设总体 X 的均值 μ 及方差 σ^2 都存在,且有 $\sigma^2 > 0$,但 μ,σ^2 均未知,$X_1,X_2,\cdots,X_n$ 是来自总体 X 的样本. 试求 μ,σ^2 的矩估计量.

解　由题设有

$$\begin{cases} a_1 = E(X) = \mu, \\ a_2 = E(X^2) = DX + (EX)^2 = \sigma^2 + \mu^2, \end{cases} \quad \text{即} \begin{cases} \mu = a_1, \\ \sigma^2 + \mu^2 = a_2, \end{cases}$$

解此方程组得

$$\begin{cases} \mu = a_1, \\ \sigma^2 = a_2 - a_1^2. \end{cases}$$

而 $\hat{a}_1 = \dfrac{1}{n}\sum_{i=1}^{n} X_i = \overline{X}, \hat{a}_2 = \dfrac{1}{n}\sum_{i=1}^{n} X_i^2$. 分别用 $\hat{a}_1, \hat{a}_2$ 估计 a_1, a_2, 即可得到 μ, σ^2 的估计量为

$$\hat{\mu} = \frac{1}{n}\sum_{i=1}^{n} X_i = \overline{X}, \quad \hat{\sigma}^2 = \frac{1}{n}\sum_{i=1}^{n} X_i^2 - \overline{X}^2 = \frac{1}{n}\sum_{i=1}^{n}(X_i - \overline{X})^2.$$

矩法是一种古老的估计方法,其特点是直观简便. 理论上可以证明矩估计量具有一致性,特别是在对总体的某些数字特征作估计时,不需知道总体分布的类型,但要求总体对应的矩存在. 另外,由于样本矩的表达式同总体分布类型无关,因此矩估计法有时没有充分利用总体分布类型对参数 θ 所提供的信息,因此它的估计量有时不是十分理想.

下面我们将介绍一种理论上比较完备且适用较为广泛的点估计法——最大似然法.

2. 最大似然估计法

最大似然法的直观想法是:一个试验有若干个可能结果 $A_1, A_2, \cdots$,如果在一次试验中 A_1 发生了,那么一般说来作出的估计应该有利于 A_1 的出现,即使得 A_1 出现的概率最大. 同样,若随机试验中所得到的样本观测值为 $x_1, x_2, \cdots, x_n$,我们就应当选取 $\theta_1, \theta_2, \cdots, \theta_k$ 的值,使样本观测值 $x_1, x_2, \cdots, x_n$ 出现的概率最大. 根据这一朴素想法,英国统计学家费希尔提出了最大似然估计的概念并严格证明了这一估计的某些优良性.

设总体 X 为连续型,其概率密度 $p(x; \theta_1, \theta_2, \cdots, \theta_k)$ 的形式已知,其中 $\theta_1, \theta_2, \cdots, \theta_k$ 为待估参数,$x_1, x_2, \cdots, x_n$ 是来自总体 X 的样本值. 我们知道,$p(x; \theta_1, \theta_2, \cdots, \theta_k)$ 在 x 处的值越大,总体 X 在 x 附近取值的概率也越大. 而样本 $X_1, X_2, \cdots, X_n$ 的联合密度 $\prod_{i=1}^{n} p(x_i; \theta_1, \theta_2, \cdots, \theta_k)$ 在 $(x_1, x_2, \cdots, x_n)$ 处的值越大,样本 $(X_1, X_2, \cdots, X_n)$ 在 $(x_1, x_2, \cdots, x_n)$ 附近取值的概率也越大. 现在抽样结果是样本值 $(x_1, x_2, \cdots, x_n)$,即一次试验中样本 $(X_1, X_2, \cdots, X_n)$ 取样本值 $(x_1, x_2, \cdots, x_n)$,所以应取使 $\prod_{i=1}^{n} p(x_i; \theta_1, \theta_2, \cdots, \theta_k)$ 达到

最大的 $\hat{\theta}_1,\hat{\theta}_2,\cdots,\hat{\theta}_k$ 作为对 $\theta_1,\theta_2,\cdots,\theta_k$ 的估计. 下面称

$$L = L(x_1,x_2,\cdots,x_n;\theta_1,\theta_2,\cdots,\theta_k) = \prod_{i=1}^{n} p(x_i;\theta_1,\theta_2,\cdots,\theta_k) \tag{7.3}$$

为**似然函数**.

若总体 X 为离散型,其概率分布为 $P(X=x)=P(x;\theta_1,\theta_2,\cdots,\theta_k)$,其中 $\theta_1,\theta_2,\cdots,\theta_k$ 为待估参数,$x_1,x_2,\cdots,x_n$ 为给定的样本值. 与处理连续型同样的想法,构造似然函数为

$$L = L(x_1,x_2,\cdots,x_n;\theta_1,\theta_2,\cdots,\theta_k) = \prod_{i=1}^{n} P(x_i;\theta_1,\theta_2,\cdots,\theta_k). \tag{7.4}$$

显然,对于给定的样本值 $x_1,x_2,\cdots,x_n$,似然函数是参数 $\theta_1,\theta_2,\cdots,\theta_k$ 的函数.

定义 7.1　若似然函数 $L=L(x_1,x_2,\cdots,x_n;\theta_1,\theta_2,\cdots,\theta_k)$ 在 $\hat{\theta}_i=\hat{\theta}_i(x_1,x_2,\cdots,x_n)$ 处取得最大值,则称 $\hat{\theta}_i=\hat{\theta}_i(x_1,x_2,\cdots,x_n)$ 为 θ_i 的**最大似然估计值**,相应的统计量 $\hat{\theta}_i=\hat{\theta}_i(X_1,X_2,\cdots,X_n)$ 称为 θ_i 的**最大似然估计量** $(i=1,2,\cdots,k)$.

如果 L 对 $\theta_1,\theta_2,\cdots,\theta_k$ 的偏导数存在,则由多元函数求极值的方法知,方程组 $\dfrac{\partial L}{\partial \theta_i}=0$ $(i=1,2,\cdots,k)$ 的解 $\hat{\theta}_i=\hat{\theta}_i(x_1,x_2,\cdots,x_n)$ 即为参数 θ_i 的最大似然估计.

由于 $\ln L$ 是 L 的增函数,所以 L 与 $\ln L$ 有相同的最大值点,而求 $\ln L$ 的最大值较为方便. 因此可由方程组

$$\frac{\partial \ln L}{\partial \theta_i} = 0, \qquad i = 1,2,\cdots,k \tag{7.5}$$

解得 $\hat{\theta}_1,\hat{\theta}_2,\cdots,\hat{\theta}_k$. 这个方程组称为**似然方程组**.

例 7.4　设总体 X 服从参数为 λ 的泊松分布,$x_1,x_2,\cdots,x_n$ 是来自 X 的一组样本. 试用最大似然法估计未知参数 λ.

解　作似然函数

$$L(x_1,x_2,\cdots,x_n;\lambda) = \frac{\lambda^{x_1}}{x_1!}e^{-\lambda} \cdot \frac{\lambda^{x_2}}{x_2!}e^{-\lambda} \cdot \cdots \cdot \frac{\lambda^{x_n}}{x_n!}e^{-\lambda}$$

$$= \frac{\lambda^{\sum\limits_{i=1}^{n} x_i}}{x_1!x_2!\cdots x_n!}e^{-n\lambda}.$$

取对数得 $\ln L = \sum\limits_{i=1}^{n} x_i \ln\lambda - \ln\prod\limits_{i=1}^{n}(x_i!) - n\lambda$,由 $\dfrac{\mathrm{d}\ln L}{\mathrm{d}\lambda} = \dfrac{1}{\lambda}\sum\limits_{i=1}^{n} x_i - n = 0$,解出 $\hat{\lambda} = \dfrac{1}{n}\sum\limits_{i=1}^{n} x_i = \bar{x}$.

例 7.5　设总体 X 服从参数为 $\lambda(\lambda>0)$ 的指数分布,求未知参数 λ 的最大似然估计 $\hat{\lambda}$.

解　X 的概率密度为

$$p(x;\lambda) = \begin{cases} \lambda e^{-\lambda x}, & x \geqslant 0, \\ 0, & x < 0, \end{cases} \quad \lambda > 0.$$

样本 $x_1, x_2, \cdots, x_n$ 的似然函数为

$$L(x_1, x_2, \cdots, x_n; \lambda) = \lambda e^{-\lambda x_1} \cdot \lambda e^{-\lambda x_2} \cdots \lambda e^{-\lambda x_n} = \lambda^n e^{-\lambda \sum\limits_{i=1}^{n} x_i}, \quad x_i \geqslant 0,$$

取对数 $\ln L = n\ln \lambda - \lambda \sum\limits_{i=1}^{n} x_i$，由 $\dfrac{\mathrm{d}\ln L}{\mathrm{d}\lambda} = \dfrac{n}{\lambda} - \sum\limits_{i=1}^{n} x_i = 0$，解出 $\hat{\lambda} = \dfrac{n}{\sum\limits_{i=1}^{n} x_i} = \dfrac{1}{\bar{x}}$.

例 7.6 设总体 $X \sim N(\mu, \sigma^2)$，其中 μ, σ^2 未知，$x_1, x_2, \cdots, x_n$ 是 X 的样本观测值，求 μ, σ^2 的最大似然估计值.

解 因为

$$p(x_i, \mu, \sigma^2) = \frac{1}{\sqrt{2\pi}\,\sigma} e^{-\frac{(x_i - \mu)^2}{2\sigma^2}}, \quad -\infty < x_i < +\infty,$$

所以似然函数为

$$L = \prod_{i=1}^{n} \left[\frac{1}{\sqrt{2\pi}\,\sigma} e^{-\frac{(x_i - \mu)^2}{2\sigma^2}} \right] = \left(\frac{1}{\sqrt{2\pi}\,\sigma} \right)^n e^{-\frac{1}{2\sigma^2} \sum\limits_{i=1}^{n} (x_i - \mu)^2},$$

取对数

$$\ln L = -n\ln(\sqrt{2\pi}) - \frac{n}{2}\ln \sigma^2 - \frac{1}{2\sigma^2} \sum_{i=1}^{n} (x_i - \mu)^2,$$

由

$$\begin{cases} \dfrac{\partial \ln L}{\partial \mu} = \dfrac{1}{\sigma^2} \sum\limits_{i=1}^{n} (x_i - \mu) = 0, \\[3mm] \dfrac{\partial \ln L}{\partial (\sigma^2)} = -\dfrac{n}{2\sigma^2} + \dfrac{1}{2(\sigma^2)^2} \sum\limits_{i=1}^{n} (x_i - \mu)^2 = 0, \end{cases}$$

解得 $\hat{\mu} = \dfrac{1}{n} \sum\limits_{i=1}^{n} x_i = \bar{x}, \hat{\sigma}^2 = \dfrac{1}{n} \sum\limits_{i=1}^{n} (x_i - \bar{x})^2$.

由结果知，当 $X \sim N(\mu, \sigma^2)$ 时，参数 μ 与 σ^2 的最大似然估计与矩估计相同. 但一般地用两种方法求得的估计量却未必一致.

例 7.7 从批量很大的一批产品中，随机抽查 n 件，发现 m 件次品，求次品率 p 的最大似然估计.

解 由于批量很大，可以认为样本 $X_1, X_2, \cdots, X_n$ 相互独立，且都与总体 X 服从参数为 p 的 0-1 分布，其分布律为 $P(X=x) = P(x; p) = p^x (1-p)^{1-x}, x = 0, 1$. 似然函数为

$$L = \prod_{i=1}^{n} p^{x_i} (1-p)^{1-x_i} = p^{\sum\limits_{i=1}^{n} x_i} (1-p)^{n - \sum\limits_{i=1}^{n} x_i},$$

$$\ln L = \Big(\sum_{i=1}^{n} x_i\Big)\ln p + \Big(n-\sum_{i=1}^{n} x_i\Big)\ln(1-p), \qquad x_i = 0,1.$$

由

$$\frac{\mathrm{d}\ln L}{\mathrm{d}p} = \frac{\sum\limits_{i=1}^{n} x_i}{p} - \frac{n-\sum\limits_{i=1}^{n} x_i}{1-p} = 0,$$

解得 $\hat{p} = \dfrac{1}{n}\sum\limits_{i=1}^{n} x_i = \bar{x} = \dfrac{m}{n}$.

例 7.8　设总体 X 服从 $[0,\theta]$ 上的均匀分布,其中未知参数 $\theta>0$,求 θ 的最大似然估计.

解　设样本值为 $x_1, x_2, \cdots, x_n$,则似然函数为

$$L(x_1, x_2, \cdots, x_n; \theta) = \begin{cases} \dfrac{1}{\theta^n}, & 0 \leqslant x_1, x_2, \cdots, x_n \leqslant \theta, \\ 0, & \text{其他.} \end{cases}$$

由于 $\dfrac{\mathrm{d}L}{\mathrm{d}\theta} = -\dfrac{n}{\theta^{n+1}} = 0$ 无驻点,这样只需考虑边界上的点.

因为 $0 \leqslant x_1, x_2, \cdots, x_n \leqslant \theta$,要使 L 达到最大,就要使 θ 达到最小. 而 $\theta \geqslant \max\{x_1, x_2, \cdots, x_n\}$,所以当 $\theta = \max\{x_1, x_2, \cdots, x_n\}$ 时,L 达到最大,从而 $\hat{\theta} = \max\{X_1, X_2, \cdots, X_n\}$ 是 θ 的最大似然估计.

综合上述求解过程可得,求最大似然估计的基本步骤如下:

(1) 根据总体分布类型写出 X 的概率密度(或分布律)表达式,其中含有未知参数;

(2) 写出似然函数(它是未知参数的函数);

(3) 列出似然方程组(7.5),其根即是参数的最大似然估计.

7.2　估计量的评选标准

当对总体的某一参数 θ 进行估计时,由于所采用的方法不同,因而可能存在不同的估计量,那么怎样衡量其好坏呢? 采用哪一个估计量为好? 这就涉及评价估计量好坏的标准问题. 下面介绍评价估计量好坏的三条标准——无偏性,有效性和一致性.

1. 无偏性

定义 7.2　设 $\hat{\theta}(X_1, X_2, \cdots, X_n)$ 是参数 θ 的估计量,若 $E(\hat{\theta}) = \theta$,则称 $\hat{\theta}$ 为 θ 的**无偏估计量**.

无偏性是对估计量的最基本的要求,如果 $\hat{\theta}$ 满足无偏性,那么由于取值的随机性,虽然

$\hat{\theta}$ 的值可能偏离参数 θ 的真值,但 $\hat{\theta}$ 取值的平均数即数学期望却等于未知参数 θ 的真值. 在科技中通常将 $E(\hat{\theta})-\theta$ 称为以 $\hat{\theta}$ 估计 θ 的系统误差. 无偏性估计的实际意义就是无系统误差.

例 7.9 设 $X_1,X_2,\cdots,X_n$ 是总体 X 的样本. 试证:样本均值 $\overline{X}=\dfrac{1}{n}\sum\limits_{i=1}^{n}X_i$ 与样本方差 $S^2=\dfrac{1}{n-1}\sum\limits_{i=1}^{n}(X_i-\overline{X})^2$ 分别是总体均值 EX 与总体方差 DX 的无偏估计.

证 $E\overline{X}=E\left(\dfrac{1}{n}\sum\limits_{i=1}^{n}X_i\right)=\dfrac{1}{n}\sum\limits_{i=1}^{n}EX_i=EX$,即 $\overline{X}$ 是 EX 的无偏估计;

由于 $S^2=\dfrac{1}{n-1}\left(\sum\limits_{i=1}^{n}X_i^2-n\overline{X}^2\right)$,故

$$E(S^2)=E\left(\dfrac{1}{n-1}\sum\limits_{i=1}^{n}X_i^2-\dfrac{n}{n-1}\overline{X}^2\right)=\dfrac{1}{n-1}E\left(\sum\limits_{i=1}^{n}X_i^2\right)-\dfrac{n}{n-1}E(\overline{X}^2)$$

$$=\dfrac{1}{n-1}\sum\limits_{i=1}^{n}E(X_i^2)-\dfrac{n}{n-1}E(\overline{X}^2)=\dfrac{n}{n-1}[E(X^2)-E(\overline{X}^2)],$$

而 $E(X^2)=DX+(EX)^2,E(\overline{X}^2)=D\overline{X}+(E\overline{X})^2$,于是

$$E(S^2)=\dfrac{n}{n-1}\{[DX+(EX)^2]-[D\overline{X}+(E\overline{X})^2]\}$$

$$=\dfrac{n}{n-1}\left\{DX+(EX)^2-\dfrac{DX}{n}-(EX)^2\right\}=DX.$$

故 S^2 是 DX 的无偏估计量.

此题结论说明,统计量 $S^2=\dfrac{1}{n-1}\sum\limits_{i=1}^{n}(X_i-\overline{X})^2$ 和 $S_0^2=\dfrac{1}{n}\sum\limits_{i=1}^{n}(X_i-\overline{X})^2$ 虽然在一定程度上都反映了 X 取值的离散程度,但用于估计总体方差 DX 时 S_0^2 有系统偏差,$E(S_0^2)=\dfrac{n-1}{n}DX$. 所以通常用样本方差 S^2 作为总体方差 DX 的估计. 不过当 n 很大时,由于 $\dfrac{n-1}{n}\approx 1$,这时 S^2 与 S_0^2 相差不大,所以应用上也就不加区别了.

注意 若 $\hat{\theta}$ 为参数 θ 的无偏估计量,但 $g(\hat{\theta})$ 不一定是 $g(\theta)$ 的无偏估计量. 例如样本标准差 $S=\sqrt{\dfrac{1}{n-1}\sum\limits_{i=1}^{n}(X_i-\overline{X})^2}$ 不是总体标准差 $\sqrt{DX}$ 的无偏估计量. 可以证明,对于正态总体,$\dfrac{\Gamma\left(\dfrac{n-1}{2}\right)\sqrt{n-1}}{\Gamma\left(\dfrac{n}{2}\right)\sqrt{2}}S$ 是标准差 $\sqrt{DX}$ 的无偏估计量,即

$$E\left[\frac{\Gamma\left(\dfrac{n-1}{2}\right)\sqrt{n-1}}{\sqrt{2}\,\Gamma\left(\dfrac{n}{2}\right)}S\right]=\sqrt{DX}.$$

2. 有效性

定义 7.3　设 $\hat{\theta}_1$ 和 $\hat{\theta}_2$ 都是 θ 的无偏估计量,若 $D(\hat{\theta}_1)<D(\hat{\theta}_2)$,则称 $\hat{\theta}_1$ 比 $\hat{\theta}_2$ **有效**.

用 $\hat{\theta}$ 估计 θ 仅有无偏性是不够的,比如 $\hat{\theta}_1,\hat{\theta}_2$ 都是 θ 的无偏估计量,因而它们都在 θ 附近摆动,如果在样本容量相同的情况下, $\hat{\theta}_1$ 的观测值较 $\hat{\theta}_2$ 更密集在真值 θ 的附近,则当然认为 $\hat{\theta}_1$ 较 $\hat{\theta}_2$ 更理想.所以用 $\hat{\theta}$ 估计 θ 时,其有效性除了无系统偏差外,还具有估计精度高的意义.

例 7.10　比较总体期望值 μ 的两个无偏估计 $\overline{X}=\dfrac{1}{n}\sum\limits_{i=1}^{n}X_i$ 和 $X'=\sum\limits_{i=1}^{n}a_iX_i$(其中 $\sum\limits_{i=1}^{n}a_i=1$)的有效性.

解　$E\overline{X}=\mu,\quad EX'=\sum\limits_{i=1}^{n}a_iEX_i=EX\sum\limits_{i=1}^{n}a_i=\mu,$

$$D\overline{X}=\frac{1}{n^2}\sum_{i=1}^{n}DX_i=\frac{DX}{n},\quad DX'=\sum_{i=1}^{n}a_i^2DX_i=DX\sum_{i=1}^{n}a_i^2,$$

利用不等式 $a_i^2+a_j^2\geqslant 2a_ia_j$,有

$$\left(\sum_{i=1}^{n}a_i\right)^2=\sum_{i=1}^{n}a_i^2+\sum_{i<j}2a_ia_j\leqslant\sum_{i=1}^{n}a_i^2+\sum_{i<j}(a_i^2+a_j^2)=n\sum_{i=1}^{n}a_i^2,$$

故

$$DX'=DX\sum_{i=1}^{n}a_i^2\geqslant\frac{DX}{n}\left(\sum_{i=1}^{n}a_i\right)^2=\frac{DX}{n}=D\overline{X}.$$

可见,在总体均值 μ 的所有形为 $\sum\limits_{i=1}^{n}a_iX_i$(其中 $\sum\limits_{i=1}^{n}a_i=1$)的无偏估计中, $\overline{X}$ 是最有效的无偏估计.

3. 一致性(相合性)

定义 7.4　设 $\hat{\theta}(X_1,X_2,\cdots,X_n)$ 是未知参数 θ 的估计量,若对任意 $\varepsilon>0$,恒有 $\lim\limits_{n\to\infty}P(|\hat{\theta}-\theta|<\varepsilon)=1$,则称 $\hat{\theta}$ 是 θ 的**一致估计量**(或相合估计量).

例如,设 $(X_1,X_2,\cdots,X_n)$ 是总体 X 的一个样本, μ 是总体均值.由大数定律,对任意

的 $\varepsilon > 0$，恒有 $\lim\limits_{n\to\infty}P\left(\left|\dfrac{1}{n}\sum\limits_{i=1}^{n}X_i-\mu\right|<\varepsilon\right)=1$. 由定义 7.4 知，$\overline{X}=\dfrac{1}{n}\sum\limits_{i=1}^{n}X_i$ 是总体均值 μ 的一致估计量.

估计量的一致性说明：对于大样本，由一次抽样得到的估计量 $\hat{\theta}$ 的值，可以作为未知参数 θ 的近似值. 当然，一致性只有在大样本（即样本容量足够大的情况）下才起作用.

期望和方差是总体 X 的重要数字特征，对它们的估计问题在参数估计中占有十分重要的地位. 通过前面的分析已经知道，样本均值 $\overline{X}$ 是总体均值 EX 的无偏估计和一致估计，而且可以证明，在 EX 的一切无偏估计中，$\overline{X}$ 的方差最小. 样本方差 S^2 是总体方差 DX 的无偏估计，还可以证明，S^2 是总体方差 DX 的一致估计. 因此，样本均值 $\overline{X}$ 和样本方差 S^2 分别是 EX 和 DX 的较好估计，实际中常常使用它们.

7.3　一个正态总体参数的区间估计

在前两节中我们讨论了参数的点估计，这种点估计的实质就是以估计值作为参数的近似值. 然而，由于参数未知，无法考证估计值与参数的近似程度. 在实际问题中，往往不仅需要求出参数的估计值，还要知道估计值的精确性及可靠性，即希望估计出一个范围，并知道这个范围包含参数真值的可信程度. 而这种范围通常是以区间形式给出的，所以称这种形式的参数估计为**区间估计**.

定义 7.5　设 θ 是总体 X 的一个未知参数，$X_1,X_2,\cdots,X_n$ 为 X 的样本，对于给定的 $\alpha(0<\alpha<1)$，若存在统计量 $\hat{\theta}_1=\hat{\theta}_1(X_1,X_2,\cdots,X_n)$ 和 $\hat{\theta}_2=\hat{\theta}_2(X_1,X_2,\cdots,X_n)$，使得

$$P(\hat{\theta}_1<\theta<\hat{\theta}_2)=1-\alpha, \tag{7.6}$$

则称随机区间 $(\hat{\theta}_1,\hat{\theta}_2)$ 为 θ 的 $1-\alpha$ **置信区间**. $1-\alpha$ 称为**置信度**，$\hat{\theta}_1$ 与 $\hat{\theta}_2$ 分别称为**置信下限**与**置信上限**.

式(7.6)的直观意义是：随机区间 $(\hat{\theta}_1,\hat{\theta}_2)$ 包含未知参数 θ 的真值的概率为 $1-\alpha$. 置信区间的长度反映了精度要求，区间越短越精确；置信度反映了区间估计的可靠性要求，α 越小，越可靠.

由于服从正态分布的总体广泛存在，因此我们着重讨论正态总体的期望 μ 与方差 σ^2 的区间估计.

1. 正态总体均值的区间估计

设总体 $X\sim N(\mu,\sigma^2)$，$X_1,X_2,\cdots,X_n$ 是来自总体 X 的样本. 求 X 的期望 μ 的置信度为 $1-\alpha$ 的置信区间.

1) σ^2 已知，求 μ 的置信区间

由于 $X \sim N(\mu, \sigma^2)$，故有 $U = \dfrac{\overline{X} - \mu}{\dfrac{\sigma}{\sqrt{n}}} \sim N(0, 1)$，对于给定的 $\alpha(0 < \alpha < 1)$，令

$P\left(\left| \dfrac{\overline{X} - \mu}{\sigma/\sqrt{n}} \right| < u_{\alpha/2} \right) = 1 - \alpha$，由此得

$$P\left(\overline{X} - u_{\alpha/2} \frac{\sigma}{\sqrt{n}} < \mu < \overline{X} + u_{\alpha/2} \frac{\sigma}{\sqrt{n}} \right) = 1 - \alpha.$$

于是，μ 的 $1 - \alpha$ 置信区间为

$$\left(\overline{X} - u_{\alpha/2} \frac{\sigma}{\sqrt{n}}, \ \overline{X} + u_{\alpha/2} \frac{\sigma}{\sqrt{n}} \right), \qquad (7.7)$$

其中 $u_{\alpha/2}$ 是标准正态分布的 $\alpha/2$ 水平上侧分位数，即满足等式 $1 - \Phi(u_{\alpha/2}) = \dfrac{\alpha}{2}$. 参见图 7.1. 这里需要说明的是，置信区间并不是惟一的.

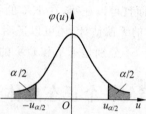

图　7.1

例如取 $\alpha = 0.05$，即 $1 - \alpha = 0.95$，由

$$P\left(-u_{\alpha/2} < \frac{\overline{X} - \mu}{\sigma/\sqrt{n}} < u_{\alpha/2} \right) = 1 - \alpha, \quad 即 \quad P\left(-u_{0.025} < \frac{\overline{X} - \mu}{\sigma/\sqrt{n}} < u_{0.025} \right) = 0.95,$$

解得的置信区间为 $\left(\overline{X} - u_{0.025} \dfrac{\sigma}{\sqrt{n}}, \ \overline{X} + u_{0.025} \dfrac{\sigma}{\sqrt{n}} \right)$.

同样，对于置信度 0.95，也可由 $P\left(-u_{0.04} < \dfrac{\overline{X} - \mu}{\sigma/\sqrt{n}} < u_{0.01} \right) = 0.95$，解出另一置信区间为 $\left(\overline{X} - u_{0.01} \dfrac{\sigma}{\sqrt{n}}, \ \overline{X} + u_{0.04} \dfrac{\sigma}{\sqrt{n}} \right)$.

由此可知，对于同一置信度，可以有不同的置信区间. 对于概率密度的图形是单峰且对称的情形，当 n 固定时，取对称的 $u_{\alpha/2}$ 的置信区间，其区间的长度为最短. 所以对密度函数是对称的正态分布、t 分布等，通常取对称的分位点，而 χ^2 分布，F 分布虽不对称，习惯上也取对称的分位点.

例 7.11　设总体 $X \sim N(\mu, 0.04)$，$x_1, x_2, \cdots, x_6$ 是来自总体 X 容量为 6 的样本，且 $\overline{x} = 14.95$，试求样本均值 μ 的 90% 的置信区间.

解　因为 $\sigma = 0.2$，$n = 6$，$1 - \alpha = 0.90$，$\dfrac{\alpha}{2} = 0.05$，查标准正态分布表得 $u_{\alpha/2} = u_{0.05} = 1.64$. 将 $u_{\alpha/2} \dfrac{\sigma}{\sqrt{n}} = 1.64 \times \dfrac{0.2}{\sqrt{6}} = 0.13$ 及 $\overline{x} = 14.95$ 代入式 (7.7) 得 μ 的置信区间为 $(14.95 - 0.13, 14.95 + 0.13) = (14.82, 15.08)$.

2) σ^2 未知,求 μ 的置信区间

当总体 X 的方差 σ^2 未知时,自然想到用样本方差 S^2 代替总体方差 σ^2. 由定理 6.3 知 $T = \dfrac{\overline{X} - \mu}{S/\sqrt{n}} \sim t(n-1)$. 对于给定的 $\alpha(0 < \alpha < 1)$,根据 t 分布 α 水平双侧分位数的定义

$$P\left(\left| \frac{\overline{X} - \mu}{S/\sqrt{n}} \right| > t_\alpha(n-1) \right) = \alpha, \text{有 } P(-t_\alpha(n-1) \leqslant \frac{\overline{X} - \mu}{S/\sqrt{n}} \leqslant t_\alpha(n-1)) = 1 - \alpha, \text{即}$$

$$P\left(\overline{X} - t_\alpha(n-1)\frac{S}{\sqrt{n}} \leqslant \mu \leqslant \overline{X} + t_\alpha(n-1)\frac{S}{\sqrt{n}} \right) = 1 - \alpha,$$

从而 μ 的 $1 - \alpha$ 置信区间为

$$\left(\overline{X} - t_\alpha(n-1)\frac{S}{\sqrt{n}}, \ \overline{X} + t_\alpha(n-1)\frac{S}{\sqrt{n}} \right). \tag{7.8}$$

例 7.12 有一批奶粉. 现从中随机地抽取 10 袋,称得重量(单位:g)如下:498,503,510,501,496,505,492,499,508,502.设奶粉的重量服从正态分布,试求总体均值 μ 的置信度为 0.95 的置信区间.

解 由所给数据得

$$\overline{x} = \frac{1}{10}(498 + 503 + 510 + 501 + 496 + 505 + 492 + 499 + 508 + 502) = 501.4,$$

$$s^2 = \frac{1}{10-1} \sum_{i=1}^{10} (x_i - \overline{x})^2 = \frac{1}{9}\left(\sum_{i=1}^{10} x_i^2 - 10\,\overline{x}^2 \right) = 29.82.$$

由于 $\alpha = 0.05, n - 1 = 9$.查自由度为 9 的 t 分布双侧分位数表,得

$$\lambda = t_{0.05}(9) = 2.262,$$

于是

$$\overline{x} - t_\alpha(n-1)\frac{s}{\sqrt{n}} = 501.4 - 2.262\sqrt{\frac{29.82}{10}} = 497.49,$$

$$\overline{x} + t_\alpha(n-1)\frac{s}{\sqrt{n}} = 501.4 + 2.262\sqrt{\frac{29.82}{10}} = 505.31,$$

即 (497.49,505.31) 就是均值 μ 的置信度为 0.95 的置信区间.

最后,我们将正态总体求 μ 的置信度为 $1 - \alpha$ 的置信区间的步骤归纳如下:

(1) 当 σ^2 已知时

① 由样本值 $x_1, x_2, \cdots, x_n$ 求出 $\overline{x}$;

② 由 α 查标准正态分布表得上侧分位数 $u_{\alpha/2}$;

③ 计算 $\overline{x} \pm u_{\alpha/2}\dfrac{\sigma}{\sqrt{n}}$ 的值,由式(7.7)写出置信区间.

(2) 当 σ^2 未知时

① 由样本值 $x_1, x_2, \cdots, x_n$ 求出 $\bar{x}$ 及 s;

② 由 α 查自由度为 $n-1$ 的 t 分布双侧分位数表,得 $t_\alpha(n-1)$;

③ 计算 $\bar{x} \pm t_\alpha(n-1)\dfrac{s}{\sqrt{n}}$ 的值,并由式(7.8)写出 μ 的 $1-\alpha$ 置信区间.

2. 正态总体方差的区间估计

因为在一般情况下总体的均值是未知的,所以这里只讨论当 μ 未知时,对方差 σ^2 的区间估计,即根据样本找出 σ^2 的置信区间.

设 $X \sim N(\mu, \sigma^2)$, $X_1, X_2, \cdots, X_n$ 是 X 的样本,由定理 6.2 知,$\dfrac{(n-1)S^2}{\sigma^2} \sim \chi^2(n-1)$.

对于给定的 $\alpha(0 < \alpha < 1)$,由 χ^2 分布的上侧分位数表中选取 λ_1, λ_2,使

$$P\left(\lambda_1 < \frac{(n-1)S^2}{\sigma^2} < \lambda_2\right) = 1 - \alpha, \tag{7.9}$$

且满足

$$P\left(\frac{(n-1)S^2}{\sigma^2} < \lambda_1\right) = P\left(\frac{(n-1)S^2}{\sigma^2} > \lambda_2\right) = \frac{\alpha}{2},$$

如图 7.2 所示. 由

$$P\left(\frac{(n-1)S^2}{\sigma^2} \geqslant \lambda_1\right) = 1 - \frac{\alpha}{2}, P\left(\frac{(n-1)S^2}{\sigma^2} \geqslant \lambda_2\right) = \frac{\alpha}{2},$$

可得

$$\lambda_1 = \chi^2_{1-\alpha/2}(n-1), \quad \lambda_2 = \chi^2_{\alpha/2}(n-1).$$

由式(7.9)知

$$P\left(\chi^2_{1-\alpha/2}(n-1) < \frac{(n-1)S^2}{\sigma^2} < \chi^2_{\alpha/2}(n-1)\right) = 1 - \alpha,$$

即

$$P\left(\frac{(n-1)S^2}{\chi^2_{\alpha/2}(n-1)} < \sigma^2 < \frac{L(n-1)S^2}{\chi^2_{1-\alpha/2}(n-1)}\right) = 1 - \alpha,$$

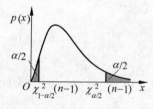

图 7.2

因此方差 σ^2 的置信度为 $1-\alpha$ 的置信区间为

$$\left(\frac{(n-1)S^2}{\chi^2_{\alpha/2}(n-1)}, \frac{(n-1)S^2}{\chi^2_{1-\alpha/2}(n-1)}\right). \tag{7.10}$$

标准差 σ 的 $1-\alpha$ 置信区间为

$$\left(\frac{\sqrt{(n-1)}\,S}{\sqrt{\chi^2_{\alpha/2}(n-1)}}, \frac{\sqrt{(n-1)}\,S}{\sqrt{\chi^2_{1-\alpha/2}(n-1)}}\right). \tag{7.11}$$

例 7.13 随机地取某种炮弹 9 发做试验.测得炮口速度的样本标准差 $s=11(\text{m/s})$,设

炮口速度 $X \sim N(\mu, \sigma^2)$,求这种炮弹的炮口速度的标准差 σ 的 95% 的置信区间.

解 由 $1-\alpha=0.95$ 知,$\dfrac{\alpha}{2}=0.025$,$1-\dfrac{\alpha}{2}=0.975$,$n-1=8$. 查 χ^2 分布表得 $\chi^2_{0.025}(8)=$

17.535,$\chi^2_{0.975}(8)=2.18$,又因为 $s=11$,由式(7.11)得 σ 的 95% 的置信区间为 $\left(\dfrac{\sqrt{8} \times 11}{\sqrt{17.535}}, \dfrac{\sqrt{8} \times 11}{\sqrt{2.8}}\right)=$

$(7.4, 21.1)$.

求正态总体方差 σ^2 的 $1-\alpha$ 置信区间的基本步骤:

① 由样本值 $x_1, x_2, \cdots, x_n$ 求出 s^2;

② 由 α 查自由度为 $n-1$ 的 χ^2 分布表得 $\chi^2_{\alpha/2}(n-1)$ 及 $\chi^2_{1-\alpha/2}(n-1)$;

③ 计算 $\dfrac{(n-1)s^2}{\chi^2_{\alpha/2}(n-1)}$ 及 $\dfrac{(n-1)s^2}{\chi^2_{1-\alpha/2}(n-1)}$,由式(7.10)写出 σ^2 的置信区间.

*7.4 两个正态总体均值差及方差比的区间估计

设某产品的某项质量指标服从正态分布,但由于原料、工艺、设备条件等变化,常常会引起总体均值及方差的改变. 为了知道这些变化的大小,就需要研究两个正态总体均值差与方差比的估计问题.

假设有两个独立的正态总体,$X \sim N(\mu_1, \sigma_1^2)$,$Y \sim N(\mu_2, \sigma_2^2)$,若 $X_1, X_2, \cdots, X_{n_1}$ 及 $Y_1, Y_2, \cdots, Y_{n_2}$ 分别是来自 X 及 Y 的样本,且样本的均值、方差分别记为 $\bar{X}, S_1^2$ 和 $\bar{Y}, S_2^2$.

1. 求 $\mu_1-\mu_2$ 的置信区间

1) σ_1^2, σ_2^2 均为已知

取 $\bar{X}-\bar{Y}$ 作为 $\mu_1-\mu_2$ 的点估计,由定理 6.1 的推论 2 知

$$U = \frac{(\bar{X}-\bar{Y})-(\mu_1-\mu_2)}{\sqrt{\dfrac{\sigma_1^2}{n_1}+\dfrac{\sigma_2^2}{n_2}}} \sim N(0,1).$$

于是,可得 $\mu_1-\mu_2$ 置信度为 $1-\alpha$ 的置信区间为

$$\left(\bar{X}-\bar{Y}-u_{\alpha/2}\sqrt{\frac{\sigma_1^2}{n_1}+\frac{\sigma_2^2}{n_2}},\ \bar{X}-\bar{Y}+u_{\alpha/2}\sqrt{\frac{\sigma_1^2}{n_1}+\frac{\sigma_2^2}{n_2}}\right). \tag{7.12}$$

2) $\sigma_1^2=\sigma_2^2=\sigma$,但 σ^2 未知

此时仍取 $\bar{X}-\bar{Y}$ 作为 $\mu_1-\mu_2$ 的估计量,由定理 6.4 知

$$T = \frac{(\bar{X}-\bar{Y})-(\mu_1-\mu_2)}{S_w \sqrt{\dfrac{1}{n_1}+\dfrac{1}{n_2}}} \sim t(n_1+n_2-2).$$

从而可得 $\mu_1 - \mu_2$ 置信度为 $1-\alpha$ 的置信区间为

$$\left(\overline{X} - \overline{Y} - t_\alpha(n_1+n_2-2)S_w \sqrt{\frac{1}{n_1}+\frac{1}{n_2}}, \ \overline{X} - \overline{Y} + t_\alpha(n_1+n_2-2)S_w \sqrt{\frac{1}{n_1}+\frac{1}{n_2}} \right),$$

(7.13)

其中 $S_w^2 = \dfrac{(n_1-1)S_1^2 + (n_2-1)S_2^2}{n_1+n_2-2}$.

3) σ_1^2, σ_2^2 均未知

此时,当 n_1, n_2 都很大(一般大于 50),则可用

$$\left(\overline{X} - \overline{Y} - u_{\alpha/2} \sqrt{\frac{S_1^2}{n_1}+\frac{S_2^2}{n_2}}, \ \overline{X} - \overline{Y} + u_{\alpha/2} \sqrt{\frac{S_1^2}{n_1}+\frac{S_2^2}{n_2}} \right)$$

作为 $\mu_1 - \mu_2$ 的置信度为 $1-\alpha$ 的近似置信区间.

例 7.14　现有两台机床生产同一型号的滚珠,从甲机床生产的滚珠中抽取 6 个,从乙机床生产的滚珠中抽取 7 个,测得这些滚珠的直径(单位:mm)如下:

甲机床:15.3　14.9　15.1　15.2　14.8　15.0
乙机床:14.7　15.0　15.1　14.8　15.0　14.8　15.2

设两台机床生产的滚珠直径分别服从正态分布 $N(\mu_1, \sigma^2)$ 和 $N(\mu_2, \sigma^2)$,试求 $\mu_1 - \mu_2$ 的置信度为 0.95 的置信区间.

解　$n_1 = 6, \bar{x} = 15.05, s_1^2 = 0.035; \ n_2 = 7, \bar{y} = 14.94, s_2^2 = 0.033,$ 而

$$s_w = \sqrt{\frac{5 \times 0.035 + 6 \times 0.033}{6+7-2}} = 0.184.$$

对于给定的 $\alpha = 0.05$,查自由度为 11 的 t 分布双侧分位数表,得 $t_\alpha(11) = t_{0.05}(11) = 2.201$,故

$$t_\alpha(11)s_w \sqrt{\frac{1}{n_1}+\frac{1}{n_2}} = 2.201 \times 0.184 \sqrt{\frac{1}{6}+\frac{1}{7}} = 0.225,$$

由式(7.13)得置信区间为 $(15.05-14.94-0.225, \ 15.05-14.94+0.225) = (-0.115, 0.335)$.

2. 求方差比 σ_1^2/σ_2^2 的置信区间

由定理 6.5 知 $\dfrac{S_1^2/\sigma_1^2}{S_2^2/\sigma_2^2} \sim F(n_1-1, n_2-1)$. 由

$$P\left(F_{1-\alpha/2}(n_1-1, n_2-1) < \frac{S_1^2/\sigma_1^2}{S_2^2/\sigma_2^2} < F_{\alpha/2}(n_1-1, n_2-1) \right) = 1-\alpha,$$

得

$$P\left(\frac{1}{F_{\alpha/2}(n_1-1, n_2-1)} \frac{S_1^2}{S_2^2} < \frac{\sigma_1^2}{\sigma_2^2} < \frac{1}{F_{1-\alpha/2}(n_1-1, n_2-1)} \frac{S_1^2}{S_2^2} \right) = 1-\alpha.$$

而 $F_{1-\alpha/2}(n_1-1, n_2-1) = \dfrac{1}{F_{\alpha/2}(n_2-1, n_1-1)}$,所以 σ_1^2/σ_2^2 的置信度为 $1-\alpha$ 的置信区间为

$$\left(\frac{1}{F_{\alpha/2}(n_1-1,n_2-1)}\frac{S_1^2}{S_2^2}, F_{\alpha/2}(n_2-1,n_1-1)\frac{S_1^2}{S_2^2}\right). \tag{7.14}$$

例 7.15 设两总体 $X \sim N(\mu_1, \sigma_1^2)$，$Y \sim N(\mu_2, \sigma_2^2)$，分别取样本 $n_1 = 25$，$n_2 = 16$，且算得 $s_1^2 = 63.96$，$s_2^2 = 49.05$，试求两总体方差比 σ_1^2/σ_2^2 的 98% 置信区间.

解 由 $1-\alpha = 0.98$ 知，$\frac{\alpha}{2} = 0.01$，且 $n_1 - 1 = 24$，$n_2 - 1 = 15$.

查 F 分布表得 $F_{0.01}(24,15) = 3.29$，$F_{0.01}(15,24) = 2.89$，于是

$$\frac{1}{F_{\alpha/2}(n_1-1,n_2-1)}\frac{S_1^2}{S_2^2} = \frac{1}{3.29} \times \frac{63.96}{49.05} = 0.396,$$

$$F_{\alpha/2}(n_2-1,n_1-1)\frac{S_1^2}{S_2^2} = 2.89 \times \frac{63.96}{49.05} = 3.768,$$

所以 σ_1^2/σ_2^2 的 98% 的置信区间为 $(0.396, 3.768)$.

关于正态总体期望和方差的区间估计参见表 7.1.

表 7.1 关于正态总体期望和方差的区间估计表

待估参数	条件	统计量	置信区间
μ	σ^2 已知	$U = \dfrac{\overline{X}-\mu}{\sigma/\sqrt{n}} \sim N(0,1)$	$\left(\overline{X}-u_{\alpha/2}\dfrac{\sigma}{\sqrt{n}}, \overline{X}+u_{\alpha/2}\dfrac{\sigma}{\sqrt{n}}\right)$
	σ^2 未知	$T = \dfrac{\overline{X}-\mu}{S/\sqrt{n}} \sim t(n-1)$	$\left(\overline{X}-t_{\alpha}(n-1)\dfrac{S}{\sqrt{n}}, \overline{X}+t_{\alpha}(n-1)\dfrac{S}{\sqrt{n}}\right)$
σ^2	μ 未知	$\chi^2 = \dfrac{(n-1)S^2}{\sigma^2} \sim \chi^2(n-1)$	$\left(\dfrac{(n-1)S^2}{\chi_{\alpha/2}^2(n-1)}, \dfrac{(n-1)S^2}{\chi_{1-\alpha/2}^2(n-1)}\right)$
$\mu_1-\mu_2$	σ_1^2, σ_2^2 均已知	$U = \dfrac{(\overline{X}-\overline{Y})-(\mu_1-\mu_2)}{\sqrt{\dfrac{\sigma_1^2}{n_1}+\dfrac{\sigma_2^2}{n_2}}}$ $\sim N(0,1)$	$\left(\overline{X}-\overline{Y}-u_{\alpha/2}\sqrt{\dfrac{\sigma_1^2}{n_1}+\dfrac{\sigma_2^2}{n_2}}\right.,$ $\left.\overline{X}-\overline{Y}+u_{\alpha/2}\sqrt{\dfrac{\sigma_1^2}{n_1}+\dfrac{\sigma_2^2}{n_2}}\right)$
	$\sigma_1^2 = \sigma_2^2 = \sigma^2$ 但 σ^2 未知	$T = \dfrac{(\overline{X}-\overline{Y})-(\mu_1-\mu_2)}{S_w\sqrt{\dfrac{1}{n_1}+\dfrac{2}{n_2}}}$ $\sim t(n_1+n_2-2)$ $S_w = \sqrt{\dfrac{(n_1-1)S_1^2+(n_2-1)S_2^2}{n_1+n_2-2}}$	$\left(\overline{X}-\overline{Y}-t_{\alpha}S_w\sqrt{\dfrac{1}{n_1}+\dfrac{1}{n_2}}\right.,$ $\left.\overline{X}-\overline{Y}+t_{\alpha}S_w\sqrt{\dfrac{1}{n_1}+\dfrac{1}{n_2}}\right)$ 其中 $t_{\alpha} = t_{\alpha}(n_1+n_2-2)$
$\dfrac{\sigma_1^2}{\sigma_2^2}$	μ_1, μ_2 未知	$F = \dfrac{S_1^2/\sigma_1^2}{S_2^2/\sigma_2^2} \sim F(n_1-1,n_2-1)$	$\left(\dfrac{1}{F_{\alpha/2}(n_1-1,n_2-1)}\dfrac{S_1^2}{S_2^2}\right.,$ $\left.F_{\alpha/2}(n_1-1,n_2-1)\dfrac{S_1^2}{S_2^2}\right)$

习题 7

7.1　设总体 $X \sim N(\mu, 2^2)$，X_1, X_2, X_3 为 X 的一个样本，试证 $\hat{\mu}_1 = \frac{1}{4}(X_1 + 2X_2 + X_3)$ 和 $\hat{\mu}_2 = \frac{1}{3}(X_1 + X_2 + X_3)$ 都是总体期望的无偏估计，并比较哪一个更有效？

7.2　对样本 $X_1, X_2, \cdots, X_n$ 作变换：$Y_i = m(X_i - a)$（a, m 为常数，$m \neq 0$）. 试证：
(1) $\bar{X} = \dfrac{\bar{Y}}{m} + a$；(2) $S_X^2 = \dfrac{1}{m^2} S_Y^2$.

7.3　设 $X_1, X_2, \cdots, X_n$ 是来自正态总体 $N(\mu, \sigma^2)$ 的一个样本，其中 μ 为已知. 试证：
$\hat{\sigma}^2 = \dfrac{1}{n} \sum\limits_{i=1}^{n} (X_i - \mu)^2$ 是 σ^2 的无偏估计和一致估计.

7.4　从某种灯泡的总体中，随机抽取 10 个样本，测得其寿命（单位：h）为：1520，1483，1827，1654，1631，1483，1411，1660，1540，1987. 试求期望和方差的一个无偏估计.

7.5　设总体 $X \sim N(\mu, \sigma^2)$，$X_1, X_2, \cdots, X_n (n \geqslant 2)$ 为 X 的一个样本. 试确定常数 C，使 $C \sum\limits_{i=1}^{n-1} (X_{i+1} - X_i)^2$ 成为 σ^2 的无偏估计量.

7.6　设总体 X 的概率密度为
$$p(x; \theta) = \begin{cases} (\theta+1)x^{\theta}, & 0 < x < 1, \\ 0, & \text{其他}, \end{cases}$$
其中 $\theta > -1$ 是未知参数，$x_1, x_2, \cdots, x_n$ 是来自总体 X 的容量为 n 的样本.
(1) 试用矩法估计 θ；(2) 试用最大似然法估计 θ.

7.7　已知总体 X 在 $[a, b]$ 区间上服从均匀分布，$x_1, x_2, \cdots, x_n$ 是来自 X 的样本. 求 a, b 的矩估计量和最大似然估计量.

7.8　设总体 X 服从韦布尔分布，其分布密度为
$$p(x; \theta) = \begin{cases} \theta \alpha x^{\alpha-1} \mathrm{e}^{-\theta x^{\alpha}}, & x > 0, \\ 0, & x \leqslant 0, \end{cases}$$
其中 $\theta > 0, \alpha > 0$. $X_1, X_2, \cdots, X_n$ 是来自 X 的样本. 若 α 已知，求参数 θ 的最大似然估计.

7.9　设总体 X 的分布密度为
$$p(x; \theta) = \begin{cases} \dfrac{1}{\theta} \mathrm{e}^{-\frac{x}{\theta}}, & x > 0, \\ 0, & \text{其他}, \end{cases} \qquad \theta > 0.$$
今从 X 中抽取 10 个个体，测得数据如下：

　　1050　　1100　　1080　　1200　　1300　　1250　　1340　　1060　　1150　　1150

求 θ 的最大似然估计值.

7.10 设总体 X 服从几何分布 $P(X=x)=p(1-p)^{x-1}, x=1,2,3,\cdots. X_1, X_2, \cdots, X_n$ 为 X 的一个样本,求参数 p 的最大似然估计.

7.11 某车间生产一批螺钉,随机抽取 16 个,测其长度(单位:cm)为

    2.10 2.14 2.13 2.15 2.12 2.13 2.15 2.10
    2.13 2.14 2.12 2.10 2.11 2.11 2.14 2.13

设螺钉长度服从正态分布,试求总体均值 μ 的 95% 的置信区间.

(1) 已知 $\sigma=0.01$;   (2) 若 σ 未知.

7.12 用某仪器间接测量温度(单位:℃),重复测量 5 次得

    1250   1265   1245   1260   1275

设温度 X 服从正态分布 $X \sim N(\mu, \sigma^2)$,求温度的真值 μ 的置信区间($\alpha=0.05$).

7.13 设正态总体的方差 σ^2 为已知,问需抽取容量 n 为多大的样本,才能使总体均值 μ 的置信度为 $1-\alpha$ 的置信区间长度不大于 L?

7.14 从一批轴承中随机抽取 200 个,测量其椭圆度.由测量值计算得均值 $\bar{x}=0.081\text{mm}, s=0.025\text{mm}$,给定置信度为 0.95,求这批轴承平均椭圆度的置信区间(假定轴的平均椭圆度服从正态分布).

7.15 设总体服从 $X \sim N(\mu, \sigma^2)$,μ 未知. $X_1, X_2, \cdots, X_{12}$ 是来自总体容量为 12 的样本.若 $s^2=1.243$,求总体方差 σ^2 的置信区间($\alpha=0.02$).

7.16 在一批铜丝中,随机抽取 9 根,测得抗拉强度为 578, 582, 574, 568, 596, 572, 570, 584, 578.设抗拉强度服从正态分布,求 σ^2 的置信度为 0.95 的置信区间.

7.17 对球的直径(单位:cm)作了 5 次测量,测得的结果是 6.33, 6.37, 6.36, 6.32, 6.37,试求总体均值及方差的置信度为 0.90 的置信区间.

7.18 某商店为了解居民对某种商品的需要,调查了 100 家住户,得出每户每月平均需要量为 10kg,方差为 9. 如果这个商店供应 10000 户.试就居民对该种商品的平均需求量进行区间估计($\alpha=0.01$),并依次考虑最少要准备多少这种商品才能以 0.99 的概率满足供应.

7.19 在测量反应时间中,一心理学家估计的标准差是 0.05s,为了以 95% 的置信度使他的平均反应时间的估计误差不超过 0.01s,应取容量为多大的样本?

*7.20 有两批导线,随机地从第一批中抽取 4 根,从第二批中抽取 5 根,测得电阻(单位:Ω)如下:

第一批:0.143 0.142 0.143 0.137
第二批:0.140 0.142 0.136 0.138 0.140

设两批导线的电阻分别服从正态分布 $N(\mu_1, \sigma^2), N(\mu_2, \sigma^2)$,且两样本相互独立,$\mu_1, \mu_2, \sigma^2$ 均为未知.求 $\mu_1-\mu_2$ 的 95% 的置信区间.

*7.21　有两位化验员 A,B. 他们独立地对某种聚合物的含氯量用相同的方法各作了 10 次测定,其方差的测定值分别为 $s_A^2 = 0.5419$, $s_B^2 = 0.6065$. 设 σ_A^2 与 σ_B^2 分别为 A,B 所测量数据总体(设为正态分布)的方差,求方差比 $\dfrac{\sigma_A^2}{\sigma_B^2}$ 的 95% 的置信区间.

第8章

假设检验

8.1 假设检验的基本概念

我们知道统计推断有两类问题,一类是在第7章中介绍的参数估计,一类就是本章要讨论的假设检验.若给我们的总体是只知其分布形式不知其参数或总体的分布完全未知,这时为了推断总体的某些性质,就会对总体的参数或总体的分布提出某种假设,然后根据样本对所提出的假设作出判断.这就是假设检验问题.

1. 问题的提法

我们先通过几个实例,看看如何提出假设检验.

例 8.1 食品厂用自动装罐机装罐头食品,每隔一定时间需要检查机器工作情况,当机器正常时,每罐重量(单位:g)服从正态分布 $N(500,10^2)$.现抽取 10 罐,称得其重量为 507,509,498,510,499,504,508,511,506,512.试问这段时间机器工作是否正常?

设 X 表示罐头重量,μ,σ^2 分别表示这批罐头重量 X 的均值和方差.根据长期实践知道方差比较稳定,于是设 $X \sim N(\mu,10^2)$,这里 μ 未知,现在的问题是如何根据样本值,判断等式"$\mu=500$"是否成立?

例 8.2 已知某电子元件的寿命服从正态分布 $N(3000,150^2)$,采用新技术试制一批同种元件,抽样检查 20 个,测得元件寿命的样本均值为 3100h,若总体的方差不变,试问用新技术生产的这批电子元件的平均寿命是否有显著提高?

若用 X 表示电子元件的寿命,X 是一随机变量,我们关心的问题是"$EX \leqslant 3000$"(即新技术没有提高平均寿命)是否成立?

例 8.3 9 个运动员在初进学校时,要接受体育技能的检查,接着训练一个月,再接受检查,检查结果记分如下:

训练前得分　76　71　57　49　70　69　26　65　59

训练后得分　81　85　60　52　71　76　45　83　62

假设分数服从正态分布,问运动员在训练前后是否有显著差异?

设 X 表示运动员训练前的得分,Y 表示训练后的得分.于是,问题就变成要判断等式

"$EX=EY$"是否成立?

例 8.4   根据经验,同一地区同种粮食亩产量 X 具有一定分布. 今在某地区抽测同季水稻若干亩,获得产量数据 $x_1, x_2, \cdots, x_n$,问是否可以认为水稻亩产量 X 服从正态分布?

这里我们关心的问题是根据样本来判断 $X \sim N(\mu, \sigma^2)$ 是否成立?

上述 4 个例子的共同特点,就是要从样本值出发去判断一个"假设"是否成立. 前 3 个是总体的分布形式已知,但其中含有未知参数,这种对总体中未知参数的假设检验,称为**参数检验**. 如果是总体的分布未知,对总体分布或总体的数字特征的检验问题(如例 8.4),称为**非参数检验**.

通常我们用 H 表示对所关心问题提出的假设(即统计假设). 如果 H_0, H_1 是总体的两个两者必居其一的假设,即若 H_0 成立,则 H_1 不成立;若 H_0 不成立,则 H_1 必成立,这时将其中一个称为**原假设**(或**零假设**),而把另一个称为**备择假设**(或**对立假设**). 一般用 H_0 表示原假设,用 H_1 表示备择假设. 检验的目的就是要在 H_0 与 H_1 之中选择其一. 如果认为原假设 H_0 正确,则接受 H_0(即拒绝 H_1),反之接受 H_1(拒绝 H_0).

2. 假设检验的思想与方法

下面将通过例 8.1 来说明假设检验的基本思想及推理方法.

在例 8.1 中,罐头重量 $X \sim N(\mu, 10^2)$,我们对参数 μ 提出假设

$$H_0: \mu = 500; \quad H_1: \mu \neq 500.$$

如何判断原假设是否成立呢? 考虑到 $\overline{X}$ 是 μ 的最小方差无偏估计量,通常 $\overline{X}$ 的大小反映了未知参数 μ 的大小. 若 H_0 成立,即 $\mu = 500$,则 $\overline{X}$ 与 500 应较接近,即 $|\overline{X} - 500|$ 应较小,否则就不能认为 H_0 成立而应认为 H_1 成立. 究竟 $|\overline{X} - 500|$ 达到多大我们就认为不合理而拒绝 H_0 呢? 下面通过抽样分布来说明这个问题.

如果原假设 H_0 成立,则有 $X \sim N(500, 10^2)$,样本均值

$$\overline{X} = \frac{1}{10} \sum_{i=1}^{10} X_i \sim N\left(500, \frac{10^2}{10}\right),$$

因而

$$U = \frac{\overline{X} - 500}{10/\sqrt{10}} \sim N(0, 1).$$

给定小概率 α(一般取 5%,1% 或 10%),查附表 2 可得 $u_{\alpha/2}$,使

$$P\left(\left|\frac{\overline{X} - 500}{10/\sqrt{10}}\right| > u_{\alpha/2}\right) = \alpha.$$

若取 $\alpha = 0.05$,则 $u_{\alpha/2} = 1.96$,上式为

$$P\left(\frac{|\overline{X} - 500|}{10/\sqrt{10}} > 1.96\right) = 0.05.$$

即若 H_0 成立,"$\dfrac{|\overline{X} - 500|}{10/\sqrt{10}} > 1.96$"是一个概率仅为 0.05 的小概率事件. 因为它在 100 次

独立重复试验中平均只能出现 5 次,根据"小概率事件在一次试验中几乎不可能发生"的原理,我们认为在假设 $H_0:\mu=500$ 成立的条件下,事件 $\{|U|>1.96\}$ 在一次试验中几乎是不可能发生的.由例 8.1 的抽样知 $\bar{x}=506.4$,

$$|u|=\left|\frac{506.4-500}{10/\sqrt{10}}\right|=\frac{6.4}{\sqrt{10}}=2.024>1.96.$$

上述的小概率事件竟然发生了,这就表明,抽样得到的结果与假设 H_0 不相符,因此应拒绝假设 H_0,即这段时间机器工作不正常.

假设检验中使用的推理方法是概率反证法,即首先对所关心的问题提出假设 H_0,然后根据样本提供的信息,看看在 H_0 成立的条件下会导致什么结果.在一次试验中小概率事件如果发生了,则表明假设 H_0 存在问题,从而拒绝 H_0.若小概率事件不发生,则没有理由拒绝 H_0,此时称 H_0 相容,即认为 H_0 成立.

3. 拒绝域,单侧与双侧假设检验

在假设检验中,小概率 $\alpha(0<\alpha<1)$ 是我们给定的一个临界概率,即当某事件的概率不大于 α 时,我们称它为小概率事件.通常 α 取 $0.1,0.05,0.01,0.005$ 等值,且数 α 称为**显著性水平**.

例 8.1 中我们称 $U=\dfrac{\bar{X}-500}{10/\sqrt{10}}$ 为**检验统计量**.当检验统计量在某个区域取值时,拒绝原假设 H_0,则称该区域为**拒绝域**.如例 8.1,当 $|U|>1.96$ 时,拒绝 H_0,所以对于显著性水平 0.05,其拒绝域为 $(-\infty,-1.96)\bigcup(1.96,+\infty)$,且 $u_{\alpha/2}=1.96$ 称为**临界值**.

对于形如 $H_0:\mu=\mu_0,H_1:\mu\neq\mu_0$ 的假设(如例 8.1),其拒绝域位于接受域的两侧(如图 8.1),这类假设检验称为**双侧假设检验**.

若给出的假设为 $H_0:\mu\leqslant\mu_0,H_1:\mu>\mu_0$(如例 8.2),其拒绝域在接受域的一侧(见图 8.2),称此类假设检验为**单侧假设检验**.

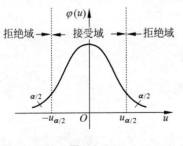

图 8.1

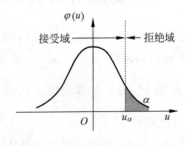

图 8.2

通过上述分析,现将假设检验的基本步骤归纳如下:

(1) 根据实际问题提出原假设 H_0;

(2) 选取检验统计量,并在 H_0 成立的前提下确定该统计量的概率分布;

(3) 给定显著性水平 α,由检验统计量的分布表,找出临界值,并确定拒绝域;

(4) 根据样本值计算统计量的值,并与临界值比较,从而对接受还是拒绝 H_0 作出判断.

4. 假设检验的两类错误

我们知道假设检验是根据小概率事件的实际不可能性原理来推断总体的. 然而小概率事件在一次试验中发生的可能性虽然很小,但无论其概率多么小,还是可能发生的. 所以利用上述方法进行推断,就难免出现错误,其错误类型有如下两种:

(1) 原假设 H_0 本来是正确的,但却被拒绝了,这是犯了"弃真"的错误,称其为**第一类错误**. 实际上,显著性水平 α 是允许犯这类错误的最大值. α 越小犯第一类错误的概率就越小,但此时可能会出现这样的问题,H_0 本来不成立,但样本值却落入了接受域,这就是易出现的另一类错误.

(2) 原假设 H_0 本来不成立,但却被接受了. 这是犯了"纳伪"的错误,称其为**第二类错误**. 设 β 表示犯第二类错误的概率,则 α,β 具有这样的关系,α 越小,拒绝域就越小,此时接受域就越大,从而犯第二类错误的概率 β 也就越大.

在实际推断时,我们总是希望犯这两类错误的概率越小越好,然而,当样本容量一定时,α 与 β 不可能同时减小. 一般说来,我们可以控制犯第一类错误的概率,使它小于或等于 α,当 α 取定以后,可以通过增加样本容量 n 使 β 减小,从而使 α,β 都适当小.

由于在实际问题中遇到最多的是正态随机变量,所以在下面的内容中,我们将着重讨论一个正态总体和两个正态总体参数的假设检验问题.

8.2　一个正态总体参数的假设检验

设总体 $X \sim N(\mu,\sigma^2)$,$X_1,X_2,\cdots,X_n$ 是来自 X 的样本,考虑对参数 μ 和 σ^2 作显著性水平 α 的检验问题. 在本节中 μ_0,σ_0^2 均表示已知常数.

1. 已知 σ^2,关于总体均值 μ 的假设检验(U 检验)

1) 检验假设 H_0:$\mu = \mu_0$

例 8.5　某食品超市日销售额服从正态分布,方差 $\sigma^2 = 4$. 已知第一季度平均日销售额为 6.3 万元,现从第二季度中随机抽 7 天,得日销售额(单位:万元)为 7.4,4.3,5.2,6.1,4.8,5.9,3.7.问第二季度平均日销售额与第一季度相比是否有显著变化(取 $\alpha = 0.05$)?

解 设 $H_0: \mu = 6.3$.

若假设 H_0 成立,则 $U = \dfrac{\overline{X} - 6.3}{2/\sqrt{7}} \sim N(0,1)$. 对于 $\alpha = 0.05$,查表知 $u_{\alpha/2} = 1.96$,其拒绝

域为 $|U| > 1.96$. 由样本值得 $\overline{x} = 5.343$,所以 $u = \dfrac{5.343 - 6.3}{2/\sqrt{7}} = -1.266$,由于 $|u| = 1.266 <$

1.96,故接受原假设 H_0,即认为前两个季度平均日销售额没有显著变化.

检验步骤: σ^2 已知,假设 $H_0: \mu = \mu_0$ 的检验过程是

(1) 提出假设 $H_0: \mu = \mu_0$;

(2) 选取统计量 $U = \dfrac{\overline{X} - \mu_0}{\sigma/\sqrt{n}}$,当 H_0 成立时,$U \sim N(0,1)$;

(3) 给定显著性水平 $\alpha(0 < \alpha < 1)$,查标准正态分布表得临界值 $u_{\alpha/2}$,使 $P(|U| > u_{\alpha/2}) = \alpha$,从而确定拒绝域为 $(-\infty, -u_{\alpha/2}) \bigcup (u_{\alpha/2}, +\infty)$;

(4) 由样本观测值计算统计量 U 的值 u,若 $|u| > u_{\alpha/2}$,则拒绝 H_0,否则接受 H_0.

2) 检验假设 $H_0: \mu \leqslant \mu_0$

例 8.6 现在我们对例 8.2 提出的问题作假设检验(取 $\alpha = 0.05$).

解 根据题意需检验假设 $H_0: \mu \leqslant 3000$. 取统计量 $U = \dfrac{\overline{X} - 3000}{\sigma/\sqrt{n}}$,在 H_0 成立的条件

下,U 的分布不能确定. 但 $U' = \dfrac{\overline{X} - \mu}{\sigma/\sqrt{n}} \sim N(0,1)$,虽然 U' 中有未知参数 μ,但当 H_0 成立

时,$U \leqslant U'$. 因而事件 $\{U > u_\alpha\} \subset \{U' > u_\alpha\}$,故 $P(U > u_\alpha) \leqslant P(U' > u_\alpha)$. 由 $P(U' > u_\alpha) = \alpha$

知 $P(U > u_\alpha) \leqslant \alpha$.

即事件 $\{U > u_\alpha\}$ 比事件 $\{U' > u_\alpha\}$ 的概率更小,所以对给定的显著性水平 α,$\{U > u_\alpha\}$ 是小概率事件,其拒绝域为 $U > u_\alpha$.

对于 $\alpha = 0.05$,查标准正态分布表得 $u_\alpha = 1.64$.

$$u = \frac{\overline{x} - 3000}{\sigma/\sqrt{n}} = \frac{3100 - 3000}{150/\sqrt{20}} = 2.98 > 1.64.$$

由于 u 值落在拒绝域中,所以对于显著水平 0.05,应拒绝 H_0,即认为新技术生产的电子元件的平均寿命有显著提高.

检验步骤: σ^2 已知,假设 $H_0: \mu \leqslant \mu_0$ 的检验过程是:

(1) 提出假设 $H_0: \mu \leqslant \mu_0$;

(2) 选取统计量 $U = \dfrac{\overline{X} - \mu_0}{\sigma/\sqrt{n}}$(此时 U 的分布不定);

(3) 对于给定显著性水平 $\alpha(0 < \alpha < 1)$,$P\left(\dfrac{\overline{X} - \mu_0}{\sigma/\sqrt{n}} > u_\alpha\right) \leqslant P\left(\dfrac{\overline{X} - \mu}{\sigma/\sqrt{n}} > \mu_\alpha\right) = \alpha$,查标准

正态分布表得临界值 u_α,从而确定拒绝域为 $(u_\alpha,+\infty)$;

(4) 由样本观测值计算统计量 U 的值,若 $u>u_\alpha$,则拒绝 H_0,否则接受 H_0.

同理,若假设为 $H_0:\mu\geqslant\mu_0$,则对于给定显著性水平 α,不难推出其拒绝域为 $U<-u_\alpha$.

这里对上面讨论的 3 种情形下的拒绝域作一直观说明.在检验假设 $H_0:\mu=\mu_0$ 时,拒绝域在两侧,这是基于若 H_0 成立,即 $\mu=\mu_0$,则 $\overline{X}-\mu_0$ 不应太大也不应太小,因此 $|U|>u_{\alpha/2}$ 时拒绝 H_0.而在检验假设 $H_0':\mu\leqslant\mu_0$ 时,考虑到若 H_0' 成立,即 $\mu\leqslant\mu_0$,则 $\overline{X}-\mu_0$ 不应太大,较小是合理的,因此拒绝域在右侧,$U>u_\alpha$ 时拒绝 H_0.同理,假设 $H_0:\mu\geqslant\mu_0$ 的拒绝域为左侧的 $U<-u_\alpha$.

在上述的检验问题中我们都是利用统计量 U 来确定拒绝域,所以这种检验也称为 U 检验.

2. σ^2 未知,关于 μ 的假设检验(t 检验)

1) 检验假设 $H_0:\mu=\mu_0$

由于 σ^2 未知,自然想到用它的无偏估计量 S^2 来代替 σ^2.类似于 σ^2 已知的情形,有下面的检验过程.

检验步骤:

(1) 提出假设 $H_0:\mu=\mu_0$;

(2) 选取统计量 $T=\dfrac{\overline{X}-\mu_0}{S/\sqrt{n}}$,当 H_0 成立时,$T\sim t(n-1)$.

(3) 给定显著性水平 α,查 t 分布双侧分位数表得临界值 $t_\alpha(n-1)$,使得 $P(|T|>t_\alpha(n-1))=\alpha$,从而确定拒绝域为 $(-\infty,-t_\alpha)\bigcup(t_\alpha,+\infty)$;

(4) 由样本值计算统计量 T 的值,若 $|t|>t_\alpha(n-1)$,则拒绝 H_0,否则接受 H_0.

由于上述的检验是利用服从 t 分布的统计量确定拒绝域,因此称为 t 检验.

例 8.7　设某次考试考生的成绩服从正态分布,从中随机地抽取 30 位考生的成绩,算得平均成绩为 66.5 分,标准差为 15 分,问在显著性水平 0.05 下,是否可以认为这次考试全体考生的平均成绩为 70 分?

解　检验假设 $H_0:\mu=70$;$H_1:\mu\neq70$.取统计量 $T=\dfrac{\overline{X}-70}{S/\sqrt{n}}$,拒绝域为 $|T|>t_\alpha(n-1)$.由 $n=30,\overline{x}=66.5,s=15,t_{0.05}(29)=2.045$,算得 $|t|=\dfrac{|66.5-70|}{15}\times\sqrt{30}=1.278<2.045$,所以接受 H_0,即在 $\alpha=0.05$ 时,可以认为这次考试全体考生的平均成绩为 70 分.

2) 检验假设 $H_0: \mu \leqslant \mu_0$

当 H_0 成立时,统计量 $T = \dfrac{\overline{X} - \mu_0}{S/\sqrt{n}}$ 的分布不能确定,但统计量 $T' = \dfrac{\overline{X} - \mu}{S/\sqrt{n}} \sim t(n-1)$ 且 $T \leqslant T'$,$\{T > \lambda\} \subset \{T' > \lambda\}$,故在 H_0 成立的条件下,对于给定的显著性水平 α,有

$$P(T > t_{2\alpha}) \leqslant P(T' > t_{2\alpha}) = \alpha, \quad \text{即} \quad P\left(\frac{\overline{X} - \mu_0}{S/\sqrt{n}} > t_{2\alpha}(n-1)\right) \leqslant \alpha,$$

其中 $t_{2\alpha}(n-1)$ 是自由度为 $n-1$ 的 t 分布,水平为 2α 的上侧分位数.

所以 H_0 的拒绝域为 $T > t_{2\alpha}(n-1)$,由样本值计算统计量 T 的值,若 $t > t_{2\alpha}(n-1)$,则拒绝 H_0,否则接受 H_0.

同理可得,若假设为 $H_0: \mu \geqslant \mu_0$,对于显著性水平 α,其拒绝域为 $T < -t_{2\alpha}(n-1)$.

例 8.8 某厂生产钢筋,钢筋的强度 $X \sim N(52, \sigma^2)$,改进工艺后,抽取 9 炉样本测得钢筋强度(单位:kg/mm^2)为 52.3,54.6,51.8,56.4,53.5,54.2,52.7,53.9,55.1. 当显著性水平 $\alpha = 0.05$ 时,问新工艺生产的钢筋强度是否比过去生产的钢筋强度有显著提高?

解 假设 $H_0: \mu \leqslant 52$. 取统计量 $T = \dfrac{\overline{X} - 52}{S/\sqrt{n}}$,对于 $\alpha = 0.05$,$n-1 = 8$ 查 t 分布表得临界值 $t_{0.1}(8) = 1.86$,拒绝域为 $T > 1.86$. 由样本值得 $\overline{x} = 53.83$,$s = 1.449$,

$$t = \frac{53.83 - 52}{1.449} \times 3 = 3.789 > 1.86,$$

所以拒绝 H_0,即认为钢筋强度有显著提高.

例 8.9 已知某种罐头食品中,维生素 C(V_C)含量服从正态分布. 按规定,每罐 V_C 的平均含量不得少于 21mg. 现从一批罐头中抽取 17 罐,算得 V_C 含量的平均值 $\overline{x} = 20$mg,标准差 $s = 3.98$mg,取 $\alpha = 0.025$,检验这批罐头的 V_C 含量是否合格.

解 本题要求检验的两个相对立的假设分别为"$\mu < 21$"(不合格)和"$\mu \geqslant 21$"(合格),将 $\mu \geqslant 21$ 作为原假设进行检验.

$$H_0: \mu \geqslant 21, \quad H_1: \mu < 21.$$

取统计量 $T = \dfrac{\overline{X} - 21}{S/\sqrt{n}}$,在 H_0 成立时,T 不应太小,故拒绝域为左侧的 $T < -t_{2\alpha}(n-1)$.

对于 $\alpha = 0.025$,$n-1 = 16$ 查 t 分布表得临界值 $t_{0.05}(16) = 2.120$. 由样本值算得

$$t = \frac{20 - 21}{3.98/\sqrt{17}} \approx -1.036 > -2.120,$$

所以接受 $H_0: \mu \geqslant 21$,即认为这批罐头的 V_C 含量合格.

这里对原假设和备择假设的设定原则作一简要说明.

(1) 首先应根据题意明确等号"$=$"在小于号"$<$"一方还是在大于号"$>$"一方,然后将包含等号的一方作为原假设. 以上题为例,设 $H_0: \mu \geqslant 21$,则满足 $|t| < t_{2\alpha}(n-1)$ 的 t(注

意无论哪一方作原假设这部分 t 都在接受域内,它反映了 $\overline{X}$ 与 21 比较接近)落在包含等号一方的接受域内,否则增大犯第二类错误的概率.

(2) 在实际应用中,根据问题的意义,以往的经验和信息,将应受到保护的一方作为原假设,因为我们是通过拒绝域进行推断的,所以没有相当充分的理由是拒绝不了它的.

顺便指出,对于一般总体 EX 的假设检验,在大样本的情形下,上面的方法同样适用.

3. 未知 μ,关于方差 σ^2 的检验(χ^2 检验)

参数 σ^2 刻画了总体 X 的离散程度,为了使试验具有一定的稳定性与精确性,常需要考察方差的变化情况,这就是我们下面要讨论的关于正态总体方差的假设检验.

1) μ 未知,检验假设 $H_0: \sigma^2 = \sigma_0^2$

例 8.10 根据以往的资料分析,某炼铁厂的铁水含碳量服从方差 $\sigma^2 = 0.098^2$ 的正态分布,现从更换设备后炼出的铁水中抽出 10 炉,测得碳含量的样本方差 $s^2 = 0.131^2$,问根据这一数据能否认为用新设备炼出铁水含碳量的方差仍为 0.098^2(取 $\alpha = 0.05$)?

解 假设 $H_0: \sigma^2 = 0.098^2$.

由于 S^2 是 σ^2 的无偏估计,当 $\sigma^2 = \sigma_0^2$ 时,比值 S^2/σ_0^2 不应过大或过小,否则意味着 σ^2 可能不等于 σ_0^2. 由定理 6.2 知,当 H_0 成立时,

$$\chi^2 = \frac{(n-1)S^2}{\sigma_0^2} \sim \chi^2(n-1).$$

于是,对于给定的显著性水平 α,可由 χ^2 分布表查得临界值 $\chi^2_{1-\alpha/2}(n-1)$ 及 $\chi^2_{\alpha/2}(n-1)$,使

$$P(\chi^2 < \chi^2_{1-\alpha/2}(n-1)) = 0.025, \quad P(\chi^2 > \chi^2_{\alpha/2}(n-1)) = 0.025.$$

现在 $\alpha = 0.05, n = 10$,查表得 $\chi^2_{0.975}(9) = 2.7, \chi^2_{0.025}(9) = 19.023$,又 $s^2 = 0.131^2, \sigma_0^2 = 0.098^2$,得 $\chi^2 = \dfrac{9 \times 0.131^2}{0.098^2} = 16.08$. 由于 $2.7 \leqslant \chi^2 \leqslant 19.023$ 落入接受域,所以接受 H_0,即认为含碳量的方差仍为 0.098^2.

检验步骤:μ 未知,检验假设 $H_0: \sigma^2 = \sigma_0^2$.

(1) 提出假设 $H_0: \sigma^2 = \sigma_0^2$.

(2) 选取统计量 $\chi^2 = \dfrac{(n-1)S^2}{\sigma_0^2}$. 当 H_0 成立时,$\chi^2 \sim \chi^2(n-1)$.

(3) 对于给定显著性水平 α,查 χ^2 分布表,找出临界值 $\chi^2_{1-\alpha/2}(n-1)$ 及 $\chi^2_{\alpha/2}(n-1)$,使

$$P(\chi^2 < \chi^2_{1-\alpha/2}(n-1)) = \frac{\alpha}{2}, \quad P(\chi^2 > \chi^2_{\alpha/2}(n-1)) = \frac{\alpha}{2},$$

从而确定拒绝域为 $(0, \chi^2_{1-\alpha/2}(n-1)) \bigcup (\chi^2_{\alpha/2}(n-1), +\infty)$;

(4) 由样本值计算统计量 χ^2,若 $\chi^2_{1-\alpha/2}(n-1) \leqslant \chi^2 \leqslant \chi^2_{\alpha/2}(n-1)$,则接受 H_0,否则拒绝 H_0.

上述检验法称为 χ^2 检验法.

2) μ 未知,检验假设 $H_0: \sigma^2 \leqslant \sigma_0^2$

在实际问题中,比如检查产品质量,测量误差等,若总体 X 的方差小,说明产品的精度高,稳定性好.如果在抽样检查时发现样本方差 S^2 比 σ_0^2 大,可以检验假设 $H_0: \sigma^2 \leqslant \sigma_0^2$,若检验的结果是否定 H_0,说明这时产品质量出现问题.

下面就给出解决这类检验问题的一般方法:

(1) 提出假设 $H_0: \sigma^2 \leqslant \sigma_0^2$.

(2) 选取统计量 $\chi^2 = \dfrac{(n-1)S^2}{\sigma_0^2}$. 当 H_0 成立时,$\dfrac{(n-1)S^2}{\sigma^2} \sim \chi^2(n-1)$,且 $\dfrac{(n-1)S^2}{\sigma_0^2} \leqslant \dfrac{(n-1)S^2}{\sigma^2}$;

(3) 对于给定的显著性水平 α,有

$$P\left(\frac{(n-1)S^2}{\sigma_0^2} > \chi_\alpha^2(n-1)\right) \leqslant P\left(\frac{(n-1)S^2}{\sigma^2} > \chi_\alpha^2(n-1)\right) = \alpha,$$

查自由度为 $n-1$ 的 χ^2 分布表,得临界值 $\chi_\alpha^2(n-1)$,由样本值计算统计量 χ^2,若 $\chi^2 > \chi_\alpha^2(n-1)$,则拒绝 H_0,否则接受 H_0.

同理,若检验假设 $H_0: \sigma^2 \geqslant \sigma_0^2$,对于显著性水平 α,其拒绝域为 $(0, \chi_{1-\alpha}^2)$,其中 $\chi_{1-\alpha}^2 = \chi_{1-\alpha}^2(n-1)$.

例 8.11 已知维尼纶纤度(表征粗细程度的量)的标准差 $\sigma = 0.048$,某日抽取 5 根纤维,测得纤度为 1.32,1.55,1.36,1.40,1.44.已知纤度 $X \sim N(\mu, \sigma^2)$,问这天生产的纤维纤度的标准差是否显著偏大(取 $\alpha = 0.05$)?

解 提出假设 $H_0: \sigma^2 \leqslant 0.048^2$. 现在 $\alpha = 0.05$,$n-1 = 4$,查表得临界值 $\chi_{0.05}^2(4) = 9.488$.由样本值得 $s^2 = 0.088^2$,所以

$$\chi^2 = \frac{(n-1)s^2}{\sigma_0^2} = \frac{4 \times 0.088^2}{0.048^2} = 13.51.$$

由于 $\chi^2 = 13.51 > 9.488$,应拒绝 H_0,即认为纤度标准差显著偏大.

表 8.1 关于一个正态总体的假设检验表

条件	原假设 H_0	检验统计量	应查分布表	拒绝域
σ^2 已知	$\mu = \mu_0$	$U = \dfrac{\overline{X} - \mu_0}{\dfrac{\sigma}{\sqrt{n}}}$	$N(0,1)$	$|U| > u_{\alpha/2}$
	$\mu \leqslant \mu_0$			$U > u_\alpha$
	$\mu \geqslant \mu_0$			$U < -u_\alpha$
σ^2 未知	$\mu = \mu_0$	$T = \dfrac{\overline{X} - \mu_0}{\dfrac{S}{\sqrt{n}}}$	$t(n-1)$	$|T| > t_\alpha(n-1)$
	$\mu \leqslant \mu_0$			$T > t_{2\alpha}(n-1)$
	$\mu \geqslant \mu_0$			$T < -t_{2\alpha}(n-1)$

续表

条件	原假设 H_0	检验统计量	应查分布表	拒　绝　域
μ 未知	$\sigma^2 = \sigma_0^2$	$\chi^2 = \dfrac{(n-1)S^2}{\sigma_0^2}$	$\chi^2(n-1)$	$\chi^2 > \chi_{\alpha/2}^2(n-1)$ 或 $\chi^2 < \chi_{1-\alpha/2}^2(n-1)$
	$\sigma^2 \leqslant \sigma_0^2$			$\chi^2 > \chi_{\alpha}^2(n-1)$
	$\sigma^2 \geqslant \sigma_0^2$			$\chi^2 < \chi_{1-\alpha}^2(n-1)$

8.3 两个正态总体参数的假设检验

在实际工作中常常需要对两个正态总体进行比较,比如例 8.3,这种情况实际上就是两个正态总体参数的假设检验问题.下面就讨论两个正态总体间均值、方差差异的检验法.

设总体 $X \sim N(\mu_1, \sigma_1^2)$,$Y \sim N(\mu_2, \sigma_2^2)$,$X$ 与 Y 相互独立.$X_1, X_2, \cdots, X_{n_1}$ 是 X 的样本,其均值、方差记为 $\overline{X}$ 与 S_1^2;$Y_1, Y_2, \cdots, Y_{n_2}$ 是 Y 的样本,它的均值、方差记作 $\overline{Y}$ 与 S_2^2.下面分别对 μ_1 与 μ_2,σ_1^2 与 σ_2^2 作比较.

1. 两个正态总体均值的比较

1) 已知 σ_1^2, σ_2^2,检验 $H_0: \mu_1 = \mu_2$

选取统计量 $U = \dfrac{\overline{X} - \overline{Y}}{\sqrt{\dfrac{\sigma_1^2}{n_1} + \dfrac{\sigma_2^2}{n_2}}}$,在 H_0 成立的条件下服从 $N(0,1)$.对于给定的显著性水平 α,查标准正态表得临界值 $\mu_{\alpha/2}$,使得 $P(|U| > \mu_{\alpha/2}) = \alpha$,$H_0$ 的拒绝域为 $(-\infty, -\mu_{\alpha/2}) \bigcup (\mu_{\alpha/2}, +\infty)$.

由样本值计算统计量 U 的值,若 $|u| > \mu_{\alpha/2}$,则拒绝 H_0,否则接受 H_0.

对于假设 $H_0: \mu_1 \leqslant \mu_2$ 和 $\mu_1 \geqslant \mu_2$ 的检验,用与 8.2 节中类似的方法可得拒绝域分别为 $(u_{\alpha}, +\infty)$ 和 $(-\infty, -u_{\alpha})$.

例 8.12　甲、乙两台机床生产同一型号的滚珠,设甲加工的滚珠直径 $X \sim N(\mu_1, 0.32^2)$;乙加工的滚珠直径 $Y \sim N(\mu_2, 0.41^2)$.现从甲、乙两机床生产的滚珠中分别抽取 8 个和 9 个,测得样本均值(单位:mm)为 $\bar{x} = 15.01$,$\bar{y} = 15.41$.试问两台机床加工的滚珠直径是否有显著差异(取 $\alpha = 0.05$)?

解　检验假设 $H_0: \mu_1 = \mu_2$.取统计量

$$U = \frac{\overline{X} - \overline{Y}}{\sqrt{\dfrac{\sigma_1^2}{n_1} + \dfrac{\sigma_2^2}{n_2}}}.$$

已知 $\sigma_1^2 = 0.32^2, \sigma_2^2 = 0.41^2, n_1 = 8, n_2 = 9$，计算 U 值

$$u = \frac{15.01 - 15.41}{\sqrt{\dfrac{0.32^2}{8} + \dfrac{0.41^2}{9}}} = -2.255.$$

由 $\alpha = 0.05$，查标准正态表得临界值 $u_{0.025} = 1.96$. 因 $|u| = 2.255 > 1.96$，所以拒绝 H_0，即认为两台机床加工的滚珠直径有显著差异.

2) σ_1^2, σ_2^2 未知，但 $\sigma_1^2 = \sigma_2^2$，检验 $H_0: \mu_1 = \mu_2$

选取统计量 $T = \dfrac{\overline{X} - \overline{Y}}{S_w \sqrt{\dfrac{1}{n_1} + \dfrac{1}{n_2}}}$，其中 $S_w^2 = \dfrac{(n_1 - 1)S_1^2 + (n_2 - 1)S_2^2}{n_1 + n_2 - 2}$.

由定理 6.4 知，统计量

$$\frac{(\overline{X} - \overline{Y}) - (\mu_1 - \mu_2)}{S_w \sqrt{\dfrac{1}{n_1} + \dfrac{1}{n_2}}} \sim t(n_1 + n_2 - 2).$$

所以当 H_0 成立时，统计量

$$T = \frac{\overline{X} - \overline{Y}}{S_w \sqrt{\dfrac{1}{n_1} + \dfrac{1}{n_2}}} \sim t(n_1 + n_2 - 2).$$

对于给定的显著性水平 α，查自由度为 $n_1 + n_2 - 2$ 的 t 分布表得临界值 $t_\alpha(n_1 + n_2 - 2)$，使 $P(|T| > t_\alpha(n_1 + n_2 - 2)) = \alpha$，从而确定拒绝域为 $(-\infty, -t_\alpha)$ 和 $(t_\alpha, +\infty)$，其中 $t_\alpha = t_\alpha(n_1 + n_2 - 2)$.

由样本值计算统计量 T 的值，若 $|t| > t_\alpha(n_1 + n_2 - 2)$，则拒绝 H_0，否则接受 H_0.

关于假设 $H_0: \mu_1 \leqslant \mu_2$ 和假设 $H_0: \mu_1 \geqslant \mu_2$ 的检验，用相应的方法可得拒绝域分别为 $(t_{2\alpha}, +\infty)$ 和 $(-\infty, -t_{2\alpha})$，其中 $t_{2\alpha} = t_{2\alpha}(n_1 + n_2 - 2)$.

例 8.13　对甲、乙两种早稻进行试验，现随机从甲、乙两种早稻中分别抽取 6 个和 7 个样本，测得亩产量(单位：kg)为

　　　　甲：349　354　348　360　352　366

　　　　乙：355　374　382　365　378　372　369

设甲，乙两种早稻亩产量 X, Y 分别服从 $N(\mu_1, \sigma^2), N(\mu_2, \sigma^2)$，问两种早稻产量有无显著差异(取 $\alpha = 0.05$)?

解　假设 $H_0: \mu_1 = \mu_2$.

取统计量

$$T = \frac{\overline{X} - \overline{Y}}{S_w \sqrt{\dfrac{1}{n_1} + \dfrac{1}{n_2}}}.$$

这里 $n_1=6$，$n_2=7$；$\bar{x}=345.83$，$\bar{y}=370.71$；$s_1^2=48.167$，$s_2^2=79.238$. 于是

$$t = \frac{354.83 - 370.71}{\sqrt{\dfrac{5 \times 48.167 + 6 \times 79.238}{6+7-2}} \times \sqrt{\dfrac{1}{6} + \dfrac{1}{7}}} = -3.538.$$

对于给定的显著性水平 $\alpha=0.05$，查 t 分布表得临界值 $t_{0.05}(11)=2.201$，由于 $|t|=3.538>2.16$，故拒绝 H_0，即认为两种早稻产量有显著的差异.

2. 两个正态总体方差的比较（F 检验）

1）μ_1 和 μ_2 未知，检验 $H_0: \sigma_1^2 = \sigma_2^2$

要比较 σ_1^2 和 σ_2^2，自然会想到用它们的无偏估计量 S_1^2 和 S_2^2 进行比较. 通常考察统计量 $F = \dfrac{S_1^2}{S_2^2}$.

显然，当 H_0 成立时，F 的值不应过大或过小，否则就应拒绝 H_0. 由定理 6.5 知

$$F = \frac{S_1^2/\sigma_1^2}{S_2^2/\sigma_2^2} \sim F(n_1-1, n_2-1),$$

所以当假设 $H_0: \sigma_1^2 = \sigma_2^2$ 成立时，有 $F = \dfrac{S_1^2}{S_2^2} \sim F(n_1-1, n_2-1)$.

于是，对于给定的显著性水平 α，查 F 分布表得临界值 $F_{1-\alpha/2}(n_1-1, n_2-1)$ 及 $F_{\alpha/2}(n_1-1, n_2-1)$，使 $P(F < F_{1-\alpha/2}(n_1-1, n_2-1)) = \dfrac{\alpha}{2}$，$P(F > F_{\alpha/2}(n_1-1, n_2-1)) = \dfrac{\alpha}{2}$，从而可确定 H_0 的拒绝域. 由样本值计算统计量 F，若 $F < F_{1-\alpha/2}(n_1-1, n_2-1)$ 或 $F > F_{\alpha/2}(n_1-1, n_2-1)$，则拒绝 H_0，否则接受 H_0. 此检验法称为 F 检验法.

例 8.14 某物品在处理前与处理后分别抽样分析其含脂率如下：

处理前 0.19 0.18 0.21 0.30 0.41 0.12 0.27
处理后 0.15 0.13 0.07 0.24 0.19 0.06 0.08 0.12

假设处理前与处理后的含脂率分别为 X, Y，且均服从正态分布. 试问处理前后含脂率的标准差是否有显著差异（取 $\alpha=0.05$）？

解 根据题意，要检验假设 $H_0: \sigma_1 = \sigma_2$.

由样本计算得 $\bar{x}=0.24$，$s_1^2=0.0091$，$\bar{y}=0.13$，$s_2^2=0.0039$. 又 $n_1=7$，$n_2=8$，由此得

$$F = \frac{s_1^2}{s_2^2} = \frac{0.0091}{0.0039} = 2.33.$$

对于显著性水平 $\alpha=0.05$，查 F 分布表得 $F_{\alpha/2}(n_1-1, n_2-1) = F_{0.025}(6,7) = 5.12$，

$$F_{1-\alpha/2}(n_1-1, n_2-1) = F_{0.975}(6,7) = \frac{1}{F_{0.025}(7,6)} = \frac{1}{5.70} = 0.18.$$

因为 $0.18 < F < 5.12$，所以接受 H_0，即认为处理前后含脂率的标准差无显著差异.

*2) μ_1, μ_2 未知，检验 $H_0: \sigma_1^2 \leqslant \sigma_2^2$

取统计量 $F = \dfrac{S_1^2}{S_2^2}$，显然，若 H_0 成立，F 不应太大，否则就应拒绝 H_0.

由定理 6.5 知统计量 $F' = \dfrac{S_1^2/\sigma_1^2}{S_2^2/\sigma_2^2} \sim F(n_1-1, n_2-1)$.

对于给定的 α 和自由度 (n_1-1, n_2-1)，查 F 分布表得临界值 $F_\alpha(n_1-1, n_2-1)$，使得 $P(F > F_\alpha(n_1-1, n_2-1)) \leqslant \alpha$，从而可确定 H_0 的拒绝域为 $F > F_\alpha(n_1-1, n_2-1)$.

同理可得，若检验假设 $\sigma_1^2 \geqslant \sigma_2^2$，其拒绝域为 $(0, F_{1-\alpha})$，其中 $F_{1-\alpha} = F_{1-\alpha}(n_1-1, n_2-1)$.

例 8.15 在本节的例 8.13 中，问乙种早稻亩产量的标准差是否比甲种早稻的小（取 $\alpha = 0.05$）？

解 依题意，要检验假设 $H_0: \sigma_1^2 \leqslant \sigma_2^2, H_1: \sigma_1^2 > \sigma_2^2$. 取统计量 $F = \dfrac{S_1^2}{S_2^2}$. 由 $s_1^2 = 48.167$, $s_2^2 = 79.238$，得 $F = \dfrac{s_1^2}{s_2^2} = 0.608$. 对于 $\alpha = 0.05$，自由度为 $(5, 6)$，查 F 分布表得临界值 $F_{0.05}(5, 6) = 4.39$.

因为 $F = 0.608 < 4.39$，所以接受 H_0，拒绝 H_1，即认为乙种早稻亩产量的标准差不比甲种早稻的小.

*3. 成对数据均值的比较

在实际工作中，有时为了考察某项工作的成效或检查两批同类产品的某项性能指标，常采用配对试验的方法，根据获得的成对数据，来分析工作成效或产品质量. 下面将通过例题说明如何进行比较.

例 8.16 在例 8.3 中，我们曾给出 9 名运动员在训练前后接受检查时的得分，若用 X, Y 分别表示运动员训练前后的成绩，则有如下的数据：$(76, 81), (71, 85), (57, 60), (49, 52), (70, 71), (69, 76), (26, 45), (65, 83), (59, 62)$. 对于显著性水平 $\alpha = 0.05$，问体育训练是否有效？

解 由于运动员的成绩 X, Y 不独立，所以不能用上述的方法检验.

设 $Z = Y - X$，则 $Z \sim N(\mu, \sigma^2)$，且 $Z_i = Y_i - X_i (i = 1, 2, \cdots, 9)$ 是 Z 的一个样本. 根据题意，提出假设 $H_0: \mu = 0$.

取统计量 $T = \dfrac{\bar{Z} - \mu}{S/\sqrt{n}}$，其中 $\bar{Z} = \dfrac{1}{9} \sum\limits_{i=1}^{9} Z_i$, $S^2 = \dfrac{1}{8} \sum\limits_{i=1}^{9} (Z_i - \bar{Z})^2$. 当 H_0 成立时，由定理 6.3 知 $T = \dfrac{\bar{Z}}{S/\sqrt{n}} \sim t(n-1)$.

对于给定的 $\alpha = 0.05$，查自由度为 8 的 t 分布表，得临界值 $t_\alpha(n-1) = t_{0.05}(8) =$

2.306,由样本值得 $\bar{z}=8.11$,$s^2=48.86$,$t=\dfrac{\bar{z}}{s}\sqrt{n}=\dfrac{8.11}{6.99}\times 3=3.48$.

由于 $|t|=3.48>2.306$.所以拒绝 H_0,认为运动员在训练前后有显著变化,即训练有效.

表 8.2   两个正态总体的假设检验表

条件	原假设 H_0	检验统计量	应查分布表	拒 绝 域
已知 σ_1^2,σ_2^2	$\mu_1=\mu_2$	$U=\dfrac{\overline{X}-\overline{Y}}{\sqrt{\dfrac{\sigma_1^2}{n_1}+\dfrac{\sigma_2^2}{n_2}}}$	$N(0,1)$	$|U|>u_{\alpha/2}$
	$\mu_1\leqslant\mu_2$			$U>u_\alpha$
	$\mu_1\geqslant\mu_2$			$U<-u_\alpha$
σ_1^2,σ_2^2 未知但 $\sigma_1^2=\sigma_2^2$	$\mu_1=\mu_2$	$T=\dfrac{\overline{X}-\overline{Y}}{S_w\sqrt{\dfrac{1}{n_1}+\dfrac{1}{n_2}}}$ $S_w^2=\dfrac{(n_1-1)S_1^2+(n_2-1)S_2^2}{n_1+n_2-2}$	$t(n_1+n_2-2)$	$|T|>t_\alpha$
	$\mu_1\leqslant\mu_2$			$T>t_{2\alpha}$
	$\mu_1\geqslant\mu_2$			$T<-t_{2\alpha}$
μ_1,μ_2 未知	$\sigma_1^2=\sigma_2^2$	$F=\dfrac{S_1^2}{S_2^2}$	$F(n_1-1,n_2-1)$	$F>F_{\alpha/2}$ 或 $F<F_{1-\frac{\alpha}{2}}$
	$\sigma_1^2\leqslant\sigma_2^2$			$F>F_\alpha$
	$\sigma_1^2\geqslant\sigma_2^2$			$F<F_{1-\alpha}$

*8.4   总体分布的假设检验

前面三节我们讨论的参数假设检验问题,都是事先假设总体服从正态分布的.但有些时候,事先并不知道总体服从什么分布,这就需要根据样本对总体分布函数进行假设检验.其作法是,首先根据以往的经验及样本提供的信息资料对总体分布类型作出粗略的推断,并对分布提出假设,然后将理论分布与已给统计分布进行比较,最后根据两者的吻合情况,判断假设是否成立.这类统计检验称为**分布拟合检验**.下面只介绍数理统计中最常用的 χ^2 检验法.

设 $X_1,X_2,\cdots,X_n$ 是来自总体 X 的样本,$x_1,x_2,\cdots,x_n$ 是其样本值,总体的分布未知.提出检验假设 H_0:总体 X 的分布函数为 $F(x)$.

若分布函数中含有未知参数,应先用点估计法估计参数,然后作检验.

当总体 X 为离散型时,可提出假设 H_0:总体 X 的分布律为

$$P(X=x_i)=p_i,\qquad i=1,2,\cdots.$$

当总体 X 为连续型时,可提出假设 H_0:总体 X 的概率密度为 $p(x)$.

下面给出总体分布假设检验的一般步骤:

(1) 提出假设 H_0:总体 X 的分布函数为 $F(x)$.

(2) 在实轴上选取 m 个分点 $t_1 < t_2 < \cdots < t_m$,将实轴分成 $m+1$ 个区间:
$$(-\infty, t_1], (t_1, t_2], \cdots, (t_{m-1}, t_m], (t_m, +\infty).$$

(3) 由假设分布 $F(x)$,计算概率 $p_i (i=1,2,\cdots,m+1)$:
$$p_1 = P(X \leqslant t_1) = F(t_1),$$
$$p_2 = P(t_1 < X \leqslant t_2) = F(t_2) - F(t_1),$$
$$\vdots$$
$$p_i = P(t_{i-1} < X \leqslant t_i) = F(t_i) - F(t_{i-1}),$$
$$\vdots$$
$$p_{m+1} = P(X > t_m) = 1 - F(t_m).$$

用 ν_i 表示样本值落在第 i 个小区间的频数,$\dfrac{\nu_i}{n}$ 为相应的频率.

(4) 选取统计量 $\chi^2 = \sum\limits_{i=1}^{m+1} \dfrac{(\nu_i - np_i)^2}{np_i}$. 在 H_0 成立的条件下,当 n 充分大(至少 $n \geqslant 50$)时,χ^2 近似服从自由度为 $m-r$ 的 χ^2 分布,其中 m 为分点 t_i 的个数,r 是总体分布被估计参数的个数.

(5) 给出显著性水平 α,查自由度为 $m-r$ 的 χ^2 分布表得临界值 χ^2_α,使 $P(\chi^2 > \chi^2_\alpha(m-r)) = \alpha$,从而确定拒绝域为 $(\chi^2_\alpha, +\infty)$.

(6) 由所给数据计算统计量 χ^2. 若 $\chi^2 > \chi^2_\alpha(m-r)$,则拒绝 H_0,否则接受 H_0.

注意:由于 χ^2 检验法是在样本容量 n 充分大时推导出来的,故在使用时应保证 n 足够大,通常要求 $n \geqslant 50$. 各组的 p_i 应较小,即分组数 $m+1$ 应较大,根据实践还要求每个 np_i 都不小于 5,否则应适当地合并区间,以满足此条件.

例 8.17 某大学从一年级新生中抽 50 名学生测试外语,测得的成绩(单位:分)如下:

```
68  52  73  62  63  44  81  75  88  61
74  38  91  80  55  67  56  93  60  76
78  62  69  32  82  79  46  58  63  66
61  70  53  89  60  77  73  65  67  72
72  67  61  73  75  51  62  64  74  69
```

试在显著性水平 $\alpha = 0.05$ 下检验新生外语成绩是否服从正态分布?

解 设 X 表示学生的外语成绩,检验假设 H_0:$X \sim N(\mu, \sigma^2)$,其中 μ 和 σ^2 未知,用估计

值 $\overline{X}$ 和 S^2 代替. 经计算得 $\overline{x}=66.94, s^2=12.78^2$，即检验假设 $H_0: X \sim N(66.94, 12.78^2)$.

取统计量 $\chi^2 = \sum_{i=1}^{m+1} \frac{(\nu_i - np_i)^2}{np_i}$，在 H_0 成立的条件下，χ^2 近似服从 $\chi^2(m-2)$.

在数轴上选 6 个分点：$40, 50, 60, 70, 80, 90$. 将数轴分成 7 个区间 $(-\infty, 40]$，$(40, 50], (50, 60], (60, 70], (70, 80], (80, 90], (90, +\infty)$.

为计算统计量 χ^2 的值，需先计算 p_i 的值：

$$F(t_1) = F(40) = \Phi\left(\frac{40-66.94}{12.78}\right) = \Phi(-2.11) = 1 - 0.982 = 0.018,$$

$$F(t_2) = F(50) = \Phi\left(\frac{50-66.94}{12.78}\right) = \Phi(-1.33) = 1 - 0.908 = 0.092,$$

$$F(t_3) = F(60) = \Phi\left(\frac{60-66.94}{12.78}\right) = \Phi(-0.54) = 1 - 0.705 = 0.295,$$

$$F(t_4) = F(70) = \Phi\left(\frac{70-66.94}{12.78}\right) = \Phi(0.24) = 0.595,$$

$$F(t_5) = F(80) = \Phi\left(\frac{80-66.94}{12.78}\right) = \Phi(1.02) = 0.846,$$

$$F(t_6) = F(90) = \Phi\left(\frac{90-66.94}{12.78}\right) = \Phi(1.80) = 0.964,$$

从而

$$p_1 = F(t_1) = 0.018, \qquad p_2 = F(t_2) - F(t_1) = 0.074,$$
$$p_3 = F(t_3) - F(t_2) = 0.203, \quad p_4 = F(t_4) - F(t_3) = 0.3,$$
$$p_5 = F(t_5) - F(t_4) = 0.251, \quad p_6 = F(t_6) - F(t_5) = 0.118,$$
$$p_7 = 1 - F(t_6) = 0.036.$$

为清楚起见，在计算统计量 χ^2 时，可列出一个计算表如下：

区　间	频数 ν_i	概率 p_i	np_i	$(\nu_i - np_i)^2$	$\frac{(\nu_i - np_i)^2}{np_i}$
$(-\infty, 40]$	2	0.018	0.90	1.21	1.344
$(40, 50]$	2	0.074	3.70	2.89	0.781
$(50, 60]$	6	0.203	10.15	17.22	1.697
$(60, 70]$	19	0.300	15.00	16.00	1.067
$(70, 80]$	14	0.251	12.55	2.10	0.167
$(80, 90]$	5	0.118	5.90	0.81	0.137
$(90, +\infty)$	2	0.036	1.80	0.04	0.022

于是 $\chi^2 = \sum_{i=1}^{7} \dfrac{(\nu_i - np_i)^2}{np_i} = 5.215$,由 $\alpha = 0.05$,查自由度 $m - r = 6 - 2 = 4$ 的 χ^2 分布表,得 $\chi^2_{0.05}(4) = 9.488$.因为 $\chi^2 = 5.215 < 9.488$,所以接受 H_0,即认为新生外语成绩服从正态分布.

例 8.18 在一个正二十面体的 20 个面上,分别标以数字 $0,1,2,\cdots,9$,每个数字在两个面上标出.为检验它的匀称性,共作了 800 次投掷试验,数字 $0,1,2,\cdots,9$ 朝正上方的次数列成下表:

数字	0	1	2	3	4	5	6	7	8	9
频数	74	92	83	79	80	73	77	75	76	91

试问此正二十面体是否均匀($\alpha = 0.05$)?

解 设 X 表示正二十面体朝正上方的数字,则 X 为随机变量.若正二十面体是均匀的,则应有 $P(X = i) = \dfrac{2}{20} = \dfrac{1}{10}(i = 0,1,2,\cdots,9)$.

检验假设 $H_0 : p_i = P(X = i) = \dfrac{1}{10}(i = 0,1,2,\cdots,9)$.

当 H_0 成立时,$np_i = 800 \times \dfrac{1}{10} = 80(i = 0,1,2,\cdots,9)$.列表计算统计量 χ^2 的值,由此得 $\chi^2 = \sum_{i=0}^{9} \dfrac{(\nu_i - np_i)^2}{np_i} = 5.125$,本题中 $m + 1 = 10, m = 9, r = 0, m - r = 9$,对 $\alpha = 0.05$,查自由度为 9 的 χ^2 分布表,得临界值 $\chi^2_{0.05}(9) = 16.919$.

因为 $\chi^2 = 5.125 < 16.919$,所以接受 H_0,即认为这个正二十面体基本上是匀称的.

数字	频数 ν_i	np_i	$(\nu_i - np_i)^2$	$\dfrac{(\nu_i - np_i)^2}{np_i}$
0	74	80	36	0.4500
1	92	80	144	1.8000
2	83	80	9	0.1125
3	79	80	1	0.0125
4	80	80	0	0
5	73	80	49	0.6125
6	77	80	9	0.1125
7	75	80	25	0.3125
8	76	80	16	0.2000
9	91	80	121	1.5125

*8.5 比率的比较

在 7.3 节中我们讨论了比率的区间估计,下面将介绍在实际应用中常遇到的有关比率的比较问题.

1. 比率 p 与值 p_0 的比较

1) 大样本情形

设总体 X 服从 0-1 分布,$X_1,X_2,\cdots,X_n$ 是来自总体 X 的样本,即

$$P(X_i = x) = p^x (1-p)^{1-x}, \quad x = 0,1.$$

令 $\mu_n = \sum_{i=1}^{n} X_i$,则 μ_n 为 n 次独立重复试验中,具有所考察特性的个体出现的次数.

检验假设 $H_0: p = p_0, H_1: p \neq p_0$.

当样本容量 n 较大(一般要求 $n \geq 50$),且在 H_0 成立的条件下,统计量

$$U = \frac{\sum_{i=1}^{n} X_i - np_0}{\sqrt{np_0(1-p_0)}} = \frac{\mu_n - np_0}{\sqrt{np_0(1-p_0)}}$$

近似服从 $N(0,1)$.于是,对于给定的 α,查标准正态分布表得临界值 $u_{\alpha/2}$,使 $P(|U| > u_{\alpha/2}) \approx \alpha$,从而可得 H_0 的拒绝域为 $(-\infty, -u_{\alpha/2}) \bigcup (u_{\alpha/2}, +\infty)$.当 $|U| > u_{\alpha/2}$ 时,拒绝 H_0,否则接受 H_0.

同样可推得,若检验假设 $H_0: p \leq p_0, H_1: p > p_0$,则 H_0 的拒绝域为 $(u_\alpha, +\infty)$;假设 $H_0: p \geq p_0, H_1: p < p_0$,其拒绝域为 $(-\infty, -u_\alpha)$.见表 8.3.

例 8.19 在自动机床加工制造零件的过程中需要定期进行质量检查.今抽查的 250 个零件,发现有 14 个次品,问是否可以认为零件的次品率不超过 3%?(取 $\alpha = 0.01$)

解 假设 $H_0: p \leq 0.03, H_1: p > 0.03$.

取统计量 $U = \frac{\mu_n - np_0}{\sqrt{np_0(1-p_0)}}$,这里,$\mu_n = 14$,$n = 250$,$p_0 = 0.03$,由此得 $U = \frac{14 - 250 \times 0.03}{\sqrt{250 \times 0.03 \times 0.97}} = 2.41$.

对于 $\alpha = 0.01$,查表得临界值为 $u_{0.01} = 2.33$.因为 $U = 2.41 > 2.33$,所以拒绝 H_0,即认为零件次品率显著地大于 3%.

2) 小样本情形

对于小样本情形,可直接应用二项分布或 F 分布.这里仅给出用 F 分布检验比率 p 的有关结果(见表 8.4).

表 8.3   大样本情形比率 p 的比较

假　　设	统　计　量	查分布表	判　　定
$H_0: p = p_0$ $H_1: p \neq p_0$			$\|U\| > u_{\alpha/2}$ 拒绝 H_0；$-u_{\alpha/2} \leqslant U \leqslant u_{\alpha/2}$ 接受 H_0
$H_0: p \leqslant p_0$ $H_1: p > p_0$	$U = \dfrac{\mu_n - np_0}{\sqrt{np_0(1-p_0)}}$	$N(0,1)$	$U > u_{\alpha}$ 拒绝 H_0；$U \leqslant u_{\alpha}$ 接受 H_0
$H_0: p \geqslant p_0$ $H_1: p < p_0$			$U < -u_{\alpha}$ 拒绝 H_0；$U \geqslant -u_{\alpha}$ 接受 H_0

表 8.4   小样本情形比率 p 的比较

样本比率与 p_0 的关系	假设	统计量	查分布表	判　　定
$\dfrac{\mu_n}{n} = p_0$	$H_0: p = p_0$			接受 H_0
$\dfrac{\mu_n}{n} > p_0$	$H_0: p = p_0$ $H_1: p \neq p_0$	$F = \dfrac{\nu_2(1-p_0)}{\nu_1 p_0}$ $\nu_1 = 2(n-\mu_n+1)$ $\nu_2 = 2\mu_n$	$F(\nu_1, \nu_2)$	$F > F_{\alpha/2}$ 拒绝 H_0；$F \leqslant F_{\alpha/2}$ 接受 H_0
	$H_0: p \leqslant p_0$ $H_1: p > p_0$			$F > F_{\alpha}$ 拒绝 H_0；$F \leqslant F_{\alpha}$ 接受 H_0
$\dfrac{\mu_n}{n} < p_0$	$H_0: p = p_0$ $H_1: p \neq p_0$	$F = \dfrac{\lambda_2 p_0}{\lambda_1(1-p_0)}$ $\lambda_1 = 2(\mu_n+1)$ $\lambda_2 = 2(n-\mu_n)$	$F(\lambda_1, \lambda_2)$	$F > F_{\alpha/2}$ 拒绝 H_0；$F \leqslant F_{\alpha/2}$ 接受 H_0
	$H_0: p \geqslant p_0$ $H_1: p < p_0$			$F > F_{\alpha}$ 拒绝 H_0；$F \leqslant F_{\alpha}$ 接受 H_0

例 8.20　从某高中三年级学生中抽 25 人检查视力,其中有 6 名学生近视.问该校高三学生的近视比率是否大于 1/5?(取 $\alpha = 0.05$)

解　由于 $\dfrac{\mu_n}{n} = \dfrac{6}{25} > p_0 = \dfrac{1}{5}$,所以提出假设 $H_0: p \leqslant \dfrac{1}{5}$,$H_1: p > \dfrac{1}{5}$,这里 $n = 25$,$\mu_n = 6$,$\nu_1 = 2(25-6+1) = 40$,$\nu_2 = 2 \times 6 = 12$,查表得临界值 $F_{0.05}(40,12) = 2.43$.

因为 $F = \dfrac{12 \times \left(1 - \dfrac{1}{5}\right)}{40 \times \dfrac{1}{5}} = 1.2 < 2.43$,所以接受 H_0,即认为近视比率不大于 $\dfrac{1}{5}$.

2. 两个比率的比较

设有两个总体，p_1，p_2 分别是两个总体中具有特征 A 的个体所占的比率．p_1，p_2 均未知．若在两个总体中分别进行 n 次和 m 次独立的有返回抽样，μ_n 和 μ_m 分别表示具有特征 A 的个体出现的次数；$\hat{p}_1 = \dfrac{\mu_n}{n}$ 和 $\hat{p}_2 = \dfrac{\mu_m}{m}$ 为相应的频率．我们用频率 $\hat{p}_1$，$\hat{p}_2$ 来估计未知比率 p_1 和 p_2，要求在给定的显著性水平 α 下检验假设 $H_0: p_1 = p_2$，即确定频率 $\hat{p}_1$ 和 $\hat{p}_2$ 的差异是否显著．

检验假设 $H_0: p_1 = p_2 = p, H_1: p_1 \neq p_2$．

由于 μ_n 和 μ_m 均服从二项分布，所以有

$$E(\mu_n) = np_1, \quad D(\mu_n) = np_1(1-p_1),$$
$$E(\mu_m) = mp_2, \quad D(\mu_m) = mp_2(1-p_2).$$

当 H_0 成立时，

$$E(\hat{p}_1 - \hat{p}_2) = 0; \quad D(\hat{p}_1 - \hat{p}_2) = p(1-p)\left(\frac{1}{n} + \frac{1}{m}\right).$$

由于 $\hat{p} = \dfrac{\mu_n + \mu_m}{n+m} = \dfrac{n\hat{p}_1 + m\hat{p}_2}{n+m}$ 是 p 的无偏估计，所以当 n 与 m 都充分大时，统计量

$$U = \frac{\hat{p}_1 - \hat{p}_2}{\sqrt{\hat{p}(1-\hat{p})\left(\dfrac{1}{n} + \dfrac{1}{m}\right)}}$$

近似服从 $N(0,1)$．从而对于给定的显著性水平 α，可确定其拒绝域为 $(-\infty, -\mu_{\alpha/2}) \cup (\mu_{\alpha/2}, +\infty)$，即当 $|U| > u_{\alpha/2}$ 时拒绝 H_0，否则接受 H_0．

同样可推得，对于假设 $H_0: p_1 \leqslant p_2$，拒绝域为 $(\mu_\alpha, +\infty)$；假设 $H_0: p_1 \geqslant p_2$ 的拒绝域为 $(-\infty, -\mu_\alpha)$．见表 8.5．

例 8.21　从两个选区中分别抽取 200 张和 150 张选民的选票，支持所提候选人的选票分别是 114 张和 73 张，试在显著性水平 $\alpha = 0.05$ 下，检验两个选区之间是否存在差异？

解　假设 $H_0: p_1 = p_2$．

由于 $\hat{p}_1 = \dfrac{114}{200} = 0.57, \hat{p}_2 = \dfrac{73}{150} = 0.487, \hat{p} = \dfrac{114+73}{200+150} = 0.534$，所以

$$U = \frac{0.57 - 0.487}{\sqrt{0.534 \times 0.466 \times \left(\dfrac{1}{200} + \dfrac{1}{150}\right)}} = 1.54.$$

对于 $\alpha = 0.05$，查表得 $u_{\alpha/2} = 1.96$．

因为 $|U| = 1.54 < 1.96$，故接受 H_0，即认为两个选区无显著性差异．

表 8.5 两个比率 p_1 与 p_2 的比较

假　设	统　计　量	应查分布表	判　定
$H_0: p_1 = p_2$ $H_1: p_1 \neq p_2$	$U = \dfrac{\hat{p}_1 - \hat{p}_2}{\sqrt{\hat{p}(1-\hat{p})\left(\dfrac{1}{n}+\dfrac{1}{m}\right)}}$ 其中 $\hat{p} = \dfrac{\mu_n + \mu_m}{n+m} = \dfrac{n\hat{p}_1 + m\hat{p}_2}{n+m}$	$N(0,1)$	$\|U\| > u_{\alpha/2}$ 拒绝 H_0 $-u_{\alpha/2} \leqslant U \leqslant u_{\alpha/2}$ 接受 H_0
$H_0: p_1 \leqslant p_2$ $H_1: p_1 > p_2$			$U > u_\alpha$ 拒绝 H_0 $U \leqslant u_\alpha$ 接受 H_0
$H_0: p_1 \geqslant p_2$ $H_1: p_1 < p_2$			$U < -u_\alpha$ 拒绝 H_0 $U \geqslant -u_\alpha$ 接受 H_0

习题 8

8.1 某种零件长度的方差为 $\sigma^2 = 0.05^2$,今对一批这种零件检查 6 件,测得长度数据如下(单位:mm):

10.50 10.48 10.51 10.50 10.52 10.46

问这批零件的长度均值能否认为是 10.50mm($\alpha = 0.05$)?

8.2 由经验知某味精厂袋装味精的重量 $X \sim N(15, 0.05)$,技术革新后,改用机器包装,抽查 8 个样品,测得重量(单位:g)为

14.7 15.1 14.8 15.0 15.3 14.9 15.2 14.6

已知方差不变,问机器包装的平均重量是否仍为 15g($\alpha = 0.05$)?

8.3 根据长期经验和资料的分析,某砖瓦厂生产的砖的抗断强度(单位:kg/cm^2)X 服从正态分布,方差 $\sigma^2 = 1.21$.今从该厂产品中随机抽取 6 块,测得抗断强度如下:

32.56 29.66 31.64 30.00 31.87 31.03

检验这批砖的平均抗断强度为 32.50kg/cm^2 是否成立($\alpha = 0.05$)?

8.4 某厂生产的钢索断裂强度 $X \sim N(\mu, \sigma^2)$,其中 $\sigma = 40$kg/cm^2,现从一批钢索中抽取容量为 9 的一个样本,测得断裂强度 $\overline{X}$ 较以往的均值 μ 大 20kg/cm^2.设总体方差不变,问在 $\alpha = 0.01$ 下能否认为这批钢索质量有显著提高?

8.5 已知某炼铁厂的铁水含碳量在正常情况下服从正态分布 $N(4.55, 0.11^2)$,测得 5 炉铁水含碳量如下:

4.28 4.40 4.42 4.35 4.37

如果标准差不变,铁水含碳量的平均值是否显著降低(取 $\alpha = 0.05$)?

8.6 正常人的脉搏平均为 72 次/分,今对某种疾病患者 10 人,测得脉搏(单位:次/分)如下:

$$54 \quad 67 \quad 68 \quad 78 \quad 70 \quad 66 \quad 67 \quad 70 \quad 65 \quad 69$$

问患者和正常人的脉搏有无显著差异(患者的脉搏可视为服从正态分布,$\alpha=0.05$)?

8.7   从今年的新生儿中随机抽取 20 个,测得其平均体重为 3160g,样本标准差为 300g. 而根据过去统计资料新生儿平均体重为 3140g. 设新生儿体重 X 服从正态分布,问今年与往年的新生儿体重有无显著差异($\alpha=0.05$)?

8.8   进行 5 次试验,测得锰的熔点(单位:℃)如下:

$$1269 \quad 1271 \quad 1256 \quad 1265 \quad 1254$$

已知锰的熔化点服从正态分布,是否可以认为锰的熔化点显著高于 1250℃(取 $\alpha=0.01$)?

8.9   过去某工厂向 A 公司订购原材料,自订购日开始至交货日止,平均为 49.1 天. 现改为向 B 公司订购原材料,随机抽取向 B 公司订的 8 次货,交货天数为

$$46 \quad 38 \quad 40 \quad 39 \quad 52 \quad 35 \quad 48 \quad 44$$

问 B 公司交货日期是否比 A 公司交货日期短(取 $\alpha=0.05$)?

8.10   在正常情况下,某工厂生产的电灯泡的寿命 X 服从正态分布. 现测得 9 个灯泡的寿命(单位:h)如下:

$$1440 \quad 1680 \quad 1610 \quad 1500 \quad 1750 \quad 1550 \quad 1420 \quad 1800 \quad 1580$$

能否认为该厂生产的电灯泡寿命的标准差为 $\sigma=120h$($\alpha=0.02$)?

8.11   某种罐头在正常情况下,按规格平均净重 379g,标准差不得超过 11g. 现在抽查 10 盒,测得如下数据(单位:g):

$$370.74 \quad 372.80 \quad 386.43 \quad 398.14 \quad 369.21$$
$$381.67 \quad 367.90 \quad 371.93 \quad 386.22 \quad 393.08$$

试根据抽样结果,说明平均净重和标准差是否符合规格要求(取 $\alpha=0.05$).

8.12   某种导线,要求其电阻的标准差不得超过 0.005Ω. 今在生产的一批导线中抽样品 9 根,测得 $s=0.007$Ω. 设总体为正态分布,问在显著性水平 $\alpha=0.05$ 下能认为这批导线电阻的标准差显著地偏大吗?

8.13   加工某一机器零件,根据其精度要求,标准差不得超过 0.9mm,现从该产品中抽测 19 个样本,得样本标准差 $s=1.2$mm,当 $\alpha=0.05$ 时,可否认为标准差变大?

8.14   从两处煤矿各取一个样本,得其含灰率(%)为

甲矿:24.3   20.8   23.7   21.3   17.4

乙矿:18.2   16.9   20.2   16.7

设同矿取样含灰率服从正态分布,问甲、乙两矿煤的平均含灰率有无显著差异($\alpha=0.05$)?

8.15   对甲、乙两种玉米进行评比试验,现分别随机抽取甲、乙两种玉米的亩产值各 5 个(单位:斤)如下:

甲:951   966   1088   1082   983

乙:730   864   742   774   990

设甲、乙两种玉米亩产量 X,Y 分别服从 $N(\mu_1,\sigma^2)$，$N(\mu_2,\sigma^2)$，问两种玉米产量有无显著差异（$\alpha=0.05$）？

8.16 某灯泡厂在使用一项新工艺的前后，各取 10 个灯泡进行寿命试验，测得采用新工艺前灯泡寿命的样本均值为 2460h，标准差为 56h，采用新工艺后样本均值为 2550h，标准差为 48h，已知灯泡寿命服从正态分布，能否认为采用新工艺后灯泡的寿命有显著提高（取 $\alpha=0.05$）？

8.17 两位化验员 A，B 对一种矿砂的含铁量各自独立地用同一方法作了 5 次分析，得到样本方差分别为 0.4322 与 0.5006. 若 A，B 测定值的总体都是正态分布，其方差分别是 σ_1^2,σ_2^2. 问 σ_1^2 与 σ_2^2 是否有显著差异（取 $\alpha=0.05$）？

8.18 用老工艺生产的机械零件方差较大，抽查了 25 个，得 $s_1^2=6.27$. 现改用新工艺生产，抽查 25 个零件，得 $s_2^2=3.19$. 设两种生产过程皆服从正态分布，问新工艺的精度是否比老工艺显著地好（取 $\alpha=0.05$）？

*8.19 现有 10 名失眠患者，服用甲、乙两种安眠药，延长的睡眠时间数据如下：

编号	1	2	3	4	5	6	7	8	9	10
甲	1.9	0.8	1.1	0.1	−0.1	4.4	5.5	1.6	4.6	3.4
乙	0.7	−1.6	−0.2	−1.2	−0.1	3.4	3.7	0.8	0	2.0

设服用安眠药增加的睡眠时间服从正态分布. 问两种安眠药的疗效有无显著差异？（注意这里是成对数据. 取 $\alpha=0.05$.）

*8.20 一颗骰子掷了 100 次，得结果如下：

点数	1	2	3	4	5	6
频数	13	14	20	17	15	21

试在 $\alpha=0.05$ 下检验这颗骰子是否均匀？

*8.21 某车床生产滚珠，随机抽取了 50 个产品，测得它们的直径为（单位：mm）：

```
15.0  15.8  15.2  15.1  15.9  14.7  14.8  15.5  15.6  15.3
15.1  15.3  15.0  15.6  15.7  14.8  14.5  14.2  14.9  14.9
15.2  15.0  15.3  15.6  15.1  14.9  14.2  14.6  15.8  15.2
15.9  15.2  15.0  14.9  14.8  14.5  15.1  15.5  15.5  15.1
15.1  15.0  15.3  14.7  14.5  15.5  15.0  14.7  14.6  14.2
```

可算得样本均值 $\bar{x}=15.1$，样本方差 $s^2=0.4325^2$. 试问在显著性水平 $\alpha=0.05$ 下能否认为滚珠直径 X 服从正态分布 $N(15.1,0.4325^2)$？

*8.22 如果一批产品的废品率不超过 0.03，这批产品便被接收，在随机抽取的 400

件产品中有 18 件废品,问这批产品可以被接收吗($\alpha=0.05$)?

*8.23   在某地抽查了 27 个家庭,其中有 6 家使用 H 牌洗衣粉,问 H 牌洗衣粉在该地的占有率是否大于 $1/6$($\alpha=0.05$)?

*8.24   某种产品的次品率原为 10%,对这种产品进行新工艺试验,抽查 200 件样品中,发现 13 件次品,能否认为这项新工艺显著降低了产品的次品率(取 $\alpha=0.05$)?

习　题　答　案

习　题　1

1.2　(1) B_1+B_2；　　　　　(2) $B_1\overline{B}_2+\overline{B}_1B_2$；　　　　　(3) B_2；

　　　(4) $\overline{B}_1\overline{B}_2$；　　　　　(5) $\overline{B}_1+\overline{B}_2=\overline{B_1B_2}$；　　　(6) $(B_1+B_2)\overline{A}_1\overline{A}_2=B_1\overline{A}_2+\overline{A}_1B_2$；

　　　(7) $A_1A_2+B_1B_2+C_1C_2$；　(8) $A_1B_2+B_1A_2$.

1.3　(1) $0.7,0.8$；(2) $\dfrac{5}{8}$.

1.5　$B=\overline{C}$.

1.6　(1) $25/49$；　(2) $10/49$；　(3) $20/49$；　(4) $5/7$.

1.7　$\dfrac{C_{13}^5C_{13}^3C_{13}^3C_{13}^2}{C_{52}^{13}}$.

1.8　(1) $2/5$；　(2) $3/10$.

1.9　$3/8$；$1/8$.

1.10　(1) $2/5$；　(2) $14/15$.

1.11　(1) $1/10$；　(2) $3/10$；　(3) $1/5$；　(4) $1/60$.

1.12　$\dfrac{C_{20}^2\,5^2\,95^{18}}{100^{20}}$；$\dfrac{C_5^2C_{95}^{18}}{C_{100}^{20}}$.

1.13　$3/8$；$9/16$；$1/16$.

1.14　$1/12$.

1.15　(1) $1/2$；　(2) $1/6$；　(3) $3/8$.

1.16　$1/4$.

1.17　0.9；0.3；0.1.

1.18　$7/15$；$14/15$；$7/30$.

1.19　0.5.

1.20　$12/125$；$63/250$.

1.21　(1) $2/3$；　(2) $3/5$；　(3) 0.26.

1.22　(1) $28/45$；(2) $1/45$；(3) $16/45$；(4) $1/5$.

1.23　(1) 0.988；　(2) 0.829.

1.24　0.93.

1.25　0.220.

1.26　(1) 0.056；　(2) 0.05.

1.27　0.146.

1.28　(1) 0.94；　(2) 0.85.

1.29　0.417；白球可能性大.

1.30　(1) $\dfrac{3}{2}p-\dfrac{1}{2}p^2$；(2) $\dfrac{2p}{p+1}$.

1.31　0.8.

1.32　(1) 0.4；　(2) 0.4；　(3) 0.484.

1.36　767.

1.37　$r^3(2-r)^3$；$1-(1-r^2)^3$.

1.38　0.104.

1.39　5/13.

1.40　1/3.

1.41　$3p^2q^2$；$C_{n-1}^{r-1}p^rq^{n-r}$ $(q=1-p)$.

1.42　0.2286.

习　题　2

2.1　$P(X=k)=\dfrac{13-2k}{36}$，　$k=1,2,\cdots,6$.

2.2　(1) $a=\dfrac{e-1}{e^3}$；(2) $a=e^{-\frac{1}{3}}$.

2.3　(1) X 的分布律为

X	0	1	2	3
P	1/6	1/2	3/10	1/30

　(2) 1/6；2/3；5/6.

2.4　$P(X=k)=pq^k$ $(k=0,1,\cdots)$.

2.5

X	1	2	3
P	1/2	1/3	1/6

2.6　(1) X 的分布律为

X	0	1	2	3
P	1/24	1/4	11/24	1/4

　(2) 1/4；17/24；1/24.

2.7　$P(X=k)=\begin{cases}\left(\dfrac{1}{2}\cdot\dfrac{2}{3}\right)^{\frac{k-1}{2}}\cdot\dfrac{1}{2}, & \text{当 } k \text{ 为奇数时,}\\[3mm] \left(\dfrac{1}{2}\right)^{\frac{k}{2}}\left(\dfrac{2}{3}\right)^{\frac{k}{2}-1}\cdot\dfrac{1}{3}, & \text{当 } k \text{ 为偶数时,}\end{cases}$　$k=1,2,\cdots$.

2.8　$P(X=k)=q^{k-1}p(q=1-p),k=1,2,\cdots;\qquad P(X=偶数)=\dfrac{1}{5}.$

2.9　0.802.

2.10　0.531.

2.11　(1) 0.0729；(2) 0.99954.

2.12　4(家)；0.2384.

2.13　0.321.

2.14　0.0045.

2.15　8.

2.16　(1) $\dfrac{1}{2}$；$\dfrac{1}{2}e^{-2}$；$\dfrac{1}{2}(e^{-0.5}-e^{-2.5})$；　(2) $A=\dfrac{6}{29}$；$\dfrac{15}{29}$；$\dfrac{83}{116}$.

2.17　(1) 否；　(2) 否；　(3) 是.

2.18　0.8.

2.19　8/27；

Y	0	1	2	3
P	8/27	4/9	2/9	1/27

2.20　0.352.

2.21　(2)

2.22　0.6；0.75；0.

2.23　$F(x)=\begin{cases}0,&x<0,\\x^2,&0\leqslant x<1,\\1,&x\geqslant1;\end{cases}$　$F(x)=\begin{cases}0,&x<0,\\\dfrac{x^2}{2},&0\leqslant x<1,\\-\dfrac{x^2}{2}+2x-1,&1\leqslant x<2,\\1,&x\geqslant2.\end{cases}$　图略.

2.24　(1) $A=1,B=-1$；　(2) $1-e^{-\lambda},e^{-3\lambda}$；　(3) $p(x)=\begin{cases}\lambda e^{-\lambda x},&x>0,\\0,&x\leqslant0.\end{cases}$

2.25　(1) $F(t)=\begin{cases}1-e^{-\lambda t},&t>0,\\0,&t\leqslant0,\end{cases}$　即 T 服从参数为 λ 的指数分布；　(2)$Q=e^{8\lambda}$.

2.26　0.5；0.9545；0.00135；0.83995.

2.27　0.6826；0.9545；0.9973.

2.28　(1) 走第一条路；(2) 走第二条路.

2.29　1.8；4.

2.30　184(cm).

2.31　0.392(cm).

2.32

Y_1	-3	-1	1	3	5
P	0.15	0.32	0.24	0.11	0.18

Y_2	-1	0	1
P	0.24	0.43	0.33

2.33　$p_Y(y)=\begin{cases}\dfrac{1}{\sqrt{2\pi}}y^{-\frac{1}{2}}\mathrm{e}^{-\frac{y}{2}},&y>0,\\[2mm]0,&y\leqslant0.\end{cases}$

2.34　$p_Y(y)=\dfrac{1}{\pi(1+y^2)}\quad y\in(-\infty,+\infty).$

2.35　$p_Y(y)\begin{cases}\dfrac{2}{9}y^{-\frac{1}{2}},&0<y<1,\\[2mm]\dfrac{1}{9}\left(1+\dfrac{1}{\sqrt{y}}\right),&1<y\leqslant4,\\[2mm]0,&\text{其他.}\end{cases}$

2.36　$p_Y(y)=\dfrac{2\mathrm{e}^y}{\pi(1+\mathrm{e}^{2y})}\quad y\in(-\infty,+\infty);\qquad p_Z(y)=\begin{cases}\dfrac{2}{\pi z(1+\ln^2z)},&z>1,\\[2mm]0,&z\leqslant1.\end{cases}$

2.37　$F_Y(y)=\begin{cases}0,&y\leqslant0,\\y,&0<y\leqslant1,\\1,&y>1;\end{cases}$　均匀分布.

2.38　$p_Y(y)=\begin{cases}\dfrac{1}{\pi\sqrt{1-y^2}},&y\in(-1,1),\\[2mm]0,&\text{其他;}\end{cases}\qquad p_Z(z)=\begin{cases}\dfrac{1}{4\sqrt{z}},&z\in(0,4\pi^2),\\[2mm]0,&\text{其他.}\end{cases}$

习　题　3

3.1

X \ Y	2	3	4	$p_i.$
1	1/6	1/6	1/6	1/2
2	0	1/6	1/6	1/3
3	0	0	1/6	1/6
$p._j$	1/6	1/3	1/2	

3.2

X_1 \ X_2	0	1	2	3
0	1/8	3/16	3/32	1/64
1	3/16	3/16	3/64	0
2	3/32	3/64	0	0
3	1/64	0	0	0

3.3　(1) $P(X=i,Y=j)=C_2^i C_2^j \left(\dfrac{2}{3}\right)^{i+j} \left(\dfrac{1}{3}\right)^{4-i-j}$　$(i,j=0,1,2)$;　(2) 33/81;　(3) 24/81.

Y \ X	0	1	2	3	$p._{j}$
1	0	3/8	3/8	0	3/4
3	1/8	0	0	1/8	1/4
$p_i.$	1/8	3/8	3/8	1/8	

3.5

X \ Y	1	2	3	4	...
1	0	pq	$p^2 q$	$p^3 q$	...
2	qp	0	0	0	...
3	$q^2 p$	0	0	0	...
4	$q^3 p$	0	0	0	...
⋮	⋮	⋮	⋮	⋮	

$P(X=i)=q^{i-1}p$;　$i=1,2,\cdots$; $P(Y=j)=p^{j-1}q$,　$j=1,2,\cdots$.

3.6　(1) $c=24$;

(2) $p_X(x)=\begin{cases} 12x^2(1-x), & 0\leqslant x\leqslant 1, \\ 0, & \text{其他}; \end{cases}$　$p_Y(y)=\begin{cases} 12y(1-y)^2, & 0\leqslant y\leqslant 1, \\ 0, & \text{其他}. \end{cases}$

3.7　(1) $p_X(x)=\begin{cases} e^{-x}, & x>0, \\ 0, & x\leqslant 0; \end{cases}$　(2) $P(X+Y\leqslant 1)=1+e^{-1}-2e^{-\frac{1}{2}}$.

3.8　(1) $A=\dfrac{4}{\pi^2}$;　(2) $F(x,y)=\begin{cases} \dfrac{4}{\pi^2}\arctan x\arctan y, & x>0,y>0, \\ 0, & \text{其他}; \end{cases}$

$F(x)=\begin{cases} \dfrac{2}{\pi}\arctan x, & x>0, \\ 0, & x\leqslant 0; \end{cases}$　$F(y)=\begin{cases} \dfrac{2}{\pi}\arctan y, & y>0, \\ 0, & y\leqslant 0. \end{cases}$

3.9　(1) $F_X(x)=\begin{cases} 1-e^{-0.5x}, & x\geqslant 0, \\ 0, & x<0; \end{cases}$　$F_Y(y)=\begin{cases} 1-e^{-0.5y}, & y\geqslant 0, \\ 0, & y<0. \end{cases}$

(2) $p_X(x)=\begin{cases} 0.5e^{-0.5x}, & x\geqslant 0, \\ 0, & x<0; \end{cases}$　$p_Y(y)=\begin{cases} 0.5e^{-0.5y}, & y\geqslant 0, \\ 0, & y<0; \end{cases}$

$p(x,y)=\begin{cases} 0.25e^{-0.5(x+y)}, & x\geqslant 0,y\geqslant 0, \\ 0, & \text{其他}; \end{cases}$

(3) $e^{-0.1}\approx 0.9048$.

3.10 (1) $p(x,y)=\begin{cases} 3/4, & (x,y)\in D, \\ 0, & 其他; \end{cases}$

(2) $p_X(x)=\begin{cases} \dfrac{3}{4}(2x-x^2), & 0<x<2, \\ 0, & 其他; \end{cases}$ $\qquad p_Y(y)=\begin{cases} \dfrac{3}{2}\sqrt{1-y}, & 0<y<1, \\ 0, & 其他; \end{cases}$

(3) $P(X\leqslant Y)=1/8$.

*3.11

Y	2	3	4
$P(Y=y_j\,|\,X=1)$	1/3	1/3	1/3

Y	0	1	2	3
$P(Y=y_j\,|\,X=1)$	12/27	12/27	3/27	0

*3.12

X \ Y	1	2	3	X	0	1
0	0.1	0.2	0.1	$P(Y=y_j\,|\,X=1)$	1/2	1/2
1	0.3	0.1	0.2			

*3.13 当 $0<y<1$ 时，$p_{X|Y}(x|y)=\begin{cases} \dfrac{1}{1-y}, & y<x<1, \\ 0, & 其他; \end{cases}$

当 $-1<y<0$ 时，$p_{X|Y}(x|y)=\begin{cases} \dfrac{1}{1+y}, & -y<x<1, \\ 0, & 其他; \end{cases}$

当 $0<x<1$ 时，$p_{Y|X}(y|x)=\begin{cases} \dfrac{1}{2x}, & |y|<x, \\ 0, & 其他. \end{cases}$

*3.14 (1) $p(x,y)=\begin{cases} 15x^2y, & 0<x<y<1, \\ 0, & 其他; \end{cases}$ (2) $P\left(X>\dfrac{1}{2}\right)=\dfrac{47}{64}$.

3.15 是；否；否.

3.16 是；是；否.

3.17 不独立.

3.18 (1) 独立； (2) 不独立.

3.19 (1) $p(x,y)=\begin{cases} 12e^{-3x-4y}, & x>0,y>0, \\ 0, & 其他, \end{cases}$ $\qquad F(x,y)=\begin{cases} (1-e^{-3x})(1-e^{-4y}), & x>0,y>0, \\ 0, & 其他; \end{cases}$

(2) $(1-e^{-3})(1-e^{-4})=0.9328$；   (3) $1-4e^{-3}$.

3.20 (1) $\frac{1}{2}(1-e^{-2})$； (2) $1-\frac{1}{2e}$.

3.21 $\alpha+\beta=1/3$；$\alpha=2/9$；$\beta=1/9$.

3.22

ξ ＼ η	1	2	3
1	1/9	0	0
2	2/9	1/9	0
3	2/9	2/9	1/9

3.23 $P(Z=n)=\sum_{k=0}^{n}a_k b_{n-k}$，$n=0,1,2,\cdots$.

3.24 $X+Y\sim B(n+m,p)$.

3.25 $p(z)=\begin{cases} ze^{-z}, & z>0, \\ 0, & z\leqslant 0. \end{cases}$

3.26 $p(z)=\begin{cases} z, & 0<z<1, \\ 2-z, & 1\leqslant z<2, \\ 0, & \text{其他.} \end{cases}$

3.27 $p_R(r)=\begin{cases} \dfrac{1}{15000}(600r-60r^2+r^3), & 0\leqslant r<10, \\[2mm] \dfrac{1}{15000}(20-r)^3, & 10\leqslant r<20, \\[2mm] 0, & \text{其他.} \end{cases}$

3.28 $p_U(z)=\begin{cases} \dfrac{9}{8}z^2 & 0<z<1, \\[2mm] \dfrac{3}{2}\left(1-\dfrac{z^2}{4}\right), & 1\leqslant z<2, \\[2mm] 0, & \text{其他；} \end{cases}$ $p_V(z)=\begin{cases} \dfrac{3}{2}(1-z^2), & 0<z<1, \\[2mm] 0, & \text{其他.} \end{cases}$

3.29 $F_Z(z)=\begin{cases} 1-e^{-z}-ze^{-z}, & z>0, \\ 0, & z\leqslant 0. \end{cases}$

*3.30 $G(t)=\begin{cases} 1-e^{-3\lambda t}, & t>0, \\ 0, & t\leqslant 0. \end{cases}$

习 题 4

4.1 5.48(元).

4.2 2.

4.3 EX.

4.4 $[1-(1-p)^{10}]/p$.

4.5 0.8；1.96.

4.6 μ；$2\lambda^2$.

4.7 1; 1/6.

4.8 3; 2.

4.9 (1) $A = \dfrac{1}{\sigma^2}$;   (2) $e^{-\frac{\pi}{4}}$;   (3) $\left(2 - \dfrac{\pi}{2}\right)\sigma^2$.

4.10 $\dfrac{a}{\lambda} + \dfrac{1-a}{\mu}$.

4.11 3.5n; 17.5n/6.

4.12 $10(1 - 0.9^{20}) \approx 8.784$.

4.13 23/12; 95/144.

4.14 $M\left[1 - \left(1 - \dfrac{1}{M}\right)^n\right]$.

4.15 4/3; 29/45.

4.16 91π/12.

4.17 33.64 元.

4.18 1300/3(t).

4.19 21(单位).

4.20 0; 1/8; 5/8; 33/64; 1/2.

4.21 2/3; 0; 0.

4.22 4.

4.24 $EY = 7$; $DY = 37.25$.

4.26 n; 2n.

4.27 8.

4.28 4/5; 8/15; 2/75; 11/225; 4/225; $2\sqrt{66}/33$.

4.29 (1) $\dfrac{1}{2}(2a + 2b - c - d)$; $\dfrac{4(b-a)^2 + (d-c)^2}{12}$;   (2) $\dfrac{(b-a)^2}{6}$.

4.30 0; 不独立.

4.31 (1) $\dfrac{a^2 - b^2}{a^2 + b^2}$;   (2) $|a| = |b|$ 时, U 与 V 不相关.

4.32 1; 3.

习 题 5

5.1 0.709.

5.2 250.

5.4 $P(|\overline{X} - \mu| < \varepsilon) \geqslant 1 - \dfrac{8}{n\varepsilon^2}$; $P(|\overline{X} - \mu| < 4) \geqslant 1 - \dfrac{1}{2n}$.

5.5 0.271.

5.7 0.936; 68.

5.8 0.99997.

5.9 (1) 0.2912;   (2) 31276(度).

5.10 0.56.

5.11 0.95254.

5.12　0.1793.

5.13　103.

5.14　(1) 0；　(2) 0.5.

习 题 6

6.1　(1) $\overline{X} \sim N\left(12, \dfrac{4}{5}\right)$；　(2) 0.132.

6.2　0.8293.

6.3　(1) $p, p(1-p)/n$；　(2) $\lambda, \lambda/n$；　(3) $1/\lambda, 1/n\lambda^2$.

6.4　0.1.

6.5　(1) 0.8904；　(2) $n \approx 96$.

6.6　0.6744.

6.7　$n \geqslant 11$.

6.8　(1) 0.94；　(2) 0.895.

6.9　(1) 18.307；　(2) 2.088；　(3) 1.812；　(4) 2.821；　(5) $\dfrac{1}{2.54}$；　(6) $\dfrac{1}{3.07}$.

6.10　(1) 0.99；　(2) $\dfrac{2}{15}\sigma^4$.

6.11　$\sigma = 5.43$.

6.12　$a \approx 26.105$.

6.13　(1) $a = \dfrac{1}{2}, b = \dfrac{1}{3}, n = 2$；　(2) $c = \dfrac{1}{2}, d = \dfrac{1}{3}, n_1 = 2, n_2 = 1$.

6.15　$E(\overline{X}) = n$；　$D(\overline{X}) = n/5$；　$E(S^2) = 2n$.

习 题 7

7.1　$D(\hat{\mu}_2) < D(\hat{\mu}_1)$.

7.4　1619.6；30892.49.

7.5　$C = \dfrac{1}{2(n-1)}$.

7.6　(1) $\hat{\theta} = \dfrac{2\overline{x} - 1}{1 - \overline{x}}$；　(2) $\hat{\theta} = -1 - \dfrac{n}{\sum\limits_{i=1}^{n} \ln x_i}$.

7.7　$\hat{a} = \overline{x} - \sqrt{3}\,s^*, \hat{b} = \overline{x} + \sqrt{3}\,s^*, S^{*2} = \dfrac{1}{n}\sum\limits_{i=1}^{n}(x_i - \overline{x})^2$；

　　　$\hat{a} = \min\{x_1, x_2, \cdots, x_n\}, \hat{b} = \max\{x_1, x_2, \cdots, x_n\}$.

7.8　$\hat{\theta} = \dfrac{n}{\sum\limits_{i=1}^{n} \ln x_i^a}$.

7.9　$\hat{\theta} = 1168$.

7.10　$\hat{p} = \dfrac{n}{\sum\limits_{i=1}^{n} x_i} = \dfrac{1}{\overline{X}}$.

7.11   (1) $(2.1201,2.1299)$；   (2) $(2.116,2.134)$.

7.12 $(1244.2,1273.8)$.

7.13 $n \geqslant \left(\dfrac{2\sigma}{L} u_{\alpha/2} \right)^2$.

7.14 $(0.078,0.084)$.

7.15 $(0.553,4.4785)$.

7.16 $(33.76,271.56)$.

7.17 $(6.328,6.372)$；$(0.00023,0.00309)$.

7.18 $(9.23,10.77)$；107700kg.

7.19 $n \geqslant 97$.

*7.20 $(-0.002,0.006)$.

*7.21 $(0.222,3.601)$.

习　题　8

8.1   可以认为均值是 10.50mm.

8.2   可以认为平均重量仍为 15g.

8.3   不能认为抗断强度是 32.50kg/cm^2.

8.4   无显著提高.

8.5   可以认为铁水含碳量显著降低.

8.6   有显著差异.

8.7   无显著差异.

8.8   可以认为锰的熔化点显著高于 1250℃.

8.9   可以认为 B 公司交货日期短.

8.10   可以认为寿命的标准差为 120h.

8.11   符合要求.

8.12   显著偏大.

8.13   可以认为标准差变大.

8.14   可以认为两矿含灰率无显著差异.

8.15   两种玉米产量有显著差异.

8.16   可以认为采用新工艺后灯泡的平均寿命显著地提高了.

8.17   无显著差异.

8.18   新工艺不比老工艺显著好.

*8.19   有显著差异.

*8.20   不均匀.

*8.21   可以认为滚珠直径服从 $N(15.1,0.4325^2)$.

*8.22   不能接收这批产品.

*8.23   不大于 1/6.

*8.24   新工艺显著降低了次品率.

附表 1　泊松分布数值表

$$P(X=k)=\frac{\lambda^k}{k!}e^{-\lambda}$$

k \ λ	0.1	0.2	0.3	0.4	0.5	0.6	0.7	0.8	0.9	1.0	1.5	2.0	2.5	3.0	3.5	4.0
0	0.904837	0.818731	0.740818	0.676320	0.606531	0.548812	0.496585	0.449329	0.406570	0.367879	0.223130	0.135335	0.082085	0.049787	0.030197	0.018316
1	0.090484	0.163746	0.222245	0.268128	0.303265	0.329287	0.347610	0.359463	0.365913	0.367879	0.334695	0.270671	0.205212	0.149361	0.105691	0.073263
2	0.004524	0.016375	0.033337	0.053626	0.075816	0.098786	0.121663	0.143785	0.164661	0.183940	0.251021	0.270671	0.256516	0.224042	0.184959	0.146525
3	0.000151	0.001092	0.003334	0.007150	0.012636	0.019757	0.028388	0.038343	0.049398	0.061313	0.125510	0.180447	0.213763	0.224042	0.215785	0.195367
4	0.000004	0.000055	0.000250	0.000715	0.001580	0.002964	0.004968	0.007669	0.011115	0.015328	0.047067	0.090224	0.133602	0.168031	0.188812	0.195367
5		0.000002	0.000015	0.000057	0.000158	0.000356	0.000696	0.001227	0.002001	0.003066	0.014120	0.036089	0.066801	0.100819	0.132169	0.156293
6			0.000001	0.000004	0.000013	0.000036	0.000081	0.000164	0.000300	0.000511	0.003530	0.012030	0.027834	0.050409	0.077098	0.104196
7					0.000001	0.000003	0.000008	0.000019	0.000039	0.000073	0.000756	0.003437	0.009941	0.021604	0.038549	0.059540
8							0.000001	0.000002	0.000004	0.000009	0.000142	0.000859	0.003106	0.008102	0.016865	0.029770
9										0.000001	0.000024	0.000191	0.000863	0.002701	0.006559	0.013231
10											0.000004	0.000038	0.000216	0.000810	0.002296	0.005292
11												0.000007	0.000049	0.000221	0.000730	0.001925
12												0.000001	0.000010	0.000055	0.000213	0.000642
13													0.000002	0.000013	0.000057	0.000197
14														0.000003	0.000014	0.000056
15														0.000001	0.000003	0.000015
16															0.000001	0.000004
17																0.000001

续表

k \ λ	4.5	5.0	5.5	6.0	6.5	7.0	7.5	8.0	8.5	9.0	9.5	10.0
0	0.011109	0.006738	0.004087	0.002479	0.001503	0.000912	0.000553	0.000335	0.000203	0.000123	0.000075	0.000045
1	0.049990	0.033690	0.022477	0.014873	0.009773	0.006383	0.004148	0.002684	0.001730	0.001111	0.000711	0.000454
2	0.112479	0.084224	0.061812	0.044618	0.031760	0.022341	0.015556	0.010735	0.007350	0.004998	0.003378	0.002270
3	0.168718	0.140374	0.113323	0.089235	0.068814	0.052129	0.038888	0.028626	0.020826	0.014994	0.010696	0.007567
4	0.189808	0.175467	0.155819	0.133853	0.111822	0.091227	0.072917	0.057252	0.044255	0.033737	0.025403	0.018917
5	0.170827	0.175467	0.171001	0.160623	0.145369	0.127717	0.109374	0.091604	0.075233	0.060727	0.048265	0.037833
6	0.128120	0.146223	0.157117	0.160623	0.157483	0.149003	0.136719	0.122138	0.106581	0.091090	0.076421	0.063055
7	0.082363	0.104445	0.123449	0.137677	0.146234	0.149003	0.146484	0.139587	0.129419	0.117116	0.103714	0.090079
8	0.046329	0.065278	0.084872	0.103258	0.118815	0.130377	0.137328	0.139587	0.137508	0.131756	0.123160	0.112599
9	0.023165	0.036266	0.051866	0.068838	0.085811	0.101405	0.114441	0.124077	0.129869	0.131756	0.130003	0.125110
10	0.010424	0.018133	0.028526	0.041303	0.055777	0.070983	0.085830	0.099262	0.110303	0.118580	0.122502	0.125110
11	0.004264	0.008242	0.014263	0.022529	0.032959	0.045171	0.058321	0.072190	0.085300	0.097020	0.106662	0.113736
12	0.001599	0.003434	0.006537	0.011261	0.017853	0.026350	0.036575	0.048127	0.060421	0.072765	0.084440	0.094780
13	0.000554	0.001321	0.002766	0.005199	0.008927	0.014188	0.021101	0.029616	0.039506	0.050376	0.061706	0.072908
14	0.000178	0.000472	0.001086	0.002228	0.004144	0.007094	0.011305	0.016924	0.023986	0.032384	0.041872	0.052077
15	0.000053	0.000157	0.000399	0.000891	0.001796	0.003311	0.005652	0.009026	0.013592	0.019431	0.026519	0.034718
16	0.000015	0.000049	0.000137	0.000334	0.000730	0.001448	0.002649	0.004513	0.007220	0.010930	0.015746	0.021699
17	0.000004	0.000014	0.000044	0.000118	0.000279	0.000596	0.001169	0.002124	0.003611	0.005786	0.008799	0.012764
18	0.000001	0.000004	0.000014	0.000039	0.000100	0.000232	0.000487	0.000944	0.001705	0.002893	0.004644	0.007091
19		0.000001	0.000004	0.000012	0.000035	0.000085	0.000192	0.000397	0.000762	0.001370	0.002322	0.003732
20			0.000001	0.000004	0.000011	0.000030	0.000072	0.000150	0.000324	0.000617	0.001103	0.001866
21				0.000001	0.000004	0.000010	0.000026	0.000061	0.000132	0.000264	0.000433	0.000889
22					0.000001	0.000003	0.000009	0.000022	0.000050	0.000108	0.000216	0.000404
23						0.000001	0.000003	0.000008	0.000019	0.000042	0.000089	0.000176
24							0.000001	0.000003	0.000007	0.000016	0.000025	0.000073
25								0.000001	0.000002	0.000006	0.000014	0.000029
26									0.000001	0.000002	0.000004	0.000011
27										0.000001	0.000002	0.000004
28											0.000001	0.000001
29												0.000001

k \ λ	20
5	0.0001
6	0.0002
7	0.0005
8	0.0013
9	0.0029
10	0.0058
11	0.0106
12	0.0176
13	0.0271
14	0.0382
15	0.0517
16	0.0646
17	0.0760
18	0.0814
19	0.0888
20	0.0888
21	0.0846
22	0.0767
23	0.0669
24	0.0557
25	0.0446
26	0.0343
27	0.0254
28	0.0182
29	0.0125
30	0.0083
31	0.0054
32	0.0034
33	0.0020
34	0.0012
35	0.0007
36	0.0004
37	0.0002
38	0.0001
39	0.0001

k \ λ	30
12	0.0001
13	0.0002
14	0.0005
15	0.0010
16	0.0019
17	0.0034
18	0.0057
19	0.0089
20	0.0134
21	0.0192
22	0.0261
23	0.0341
24	0.0426
25	0.0571
26	0.0590
27	0.0655
28	0.0702
29	0.0726
30	0.0726
31	0.0703
32	0.0659
33	0.0599
34	0.0529
35	0.0453
36	0.0378
37	0.0306
38	0.0242
39	0.0186
40	0.0139
41	0.0102
42	0.0073
43	0.0051
44	0.0035
45	0.0023
46	0.0015
47	0.0010
48	0.0006

附表 2 标准正态分布函数表

$$\Phi(u) = \frac{1}{\sqrt{2\pi}} \int_{-\infty}^{u} e^{-\frac{x^2}{2}} \, dx \quad (u \geqslant 0)$$

u	0.00	0.01	0.02	0.03	0.04	0.05	0.06	0.07	0.08	0.09
0.0	0.50000	0.5040	0.5080	0.5120	0.5160	0.5199	0.5239	0.5279	0.5319	0.5359
0.1	0.5398	0.5438	0.5478	0.5517	0.5557	0.5596	0.5636	0.5675	0.5714	0.5753
0.2	0.5793	0.5832	0.5871	0.5910	0.5948	0.5987	0.6026	0.6064	0.6103	0.6141
0.3	0.6179	0.6217	0.6255	0.6293	0.6331	0.6368	0.6404	0.6443	0.6480	0.6517
0.4	0.6554	0.6591	0.6628	0.6664	0.6700	0.6736	0.6772	0.6808	0.6844	0.6879
0.5	0.6915	0.6950	0.6985	0.7019	0.7054	0.7088	0.7123	0.7157	0.7190	0.7224
0.6	0.7257	0.7291	0.7324	0.7357	0.7389	0.7422	0.7454	0.7486	0.7517	0.7549
0.7	0.7580	0.7611	0.7642	0.7673	0.7703	0.7734	0.7764	0.7794	0.7823	0.7852
0.8	0.7881	0.7910	0.7939	0.7967	0.7995	0.8023	0.8051	0.8078	0.8106	0.8133
0.9	0.8159	0.8186	0.8212	0.8238	0.8264	0.8289	0.8315	0.8340	0.8365	0.8389
1.0	0.8413	0.8438	0.8461	0.8485	0.8508	0.8531	0.8554	0.8577	0.8599	0.8621
1.1	0.8643	0.8665	0.8686	0.8708	0.8729	0.8749	0.8770	0.8790	0.8810	0.8830
1.2	0.8849	0.8869	0.8888	0.8907	0.8925	0.8944	0.8962	0.8980	0.8997	0.90147
1.3	0.90320	0.90490	0.90658	0.90824	0.90988	0.91149	0.91309	0.91466	0.91621	0.91774
1.4	0.91924	0.92073	0.92220	0.92364	0.92507	0.92647	0.92785	0.92922	0.93056	0.93189
1.5	0.93319	0.93448	0.93574	0.93699	0.93822	0.93943	0.94062	0.94179	0.94295	0.94408
1.6	0.94520	0.94630	0.94738	0.94845	0.94950	0.95053	0.95154	0.95254	0.95352	0.95449
1.7	0.95543	0.95637	0.95728	0.95818	0.95907	0.95994	0.96080	0.96164	0.96246	0.96327
1.8	0.96407	0.96485	0.96562	0.96638	0.96712	0.96784	0.96856	0.96926	0.96995	0.97062
1.9	0.97128	0.97193	0.97257	0.97320	0.97381	0.97441	0.97500	0.97558	0.97615	0.97670
2.0	0.97725	0.97778	0.97831	0.97882	0.97932	0.97982	0.98030	0.98077	0.98124	0.98169
2.1	0.98214	0.98257	0.98300	0.98341	0.98382	0.98422	0.98461	0.98500	0.98537	0.98574
2.2	0.98610	0.98645	0.98679	0.98713	0.98745	0.98778	0.98809	0.98840	0.98870	0.98899
2.3	0.98928	0.98956	0.98983	$0.9^2 0097$	$0.9^2 0358$	$0.9^2 0613$	$0.9^2 0863$	$0.9^2 1106$	$0.9^2 1344$	$0.9^2 1576$
2.4	$0.9^2 1802$	$0.9^2 2024$	$0.9^2 2240$	$0.9^2 2451$	$0.9^2 2656$	$0.9^2 2857$	$0.9^2 3053$	$0.9^2 3244$	$0.9^2 3431$	$0.9^2 3613$

续表

u	0	0.01	0.02	0.03	0.04	0.05	0.06	0.07	0.08	0.09
2.5	$0.9^{2}3790$	$0.9^{2}3963$	$0.9^{2}4132$	$0.9^{2}4297$	$0.9^{2}4457$	$0.9^{2}4614$	$0.9^{2}4766$	$0.9^{2}4915$	$0.9^{2}5060$	$0.9^{2}5201$
2.6	$0.9^{2}5339$	$0.9^{2}5473$	$0.9^{2}5604$	$0.9^{2}5731$	$0.9^{2}5855$	$0.9^{2}5975$	$0.9^{2}6093$	$0.9^{2}6207$	$0.9^{2}6319$	$0.9^{2}6427$
2.7	$0.9^{2}6533$	$0.9^{2}6636$	$0.9^{2}6736$	$0.9^{2}6833$	$0.9^{2}6928$	$0.9^{2}7020$	$0.9^{2}7110$	$0.9^{2}7197$	$0.9^{2}7282$	$0.9^{2}7365$
2.8	$0.9^{2}7445$	$0.9^{2}7523$	$0.9^{2}7599$	$0.9^{2}7673$	$0.9^{2}7744$	$0.9^{2}7814$	$0.9^{2}7882$	$0.9^{2}7948$	$0.9^{2}8012$	$0.9^{2}8074$
2.9	$0.9^{2}8134$	$0.9^{2}8193$	$0.9^{2}8250$	$0.9^{2}8305$	$0.9^{2}8359$	$0.9^{2}8411$	$0.9^{2}8462$	$0.9^{2}8511$	$0.9^{2}8559$	$0.9^{2}8605$
3.0	$0.9^{2}8650$	$0.9^{2}8694$	$0.9^{2}8736$	$0.9^{2}8777$	$0.9^{2}8817$	$0.9^{2}8856$	$0.9^{2}8893$	$0.9^{2}8930$	$0.9^{2}8965$	$0.9^{2}8999$
3.1	$0.9^{3}0324$	$0.9^{3}0646$	$0.9^{3}0957$	$0.9^{3}1260$	$0.9^{3}1553$	$0.9^{3}1836$	$0.9^{3}2112$	$0.9^{3}2378$	$0.9^{3}2636$	$0.9^{3}2886$
3.2	$0.9^{3}3129$	$0.9^{3}3363$	$0.9^{3}3590$	$0.9^{3}3810$	$0.9^{3}4024$	$0.9^{3}4230$	$0.9^{3}4429$	$0.9^{3}4623$	$0.9^{3}4810$	$0.9^{3}4991$
3.3	$0.9^{3}5166$	$0.9^{3}5335$	$0.9^{3}5499$	$0.9^{3}5658$	$0.9^{3}5811$	$0.9^{3}5959$	$0.9^{3}6103$	$0.9^{3}6242$	$0.9^{3}6376$	$0.9^{3}6505$
3.4	$0.9^{3}6631$	$0.9^{3}6752$	$0.9^{3}6869$	$0.9^{3}6982$	$0.9^{3}7091$	$0.9^{3}7197$	$0.9^{3}7299$	$0.9^{3}7398$	$0.9^{3}7493$	$0.9^{3}7585$
3.5	$0.9^{3}7674$	$0.9^{3}7759$	$0.9^{3}7842$	$0.9^{3}7922$	$0.9^{3}7999$	$0.9^{3}8074$	$0.9^{3}8146$	$0.9^{3}8215$	$0.9^{3}8282$	$0.9^{3}8347$
3.6	$0.9^{3}8409$	$0.9^{3}8469$	$0.9^{3}8527$	$0.9^{3}8583$	$0.9^{3}8637$	$0.9^{3}8689$	$0.9^{3}8739$	$0.9^{3}8787$	$0.9^{3}8834$	$0.9^{3}8879$
3.7	$0.9^{3}8922$	$0.9^{3}8964$	$0.9^{4}0039$	$0.9^{4}0426$	$0.9^{4}0799$	$0.9^{4}1158$	$0.9^{4}1504$	$0.9^{4}1838$	$0.9^{4}2159$	$0.9^{4}2468$
3.8	$0.9^{4}2765$	$0.9^{4}3052$	$0.9^{4}3327$	$0.9^{4}3593$	$0.9^{4}3848$	$0.9^{4}4094$	$0.9^{4}4331$	$0.9^{4}4558$	$0.9^{4}4777$	$0.9^{4}4988$
3.9	$0.9^{4}5190$	$0.9^{4}5385$	$0.9^{4}5573$	$0.9^{4}5753$	$0.9^{4}5926$	$0.9^{4}6092$	$0.9^{4}6253$	$0.9^{4}6406$	$0.9^{4}6553$	$0.9^{4}6696$
4.0	$0.9^{4}6833$	$0.9^{4}6964$	$0.9^{4}7090$	$0.9^{4}7211$	$0.9^{4}7327$	$0.9^{4}7439$	$0.9^{4}7546$	$0.9^{4}7649$	$0.9^{4}7748$	$0.9^{4}7843$
4.1	$0.9^{4}7934$	$0.9^{4}8022$	$0.9^{4}8106$	$0.9^{4}8186$	$0.9^{4}8263$	$0.9^{4}8338$	$0.9^{4}8409$	$0.9^{4}8477$	$0.9^{4}8542$	$0.9^{4}8605$
4.2	$0.9^{4}8665$	$0.9^{4}8723$	$0.9^{4}8778$	$0.9^{4}8832$	$0.9^{4}8882$	$0.9^{4}8931$	$0.9^{4}8978$	$0.9^{5}0226$	$0.9^{5}0655$	$0.9^{5}1066$
4.3	$0.9^{5}1460$	$0.9^{5}1837$	$0.9^{5}2199$	$0.9^{5}2545$	$0.9^{5}2876$	$0.9^{5}3193$	$0.9^{5}3497$	$0.9^{5}3788$	$0.9^{5}4066$	$0.9^{5}4332$
4.4	$0.9^{5}4587$	$0.9^{5}4831$	$0.9^{5}5065$	$0.9^{5}5288$	$0.9^{5}5502$	$0.9^{5}5706$	$0.9^{5}5902$	$0.9^{5}6089$	$0.9^{5}6268$	$0.9^{5}6439$
4.5	$0.9^{5}6602$	$0.9^{5}6759$	$0.9^{5}6908$	$0.9^{5}7051$	$0.9^{5}7187$	$0.9^{5}7313$	$0.9^{5}7442$	$0.9^{5}7561$	$0.9^{5}7675$	$0.9^{5}7784$
4.6	$0.9^{5}7888$	$0.9^{5}7987$	$0.9^{5}8081$	$0.9^{5}8172$	$0.9^{5}8258$	$0.9^{5}8340$	$0.9^{5}8419$	$0.9^{5}8494$	$0.9^{5}8566$	$0.9^{5}8634$
4.7	$0.9^{5}8699$	$0.9^{5}8761$	$0.9^{5}8821$	$0.9^{5}8877$	$0.9^{5}8931$	$0.9^{5}8983$	$0.9^{6}0320$	$0.9^{6}0789$	$0.9^{6}1235$	$0.9^{6}1661$
4.8	$0.9^{6}2007$	$0.9^{6}2453$	$0.9^{6}2822$	$0.9^{6}3173$	$0.9^{6}3508$	$0.9^{6}3827$	$0.9^{6}4131$	$0.9^{6}4420$	$0.9^{6}4696$	$0.9^{6}4958$
4.9	$0.9^{6}5208$	$0.9^{6}5446$	$0.9^{6}5673$	$0.9^{6}5889$	$0.9^{6}6094$	$0.9^{6}6289$	$0.9^{6}6475$	$0.9^{6}6652$	$0.9^{6}6821$	$0.9^{6}6918$

$$P(\chi^2(n) > \chi_\alpha^2) = \alpha, \quad (n \text{ 为自由度})$$

α \ n	0.995	0.99	0.975	0.95	0.90	0.10	0.05	0.025	0.01	0.005
1	—	—	0.001	0.004	0.016	2.706	3.841	5.024	6.635	7.879
2	0.010	0.020	0.051	0.103	0.211	4.605	5.991	7.378	9.210	10.597
3	0.072	0.115	0.216	0.352	0.584	6.251	7.815	9.348	11.345	12.838
4	0.207	0.297	0.484	0.711	1.064	7.779	9.488	11.143	13.277	14.860
5	0.412	0.554	0.831	1.145	1.610	9.236	11.017	12.833	15.086	16.750
6	0.676	0.872	1.237	1.635	2.204	10.645	12.592	14.449	16.812	18.548
7	0.989	1.239	1.690	2.167	2.833	12.017	14.067	16.013	18.475	20.278
8	1.344	1.646	2.180	2.733	3.490	13.362	15.507	17.535	20.090	21.995
9	1.735	2.088	2.700	3.325	4.168	14.684	16.919	19.023	21.666	23.589
10	2.156	2.558	3.247	3.940	4.856	15.987	18.307	20.483	23.209	25.188
11	2.603	3.053	3.816	4.575	5.578	17.275	19.675	21.920	24.725	26.757
12	3.074	3.571	4.404	5.226	6.304	18.549	21.026	23.337	26.217	28.299
13	3.565	4.107	5.009	5.892	7.042	19.812	22.362	24.736	27.688	29.819
14	4.075	4.660	5.629	6.571	7.790	21.064	23.685	26.119	29.141	31.319
15	4.601	5.229	6.262	7.261	8.547	22.307	24.996	27.488	30.578	32.801
16	5.142	5.812	6.908	7.962	9.3122	23.542	26.296	28.845	32.000	34.267
17	5.697	6.408	7.564	8.672	10.085	24.769	27.587	30.191	33.409	35.718
18	6.265	7.015	8.231	9.390	10.865	25.989	28.869	31.526	34.805	37.156
19	6.844	7.633	8.907	10.117	11.651	27.204	30.144	32.852	36.191	38.582
20	7.434	8.260	9.591	10.851	12.443	28.412	31.410	34.170	37.566	39.997
21	8.034	8.897	10.283	11.591	13.240	29.615	32.671	35.497	38.932	41.401
22	8.643	9.542	10.982	12.338	14.042	30.813	33.924	36.781	40.289	42.796

续表

n \ α	0.995	0.99	0.975	0.95	0.90	0.10	0.05	0.025	0.01	0.005
23	9.260	10.196	11.689	13.091	14.848	32.007	35.172	38.076	41.638	44.181
24	9.886	10.856	12.401	13.848	15.659	33.196	36.415	39.364	42.980	45.559
25	10.520	11.524	13.120	14.611	16.473	34.382	37.652	40.646	44.314	46.928
26	11.160	12.198	13.844	15.379	17.292	35.563	38.885	41.923	45.642	48.290
27	11.808	12.879	14.573	16.151	18.114	36.741	40.113	43.194	46.963	49.645
28	12.461	13.565	15.308	16.928	18.939	37.916	41.337	44.461	48.278	50.993
29	13.121	14.257	16.047	17.708	19.768	39.087	42.557	45.722	49.588	52.336
30	13.787	14.954	16.791	18.493	20.599	40.256	43.773	46.979	50.892	53.672
31	14.458	15.655	17.539	19.281	21.434	41.422	44.985	48.232	52.191	55.003
32	15.134	16.362	18.291	20.072	22.271	42.585	46.194	49.480	53.486	56.328
33	15.815	17.047	19.047	20.867	23.110	43.745	47.400	50.725	54.776	57.648
34	16.506	17.789	19.806	21.664	23.952	44.903	48.602	51.966	56.061	58.964
35	17.192	18.509	20.569	22.465	24.797	46.059	49.802	53.203	57.342	60.275
36	17.887	19.233	21.336	23.269	25.643	47.212	50.998	54.437	58.619	61.581
37	18.586	19.960	22.106	24.075	26.492	48.363	52.192	55.668	59.892	62.883
38	19.289	20.691	22.878	24.884	27.343	49.513	53.384	56.896	61.162	64.181
39	19.996	21.426	23.654	25.695	28.196	50.660	54.572	58.120	62.428	65.476
40	20.707	22.164	24.433	26.509	29.015	51.805	55.758	59.342	63.691	66.766
41	21.421	22.906	25.212	27.326	29.907	52.949	56.942	60.561	64.950	68.053
42	22.138	23.650	25.999	28.144	30.765	54.090	58.124	61.777	66.206	69.336
43	22.859	24.398	26.785	28.965	31.625	55.230	59.304	62.990	67.459	70.616
44	23.584	25.148	27.575	29.787	32.487	56.369	60.481	64.201	68.710	71.893
45	24.311	25.901	28.366	30.612	33.350	57.505	61.656	65.410	69.957	73.166

附表 4 t 分布双侧临界值表

$$P(|t|>t_\alpha)=\alpha$$

n \ α	0.9	0.8	0.7	0.6	0.5	0.4	0.3	0.2	0.1	0.05	0.02	0.01	0.001
1	0.159	0.325	0.510	0.727	1.000	1.376	1.963	3.807	6.314	12.706	31.821	63.65	636.62
2	0.142	0.289	0.445	0.617	0.816	1.061	1.386	1.886	2.920	4.303	6.965	9.925	31.598
3	0.137	0.277	0.424	0.584	0.765	0.978	1.250	1.638	2.353	3.182	4.540	5.841	12.924
4	0.134	0.271	0.414	0.569	0.741	0.941	1.190	1.533	2.132	2.776	3.747	4.604	8.610
5	0.132	0.267	0.408	0.559	0.727	0.920	1.156	1.476	2.015	2.571	3.365	4.032	6.895
6	0.131	0.265	0.404	0.553	0.718	0.906	1.134	1.440	1.943	2.447	3.143	3.707	5.959
7	0.130	0.263	0.402	0.549	0.711	0.896	1.119	1.415	1.895	2.365	2.998	3.499	5.405
8	0.130	0.262	0.399	0.546	0.706	0.889	1.108	1.397	1.860	2.306	2.896	3.355	5.041
9	0.129	0.261	0.398	0.543	0.703	0.883	1.100	1.383	1.833	2.262	2.821	3.250	4.781
10	0.129	0.260	0.397	0.542	0.700	0.879	1.093	1.372	1.812	2.228	2.764	3.169	4.587
11	0.129	0.260	0.396	0.540	0.697	0.876	1.088	1.363	1.796	2.201	2.718	3.106	4.437
12	0.128	0.259	0.395	0.539	0.695	0.873	1.083	1.356	1.782	2.179	2.681	3.055	4.318
13	0.128	0.259	0.394	0.538	0.694	0.870	1.079	1.350	1.771	2.160	2.650	3.012	4.221
14	0.128	0.258	0.393	0.537	0.692	0.868	1.076	1.345	1.761	2.145	2.624	2.977	4.140
15	0.128	0.258	0.392	0.536	0.691	0.866	1.074	1.341	1.753	2.131	2.602	2.947	4.073
16	0.128	0.258	0.392	0.535	0.690	0.865	1.071	1.337	1.746	2.120	2.583	2.921	4.015
17	0.128	0.257	0.392	0.534	0.689	0.863	1.069	1.333	1.740	2.110	2.567	2.898	3.965
18	0.127	0.257	0.391	0.534	0.688	0.862	1.067	1.330	1.734	2.101	2.552	2.878	3.922
19	0.127	0.257	0.391	0.533	0.688	0.861	1.066	1.328	1.729	2.093	2.539	2.861	3.883
20	0.127	0.257	0.391	0.533	0.687	0.860	1.064	1.325	1.725	2.086	2.528	2.845	3.850
21	0.127	0.257	0.391	0.532	0.686	0.859	1.063	1.323	1.721	2.080	2.518	2.831	3.819
22	0.127	0.256	0.390	0.532	0.686	0.858	1.061	1.321	1.717	2.074	2.508	2.819	3.792

续表

α \ n	0.9	0.8	0.7	0.6	0.5	0.4	0.3	0.2	0.1	0.05	0.02	0.01	0.001
23	0.127	0.256	0.390	0.532	0.685	0.858	1.060	1.319	1.714	2.069	2.500	2.807	3.767
24	0.127	0.256	0.390	0.531	0.685	0.857	1.059	1.318	1.711	2.064	2.492	2.797	3.745
25	0.127	0.256	0.390	0.531	0.684	0.856	1.058	1.316	1.708	2.060	2.485	2.787	3.725
26	0.127	0.256	0.390	0.531	0.684	0.856	1.058	1.315	1.706	2.056	2.479	2.779	3.707
27	0.127	0.256	0.389	0.531	0.684	0.855	1.057	1.314	1.703	2.052	2.473	2.771	3.690
28	0.127	0.256	0.389	0.530	0.683	0.855	1.056	1.313	1.701	2.048	2.467	2.763	3.674
29	0.127	0.256	0.389	0.530	0.683	0.854	1.055	1.311	1.699	2.045	2.462	2.756	3.659
30	0.127	0.256	0.389	0.530	0.683	0.854	1.055	1.310	1.697	2.042	2.457	2.750	3.646
40	0.126	0.255	0.388	0.529	0.681	0.851	1.050	1.303	1.684	2.021	2.432	2.704	3.551
60	0.126	0.254	0.387	0.527	0.679	0.848	1.046	1.296	1.671	2.000	2.390	2.660	3.460
120	0.126	0.254	0.386	0.526	0.677	0.845	1.041	1.289	1.658	1.980	2.358	2.617	3.373
∞	0.126	0.253	0.385	0.526	0.674	0.842	1.036	1.282	1.645	1.960	2.326	2.576	3.291

附表 5 F 分布的上侧临界值表

$$P(F(n_1, n_2) > F_\alpha(n_1, n_2)) = \alpha$$

$$\alpha = 0.05$$

n_2 \ n_1	1	2	3	4	5	6	7	8	9	10	12	15	20	24	30	40	60	120	∞
1	161.4	199.5	215.7	224.6	230.2	234.0	236.8	238.9	240.5	241.9	243.9	245.9	248.0	249.1	250.1	251.1	252.2	253.3	254.3
2	18.51	19.00	19.16	19.25	19.30	19.33	19.35	19.37	19.38	19.40	19.41	19.43	19.45	19.45	19.46	19.47	19.48	19.49	19.50
3	10.13	9.55	9.28	9.12	9.01	8.94	8.89	8.85	8.81	8.79	8.74	8.70	8.66	8.64	8.62	8.59	8.57	8.55	8.53
4	7.71	6.94	6.59	6.39	6.26	6.16	6.09	6.04	6.00	5.96	5.91	5.86	5.80	5.77	5.75	5.72	5.69	5.66	5.63
5	6.61	5.79	5.41	5.19	5.05	4.95	4.88	4.82	4.77	4.74	4.68	4.62	4.56	4.53	4.50	4.46	4.43	4.40	4.36
6	5.99	5.14	4.76	4.53	4.39	4.28	4.21	4.15	4.10	4.06	4.00	3.94	3.87	3.84	3.81	3.77	3.74	3.70	3.67
7	5.59	4.74	4.35	4.12	3.97	3.87	3.79	3.73	3.68	3.64	3.57	3.51	3.44	3.41	3.38	3.34	3.30	3.27	3.23
8	5.32	4.46	4.07	3.84	3.69	3.58	3.50	3.44	3.39	3.35	3.28	3.22	3.15	3.12	3.08	3.04	3.01	2.97	2.93
9	5.12	4.26	3.86	3.63	3.48	3.37	3.29	3.23	3.18	3.14	3.07	3.01	2.94	2.90	2.86	2.83	2.79	2.75	2.71
10	4.96	4.10	3.71	3.48	3.33	3.22	3.14	3.07	3.02	2.98	2.91	2.85	2.77	2.74	2.70	2.66	2.62	2.58	2.54
11	4.84	3.98	3.59	3.36	3.20	3.09	3.01	2.95	2.90	2.85	2.79	2.72	2.65	2.61	2.57	2.53	2.49	2.45	2.40
12	4.75	3.89	3.49	3.26	3.11	3.00	2.91	2.85	2.80	2.75	2.69	2.62	2.54	2.51	2.47	2.43	2.38	2.34	2.30
13	4.67	3.81	3.41	3.18	3.03	2.92	2.83	2.77	2.71	2.67	2.60	2.53	2.46	2.42	2.38	2.34	2.30	2.25	2.21
14	4.60	3.74	3.34	3.11	2.96	2.85	2.76	2.70	2.65	2.60	2.53	2.46	2.39	2.35	2.31	2.27	2.22	2.18	2.13
15	4.54	3.68	3.29	3.06	2.90	2.79	2.71	2.64	2.59	2.54	2.48	2.40	2.33	2.29	2.25	2.20	2.16	2.11	2.07
16	4.49	3.63	3.24	3.01	2.85	2.74	2.66	2.59	2.54	2.49	2.42	2.35	2.28	2.24	2.19	2.15	2.11	2.06	2.01
17	4.45	3.59	3.20	2.96	2.81	2.70	2.61	2.55	2.49	2.45	2.38	2.31	2.23	2.19	2.15	2.10	2.06	2.01	1.96
18	4.41	3.55	3.16	2.93	2.77	2.66	2.58	2.51	2.46	2.41	2.34	2.27	2.19	2.15	2.11	2.06	2.02	1.97	1.92
19	4.38	3.52	3.13	2.90	2.74	2.63	2.54	2.48	2.42	2.38	2.31	2.23	2.16	2.11	2.07	2.03	1.98	1.93	1.88
20	4.35	3.49	3.10	2.87	2.71	2.60	2.51	2.45	2.39	2.35	2.28	2.20	2.12	2.08	2.04	1.99	1.95	1.90	1.84
21	4.32	3.47	3.07	2.84	2.68	2.57	2.49	2.42	2.37	2.32	2.25	2.18	2.10	2.05	2.01	1.96	1.92	1.87	1.81

续表

n_2 \ n_1	1	2	3	4	5	6	7	8	9	10	12	15	20	24	30	40	60	120	∞
22	4.30	3.44	3.05	2.82	2.66	2.55	2.46	2.40	2.34	2.30	2.23	2.15	2.07	2.03	1.98	1.94	1.89	1.84	1.78
23	4.28	3.42	3.03	2.80	2.64	2.53	2.44	2.37	2.32	2.27	2.20	2.13	2.05	2.01	1.96	1.91	1.86	1.81	1.76
24	4.26	3.40	3.01	2.78	2.62	2.51	2.42	2.36	2.30	2.25	2.18	2.11	2.03	1.98	1.94	1.89	1.84	1.79	1.73
25	4.24	3.39	2.99	2.76	2.60	2.49	2.40	2.34	2.28	2.24	2.16	2.09	2.01	1.96	1.92	1.87	1.82	1.77	1.71
26	4.23	3.37	2.98	2.74	2.59	2.47	2.39	2.32	2.27	2.22	2.15	2.07	1.99	1.95	1.90	1.85	1.80	1.75	1.69
27	4.21	3.35	2.96	2.73	2.57	2.46	2.37	2.31	2.25	2.20	2.13	2.06	1.97	1.93	1.88	1.84	1.79	1.73	1.67
28	4.20	3.34	2.95	2.71	2.56	2.45	2.36	2.29	2.24	2.19	2.12	2.04	1.96	1.91	1.87	1.82	1.77	1.71	1.65
29	4.18	3.33	2.93	2.70	2.55	2.43	2.35	2.28	2.22	2.18	2.10	2.03	1.94	1.90	1.85	1.81	1.75	1.70	1.64
30	4.17	3.32	2.92	2.69	2.53	2.42	2.33	2.27	2.21	2.16	2.09	2.01	1.93	1.89	1.84	1.79	1.74	1.68	1.62
40	4.08	3.23	2.84	2.61	2.45	2.34	2.25	2.18	2.12	2.08	2.00	1.92	1.84	1.79	1.74	1.69	1.64	1.58	1.51
60	4.00	3.15	2.76	2.53	2.37	2.25	2.17	2.10	2.04	1.99	1.92	1.84	1.75	1.70	1.65	1.59	1.53	1.47	1.39
120	3.92	3.07	2.68	2.45	2.29	2.17	2.09	2.02	1.96	1.91	1.83	1.75	1.66	1.61	1.55	1.50	1.43	1.35	1.25
∞	3.84	3.00	2.60	2.37	2.21	2.10	2.01	1.94	1.88	1.83	1.75	1.67	1.57	1.52	1.46	1.39	1.32	1.22	1.00

$\alpha = 0.025$

n_2 \ n_1	1	2	3	4	5	6	7	8	9	10	12	15	20	24	30	40	60	120	∞
1	647.8	799.5	864.2	899.6	921.8	937.1	948.2	956.7	963.3	968.6	976.7	984.9	993.1	997.2	1001	1006	1010	1014	1018
2	38.51	39.00	39.17	39.25	39.30	39.33	39.36	39.37	39.39	39.40	39.41	39.43	39.45	39.46	39.46	39.47	39.48	39.49	39.50
3	17.44	16.04	15.44	15.10	14.88	14.73	14.62	14.54	14.47	14.42	14.34	14.25	14.17	14.12	14.08	14.04	13.99	13.95	13.90
4	12.22	10.65	9.98	9.60	9.36	9.20	9.07	8.98	8.90	8.84	8.75	8.66	8.56	8.51	8.46	8.41	8.36	8.31	8.26
5	10.01	8.43	7.76	7.39	7.15	6.98	6.85	6.76	6.68	6.62	6.52	6.43	6.33	6.28	6.23	6.18	6.12	6.07	6.02
6	8.81	7.26	6.60	6.23	5.99	5.82	5.70	5.60	5.52	5.46	5.37	5.27	5.17	5.12	5.07	5.01	4.96	4.90	4.85
7	8.07	6.54	5.89	5.52	5.29	5.12	4.99	4.90	4.82	4.76	4.67	4.57	4.47	4.42	4.36	4.31	4.25	4.20	4.14
8	7.57	6.06	5.42	5.05	4.82	4.65	4.53	4.43	4.36	4.30	4.20	4.10	4.00	3.95	3.89	3.84	3.78	3.73	3.67
9	7.21	5.71	5.08	4.72	4.48	4.32	4.20	4.10	4.03	3.96	3.87	3.77	3.67	3.61	3.56	3.51	3.45	3.39	3.33
10	6.94	5.46	4.83	4.47	4.24	4.07	3.95	3.85	3.78	3.72	3.62	3.52	3.42	3.37	3.31	3.26	3.20	3.14	3.08
11	6.72	5.26	4.63	4.28	4.04	3.88	3.76	3.66	3.59	3.53	3.43	3.33	3.23	3.17	3.12	3.06	3.00	2.94	2.88
12	6.55	5.10	4.47	4.12	3.89	3.73	3.61	3.51	3.44	3.37	3.28	3.18	3.07	3.02	2.96	2.91	2.85	2.79	2.72
13	6.41	4.97	4.35	4.00	3.77	3.60	3.48	3.39	3.31	3.25	3.15	3.05	2.95	2.89	2.84	2.78	2.72	2.66	2.60

续表

n_1 / n_2	1	2	3	4	5	6	7	8	9	10	12	15	20	24	30	40	60	120	∞
14	6.30	4.86	4.24	3.89	3.66	3.50	3.38	3.29	3.21	3.15	3.05	2.95	2.84	2.79	2.73	2.67	2.61	2.55	2.49
15	6.20	4.77	4.15	3.80	3.58	3.41	3.29	3.20	3.12	3.06	2.96	2.86	2.76	2.70	2.64	2.59	2.52	2.46	2.40
16	6.12	4.69	4.08	3.73	3.50	3.34	3.22	3.12	3.05	2.99	2.89	2.79	2.68	2.63	2.57	2.51	2.45	2.38	2.32
17	6.04	4.62	4.01	3.66	3.44	3.28	3.16	3.06	2.98	2.92	2.82	2.72	2.62	2.56	2.50	2.44	2.38	2.32	2.25
18	5.98	4.56	3.95	3.61	3.38	3.22	3.10	3.01	2.93	2.87	2.77	2.67	2.56	2.50	2.44	2.38	2.32	2.26	2.19
19	5.92	4.51	3.90	3.56	3.33	3.17	3.05	2.96	2.88	2.82	2.72	2.62	2.51	2.45	2.39	2.33	2.27	2.20	2.13
20	5.87	4.46	3.86	3.51	3.29	3.13	3.01	2.91	2.84	2.77	2.68	2.57	2.46	2.41	2.35	2.29	2.22	2.16	2.09
21	5.83	4.42	3.82	3.48	3.25	3.09	2.97	2.87	2.80	2.73	2.64	2.53	2.42	2.37	2.31	2.25	2.18	2.11	2.04
22	5.79	4.38	3.78	3.44	3.22	3.05	2.93	2.84	2.76	2.70	2.60	2.50	2.39	2.33	2.27	2.21	2.14	2.08	2.00
23	5.75	4.35	3.75	3.41	3.18	3.02	2.90	2.81	2.73	2.67	2.57	2.47	2.36	2.30	2.24	2.18	2.11	2.04	1.97
24	5.72	4.32	3.72	3.38	3.15	2.99	2.87	2.78	2.70	2.64	2.54	2.44	2.33	2.27	2.21	2.15	2.08	2.01	1.94
25	5.69	4.29	3.69	3.35	3.13	2.97	2.85	2.75	2.68	2.61	2.51	2.41	2.30	2.24	2.18	2.12	2.05	1.98	1.91
26	5.66	4.27	3.67	3.33	3.10	2.94	2.82	2.73	2.65	2.59	2.49	2.39	2.28	2.22	2.16	2.09	2.03	1.95	1.88
27	5.63	4.24	3.65	3.31	3.08	2.92	2.80	2.71	2.63	2.57	2.47	2.36	2.25	2.19	2.13	2.07	2.00	1.93	1.85
28	5.61	4.22	3.63	3.29	3.06	2.90	2.78	2.69	2.61	2.55	2.45	2.34	2.23	2.17	2.11	2.05	1.98	1.91	1.83
29	5.59	4.20	3.61	3.27	3.04	2.88	2.76	2.67	2.59	2.53	2.43	2.32	2.21	2.15	2.09	2.03	1.96	1.89	1.81
30	5.57	4.18	3.59	3.25	3.03	2.87	2.75	2.65	2.57	2.51	2.41	2.31	2.20	2.14	2.07	2.01	1.94	1.87	1.79
40	5.42	4.05	3.46	3.13	2.90	2.74	2.62	2.53	2.45	2.39	2.29	2.18	2.07	2.01	1.94	1.88	1.80	1.72	1.64
60	5.29	3.93	3.34	3.01	2.79	2.63	2.51	2.41	2.33	2.27	2.17	2.06	1.94	1.88	1.82	1.74	1.67	1.58	1.48
120	5.15	3.80	3.23	2.89	2.67	2.52	2.39	2.30	2.22	2.16	2.05	1.94	1.82	1.76	1.69	1.61	1.53	1.43	1.31
∞	5.02	3.69	3.12	2.79	2.57	2.41	2.29	2.19	2.11	2.05	1.94	1.83	1.71	1.64	1.57	1.48	1.39	1.27	1.00

$\alpha = 0.01$

n_1 / n_2	1	2	3	4	5	6	7	8	9	10	12	15	20	24	30	40	60	120	∞
1	4052	4999.5	5403	5625	5764	5859	5928	5982	6022	6056	6106	6157	6209	6235	6261	6287	6313	6339	6366
2	98.50	99.00	99.17	99.25	99.30	99.33	99.36	99.37	99.39	99.40	99.42	99.43	99.45	99.46	99.47	99.47	99.48	99.49	99.50
3	34.12	30.82	29.46	28.71	28.24	27.91	27.67	27.49	27.35	27.23	27.05	26.87	26.69	26.60	26.50	26.41	26.32	26.22	26.13

续表

$n_2 \backslash n_1$	1	2	3	4	5	6	7	8	9	10	12	15	20	24	30	40	60	120	∞
4	21.20	18.00	16.69	15.98	15.52	15.21	14.98	14.80	14.66	14.55	14.37	14.20	14.02	13.93	13.84	13.75	13.65	13.56	13.46
5	16.26	13.27	12.06	11.39	10.97	10.67	10.46	10.29	10.16	10.05	9.89	9.72	9.55	9.47	9.38	9.29	9.20	9.11	9.02
6	13.75	10.92	9.78	9.15	8.75	8.47	8.26	8.10	7.98	7.87	7.72	7.56	7.40	7.31	7.23	7.14	7.06	6.97	6.88
7	12.25	9.55	8.45	7.85	7.46	7.19	6.99	6.84	6.72	6.62	6.47	6.31	6.16	6.07	5.99	5.91	5.82	5.74	5.65
8	11.26	8.65	7.59	7.01	6.63	6.37	6.18	6.03	5.91	5.81	5.67	5.52	5.36	5.28	5.20	5.12	5.03	4.95	4.86
9	10.56	8.02	6.99	6.42	6.06	5.80	5.61	5.47	5.35	5.26	5.11	4.96	4.81	4.73	4.65	4.57	4.48	4.40	4.31
10	10.04	7.56	6.55	5.99	5.64	5.39	5.20	5.06	4.94	4.85	4.71	4.56	4.41	4.33	4.25	4.17	4.08	4.00	3.91
11	9.65	7.21	6.22	5.67	5.32	5.07	4.89	4.74	4.63	4.54	4.40	4.25	4.10	4.02	3.94	3.86	3.78	3.69	3.60
12	9.33	6.93	5.95	5.41	5.06	4.82	4.64	4.50	4.39	4.30	4.16	4.01	3.86	3.78	3.70	3.62	3.54	3.45	3.36
13	9.07	6.70	5.74	5.21	4.86	4.62	4.44	4.30	4.19	4.10	3.96	3.82	3.66	3.59	3.51	3.43	3.34	3.25	3.17
14	8.86	6.51	5.56	5.04	4.69	4.46	4.28	4.14	4.03	3.94	3.80	3.66	3.51	3.43	3.35	3.27	3.18	3.09	3.00
15	8.68	6.36	5.42	4.89	4.56	4.32	4.14	4.00	3.89	3.80	3.67	3.52	3.37	3.29	3.21	3.13	3.05	2.96	2.87
16	8.53	6.23	5.29	4.77	4.44	4.20	4.03	3.89	3.78	3.69	3.55	3.41	3.26	3.18	3.10	3.02	2.93	2.84	2.75
17	8.40	6.11	5.18	4.67	4.34	4.10	3.93	3.79	3.68	3.59	3.46	3.31	3.16	3.08	3.00	2.92	2.83	2.75	2.65
18	8.29	6.01	5.09	4.58	4.25	4.01	3.84	3.71	3.60	3.51	3.37	3.23	3.08	3.00	2.92	2.84	2.75	2.66	2.57
19	8.18	5.93	5.01	4.50	4.17	3.94	3.77	3.63	3.52	3.43	3.30	3.15	3.00	2.92	2.84	2.76	2.67	2.58	2.49
20	8.10	5.85	4.94	4.43	4.10	3.87	3.70	3.56	3.45	3.37	3.23	3.09	2.94	2.86	2.78	2.69	2.61	2.52	2.42
21	8.02	5.78	4.87	4.37	4.04	3.81	3.64	3.51	3.40	3.31	3.17	3.03	2.88	2.80	2.72	2.64	2.55	2.46	2.36
22	7.95	5.72	4.82	4.31	3.99	3.76	3.59	3.45	3.35	3.26	3.12	2.98	2.83	2.75	2.67	2.58	2.50	2.40	2.31
23	7.88	5.66	4.76	4.26	3.94	3.71	3.54	3.41	3.30	3.21	3.07	2.93	2.78	2.70	2.62	2.54	2.45	2.35	2.26
24	7.82	5.61	4.72	4.22	3.90	3.67	3.50	3.36	3.26	3.17	3.03	2.89	2.74	2.66	2.58	2.49	2.40	2.31	2.21
25	7.77	5.57	4.68	4.18	3.85	3.63	3.46	3.32	3.22	3.13	2.99	2.85	2.70	2.62	2.54	2.45	2.36	2.27	2.17
26	7.72	5.53	4.64	4.14	3.82	3.59	3.42	3.29	3.18	3.09	2.96	2.81	2.66	2.58	2.50	2.42	2.33	2.23	2.13
27	7.68	5.49	4.60	4.11	3.78	3.56	3.39	3.26	3.15	3.06	2.93	2.78	2.63	2.55	2.47	2.38	2.29	2.20	2.10
28	7.64	5.45	4.57	4.07	3.75	3.53	3.36	3.23	3.12	3.03	2.90	2.75	2.60	2.52	2.44	2.35	2.26	2.17	2.06
29	7.60	5.42	4.54	4.04	3.73	3.50	3.33	3.20	3.09	3.00	2.87	2.73	2.57	2.49	2.41	2.33	2.23	2.14	2.03
30	7.56	5.39	4.51	4.02	3.70	3.47	3.30	3.17	3.07	2.98	2.84	2.70	2.55	2.47	2.39	2.30	2.21	2.11	2.01
40	7.31	5.18	4.31	3.83	3.51	3.29	3.12	2.99	2.89	2.80	2.66	2.52	2.37	2.29	2.20	2.11	2.02	1.92	1.80

续表

n_1 / n_2	1	2	3	4	5	6	7	8	9	10	12	15	20	24	30	40	60	120	∞
60	7.08	4.98	4.13	3.65	3.34	3.12	2.95	2.82	2.72	2.63	2.50	2.35	2.20	2.12	2.03	1.94	1.84	1.73	1.60
120	6.85	4.79	3.95	3.48	3.17	2.96	2.79	2.66	2.56	2.47	2.34	2.19	2.03	1.95	1.86	1.76	1.66	1.53	1.38
∞	6.83	4.61	3.78	3.32	3.02	2.86	2.64	2.51	2.41	2.32	2.18	2.04	1.88	1.79	1.70	1.59	1.47	1.32	1.00

$\alpha = 0.005$

n_1 / n_2	1	2	3	4	5	6	7	8	9	10	12	15	20	24	30	40	60	120	∞
1	16211	20000	21615	22300	23056	23437	23715	23925	24091	24224	24426	24630	24836	24940	25044	25148	25253	25359	25465
2	198.5	199.0	199.2	199.2	199.3	199.3	199.4	199.4	199.4	199.4	199.4	199.4	199.4	199.5	199.5	199.5	199.5	199.5	199.5
3	55.55	49.80	47.47	46.19	45.39	44.84	44.43	44.13	43.88	43.69	43.39	43.08	42.78	42.62	42.47	42.31	42.15	41.99	41.83
4	31.33	26.28	24.26	23.15	22.46	21.97	21.62	21.35	21.14	20.97	20.70	20.44	20.17	20.03	19.89	19.75	19.61	19.47	19.32
5	22.78	18.31	16.53	15.56	14.94	14.51	14.20	13.96	13.77	13.62	13.38	13.15	12.90	12.78	12.66	12.53	12.40	12.27	12.14
6	18.63	14.54	12.92	12.03	11.46	11.07	10.79	10.57	10.39	10.25	10.03	9.81	9.59	9.47	9.36	9.24	9.12	9.00	8.88
7	16.24	12.40	10.88	10.05	9.52	9.16	8.89	8.68	8.51	8.38	8.18	7.97	7.75	7.65	7.53	7.42	7.31	7.19	7.08
8	14.69	11.04	9.60	8.81	8.30	7.95	7.69	7.50	7.34	7.21	7.01	6.81	6.61	6.50	6.40	6.29	6.18	6.06	5.95
9	13.61	10.11	8.72	7.96	7.47	7.13	6.88	6.69	6.54	6.42	6.23	6.03	5.83	5.73	5.62	5.52	5.41	5.30	5.19
10	12.83	9.43	8.08	7.34	6.87	6.54	6.30	6.12	5.97	5.85	5.66	5.47	5.27	5.17	5.07	4.97	4.86	4.75	4.64
11	12.23	8.91	7.60	6.88	6.42	6.10	5.86	5.68	5.54	5.42	5.24	5.05	4.86	4.76	4.65	4.55	4.44	4.34	4.23
12	11.75	8.51	7.23	6.52	6.07	5.76	5.52	5.35	5.20	5.09	4.91	4.72	4.53	4.43	4.33	4.23	4.12	4.01	3.90
13	11.37	8.19	6.93	6.23	5.79	5.48	5.25	5.08	4.94	4.82	4.64	4.46	4.27	4.17	4.07	3.97	3.87	3.76	3.65
14	11.06	7.92	6.68	6.00	5.56	5.26	5.03	4.86	4.72	4.60	4.43	4.25	4.06	3.96	3.86	3.76	3.66	3.55	3.44
15	10.80	7.70	6.48	5.80	5.37	5.07	4.85	4.67	4.54	4.42	4.25	4.07	3.88	3.79	3.69	3.58	3.48	3.37	3.26
16	10.58	7.51	6.30	5.64	5.21	4.91	4.69	4.52	4.38	4.27	4.10	3.92	3.73	3.64	3.54	3.44	3.33	3.22	3.11
17	10.38	7.35	6.16	5.50	5.07	4.78	4.56	4.39	4.25	4.14	3.97	3.79	3.61	3.52	3.41	3.31	3.21	3.10	2.98
18	10.22	7.21	6.03	5.37	4.96	4.66	4.44	4.28	4.14	4.03	3.86	3.68	3.50	3.40	3.30	3.20	3.10	2.99	2.87
19	10.07	7.09	5.92	5.27	4.85	4.56	4.34	4.18	4.04	3.93	3.76	3.59	3.40	3.31	3.21	3.11	3.00	2.89	2.78
20	9.94	6.99	5.82	5.17	4.76	4.47	4.26	4.09	3.96	3.85	3.68	3.50	3.32	3.22	3.12	3.02	2.92	2.81	2.69
21	9.83	6.89	5.73	5.09	4.68	4.39	4.18	4.01	3.88	3.77	3.60	3.43	3.24	3.15	3.05	2.95	2.84	2.73	2.61
22	9.73	6.81	5.65	5.02	4.61	4.32	4.11	3.94	3.81	3.70	3.54	3.36	3.18	3.08	2.98	2.88	2.77	2.66	2.55
23	9.63	6.73	5.58	4.95	4.54	4.26	4.05	3.88	3.75	3.64	3.47	3.30	3.12	3.02	2.92	2.82	2.71	2.60	2.48

续表

n_2 \ n_1	1	2	3	4	5	6	7	8	9	10	12	15	20	24	30	40	60	120	∞
24	9.55	6.66	5.52	4.89	4.49	4.20	3.99	3.83	3.69	3.59	3.42	3.25	3.06	2.97	2.87	2.77	2.66	2.55	2.43
25	9.48	6.60	5.46	4.84	4.43	4.15	3.94	3.78	3.64	3.54	3.37	3.20	3.01	2.92	2.82	2.72	2.61	2.50	2.38
26	9.41	6.54	5.41	4.79	4.38	4.10	3.89	3.73	3.60	3.49	3.33	3.15	2.97	2.87	2.77	2.67	2.56	2.45	2.33
27	9.34	6.49	5.36	4.74	4.34	4.06	3.85	3.69	3.56	3.45	3.28	3.11	2.93	2.83	2.73	2.63	2.52	2.41	2.29
28	9.28	6.44	5.32	4.70	4.30	4.02	3.81	3.65	3.52	3.41	3.25	3.07	2.89	2.79	2.69	2.59	2.48	2.37	2.25
29	9.23	6.40	5.28	4.66	4.26	3.98	3.77	3.61	3.48	3.38	3.21	3.04	2.86	2.76	2.66	2.56	2.45	2.33	2.21
30	9.18	6.35	5.24	4.62	4.23	3.95	3.74	3.58	3.45	3.34	3.18	3.01	2.82	2.73	2.63	2.52	2.42	2.30	2.18
40	8.83	6.07	4.98	4.37	3.99	3.71	3.51	3.35	3.22	3.12	2.95	2.78	2.60	2.50	2.40	2.30	2.18	2.06	1.93
60	8.49	5.79	4.73	4.14	3.76	3.49	3.29	3.13	3.02	2.90	2.74	2.57	2.39	2.29	2.19	2.08	1.96	1.83	1.69
120	8.18	5.54	4.50	3.92	3.55	3.28	3.09	2.93	2.81	2.71	2.54	2.37	2.19	2.09	1.98	1.87	1.75	1.61	1.43
∞	7.88	5.30	4.28	3.72	3.35	3.09	2.92	2.74	2.62	2.52	2.36	2.19	2.00	1.90	1.79	1.67	1.53	1.36	1.00

参 考 文 献

[1]　李贤平.概率论基础[M].3 版.北京：高等教育出版社,2010.

[2]　曹彬,许承德.概率论与数理统计[M].哈尔滨：哈尔滨工业大学出版社,1996.

[3]　袁荫棠.概率论与数理统计[M].修订版.北京：中国人民大学出版社,2008.

[4]　龚德恩.经济数学基础(第三分册)[M].4 版.成都：四川人民出版社,2005.

[5]　盛骤,谢式千,潘承毅.概率论与数理统计[M].4 版.北京：高等教育出版社,2010.

[6]　沈恒范.概率论与数理统计教程[M].5 版.北京：高等教育出版社,2011.